George Salmon

Vorlesungen zur Einführung in die Algebra der linearen Transformationen

Elibron Classics
www.elibron.com

Elibron Classics series.

ISBN 0-543-70323-1 (paperback)
ISBN 0-543-70322-3 (hardcover)

This Elibron Classics Replica Edition is an unabridged facsimile of the edition published in 1863 by B.G. Teubner, Leipzig.

Vorlesungen

zur Einführung

in die

Algebra der linearen Transformationen

von

George Salmon.

Deutsch bearbeitet

von

Dr. Wilhelm Fiedler.

Leipzig,

Druck und Verlag von B. G. Teubner.

1863.

Vorwort.

Die deutsche Ausgabe von Rev. George Salmon's „Lessons introductory to the modern higher Algebra", welche ich hier dem mathematischen Publikum vorlege, ist in einigen Punkten verändert, in andern erweitert und nach dem Stande der Entdeckungen vervollständigt worden. Die Vorlesungen VIII und IX und die Vorlesungen XI und XVI des Originals sind z. B. zu je einer Vorlesung verbunden worden, wie es die Zusammengehörigkeit ihrer Gegenstände nahe legte. Der Theorie der symmetrischen Determinanten ist eine Vorlesung (IV) gewidmet, überhaupt die Determinantentheorie vielfach erweitert, namentlich auch die Zahl der Beispiele vermehrt worden; alle Artikel derselben können dafür Zeugniss geben. Diese Erweiterung steht in Verbindung mit der vollständigeren Behandlung der Theorie der Jacobi'schen und derjenigen der Hesse'schen Determinante am Schlusse der VII. Vorlesung, welche als Beispiele für eine Form der Behandlung gegeben sind, die in analytischer Beziehung unleugbare Vorzüge vor derjenigen hat, durch die der Grundcharacter des Originals bestimmt ist. In der Uebersicht der Resultate der Theorie für die biquadratischen ternären Formen ist auf die schönen Untersuchungen von Clebsch Bezug genommen und am Schlusse der XIV. Vorlesung ein kurzer Abriss der Resultate gegeben worden, welche die algebraische Theorie der binären und ternären Formen für die elliptischen Transcendenten ans Licht gebracht hat.

Die Terminologie des Originals ist, obwohl bescheiden, an mehreren Stellen zu Gunsten der einfacheren verlassen, welche bei uns üblich zu werden scheint, doch ist die Beziehung zu derjenigen der englischen Geometer deswegen beibehalten worden, weil überhaupt die Orientierung in derselben ein nicht zu unterschätzender Werthpunkt der „Lessons“ für den deutschen Freund dieser Untersuchungen ist.

Vielleicht möchten gelehrte Sachkenner eine grössere Annäherung an diejenige Behandlungsweise dieser algebraischen Lehren gewünscht haben, von welcher in Aronhold's grosser Arbeit: „Theorie der homogenen Functionen dritten Grades mit drei Veränderlichen“ ein ausgezeichnetes Beispiel gegeben ist, und zu welcher seitdem die Arbeiten meines trefflichen gelehrten Freundes Clebsch so schöne Beiträge geliefert haben. Ich habe geglaubt, so tief eingreifende Veränderungen wenigstens für das erste Erscheinen dieser deutschen Ausgabe unterlassen zu müssen, weil ich meine, dass bei der Fortdauer der umgestaltenden Einwirkungen der Methoden der neuern Algebra in den mit ihr zusammenhängenden Gebieten der Zeitpunkt des Abschlusses noch nicht gekommen ist; eben daraus schöpfe ich die Hoffnung, dass die vorliegende Gestalt dieser Arbeit mit ihren durchweg geometrischen Gesichtspunkten mannichfachen Nutzen für die immer allgemeinere Erkenntniss des Werthes dieser Methoden stiften möge.

Ich empfehle sie der nachsichtigen Beurtheilung der Kenner und dem Interesse des mathematischen Publikums.

Chemnitz im Mai 1863.

Dr. Wilhelm Fiedler.

Inhaltsverzeichniss.

I. Vorlesung.

Von den Determinanten; vorläufige Erläuterungen und Definition. (S. 1—8.)

II. Vorlesung.

Von den allgemeinen Eigenschaften der Determinanten und der Multiplication derselben. (S. 9—25.)

III. Vorlesung.

Von den Minoren der Determinanten und den Reciproken derselben oder den Determinanten adjungierter Systeme. (S. 26—38.)

IV. Vorlesung.

Von den symmetrischen Determinanten und denjenigen, in welchen jedes Element dem ihm correspondierenden entgegengesetzt gleich ist. (S. 38—54.)

V. Vorlesung.

Vom Grade und von der Bildung der Resultanten. (S. 54—72.)

XV. Vorlesung.

Allgemeine Theorie der quadratischen Formen. (S. 253—268.)

Zur Orientierung in der Terminologie.

Man findet die Erklärung der folgenden, besonders auch der nur von den englischen Geometern gebrauchten, Ausdrücke an den nebenstehenden Stellen des Textes.

Erste Vorlesung.

Von den Determinanten; vorläufige Erläuterungen und Definition.

---

1. Wenn n homogene Gleichungen vom ersten Grade mit n Veränderlichen gegeben sind, so kann man zwischen ihnen die Veränderlichen eliminieren und dadurch ein nur die Coefficienten enthaltendes Aggregat bilden, welches die Determinante dieser Gleichungen genannt wird.

Wir wollen im Folgenden Regeln zur Bildung dieser Determinanten geben und einige ihrer hauptsächlichsten Eigenschaften entwickeln; und wir werden dabei von den einfachsten Beispielen ausgehen, in dem Glauben, dass dann die allgemeine Theorie um so leichter verständlich sein wird.

Beginnen wir mit den beiden Gleichungen zwischen zwei Veränderlichen

$$a_1x + b_1y = 0, \quad a_2x + b_2y = 0.$$

Die Veränderlichen werden eliminiert, indem man die mit b_2 multiplicierte erste Gleichung zu der mit $-b_1$ multiplicierten zweiten addiert; wir erhalten

$$a_1b_2 - a_2b_1 = 0,$$

als die verlangte Determinante. Die gewöhnliche Bezeichnung derselben ist

$$\begin{vmatrix} a_1, & b_1 \\ a_2, & b_2 \end{vmatrix};$$

wir gedenken sie jedoch zur Abkürzung oft in der Form

$$(a_1b_2)$$

zu schreiben, indem wir es dem Leser überlassen, das Glied $a_2 b_1$ mit dem negativen Zeichen hinzu zu fügen. In dieser Bezeichnung ergiebt sich unmittelbar die Relation

$$(a_1 b_2) = -(a_2 b_1).$$

Die Coefficienten a_1, b_1, ..., welche in den Ausdruck der Determinante eingehen, heissen ihre Elemente und die Producte $a_1 b_2$, etc. ihre Glieder.

2. Es kann leicht auf demselben Wege bestätigt werden, dass man durch Elimination der Veränderlichen zwischen den Gleichungen

$$a_1 x + a_2 y = 0, \quad b_1 x + b_2 y = 0$$

dieselbe Determinante erhält; oder dass die Gleichheit

$$\begin{vmatrix} a_1, & b_1 \\ a_2, & b_2 \end{vmatrix} = \begin{vmatrix} a_1, & a_2 \\ b_1, & b_2 \end{vmatrix}$$

besteht: Der Werth der Determinante wird nicht geändert, wenn man die Horizontalreihen vertical und die Verticalreihen horizontal schreibt. Die Bezeichnung

$$\begin{Vmatrix} a_1, & a_2, & a_3 \\ b_1, & b_2, & b_3 \end{Vmatrix},$$

wo die Zahl der Verticalreihen grösser ist als die Zahl der Horizontalreihen, wird angewendet, um die Summe der drei Determinanten zu bezeichnen, welche erhalten werden, indem man auf alle möglichen Arten je zwei Verticalreihen mit einander verbindet, die Determinanten also

$$(a_2 b_3), \quad (a_3 b_1), \quad (a_1 b_2).$$

Sie sind durch die identischen Relationen

$$a_1 (a_2 b_3) + a_2 (a_3 b_1) + a_3 (a_1 b_2) = 0,$$
$$b_1 (a_2 b_3) + b_2 (a_3 b_1) + b_3 (a_1 b_2) = 0$$

verbunden, deren Richtigkeit man sofort erkennt, wenn man sie entwickelt darstellt; denn dann ist die erste

$$a_1 (a_2 b_3 - a_3 b_2) + a_2 (a_3 b_1 - a_1 b_3) + a_3 (a_1 b_2 - a_2 b_1) = 0,$$

und die zweite

$$b_1 (a_2 b_3 - a_3 b_2) + b_2 (a_3 b_1 - a_1 b_3) + b_3 (a_1 b_2 - a_2 b_1) = 0.$$

Die folgende Methode zeigt jedoch deutlicher, wie analoge identische Relationen in dem Falle von Determinanten höherer Ordnungen gebildet werden. Wir nehmen die beiden Gleichungen

$$a_1 x + a_2 y + a_3 z = 0, \quad b_1 x + b_2 y + b_3 z = 0$$

und eliminieren nach einander y und x zwischen denselben, um x und y in Function von z auszudrücken; wir finden

$$(a_1 b_2)\, x = (a_2 b_3)\, z, \quad (a_1 b_2)\, y = (a_3 b_1)\, z,$$

und durch Substitution dieser beiden Werthe in die Originalgleichungen die angezeigten Identitäten.

3. Das System von drei Gleichungen

$$a_1 x + b_1 y + c_1 z = 0, \quad a_2 x + b_2 y + c_2 z = 0, \quad a_3 x + b_3 y + c_3 z = 0$$

giebt analoge Resultate. Wenn wir die erste der Gleichungen mit $(a_2 b_3)$, die zweite mit $(a_3 b_1)$ und die dritte mit $(a_1 b_2)$ multiplicieren und die Producte addieren, so verschwinden die Coefficienten von x und y in Folge der identischen Relationen des vorigen Artikels und die Determinante der Gleichungen ist

$$c_1\,(a_2 b_3) + c_2\,(a_3 b_1) + c_3\,(a_1 b_2) = 0,$$

oder entwickelt

$$c_1 a_2 b_3 - c_1 a_3 b_2 + c_2 a_3 b_1 - c_2 a_1 b_3 + c_3 a_1 b_2 - c_3 a_2 b_1 = 0.$$

Sie kann auch in jeder der Formen

$$a_1\,(b_2 c_3) + a_2\,(b_3 c_1) + a_3\,(b_1 c_2) = 0,$$
$$b_1\,(c_2 a_3) + b_2\,(c_3 a_1) + b_3\,(c_1 a_2) = 0$$

erhalten werden und wird durch die Bezeichnung

$$\begin{vmatrix} a_1, & b_1, & c_1 \\ a_2, & b_2, & c_2 \\ a_3, & b_3, & c_3 \end{vmatrix}$$

ausgedrückt, für welche wir zur Abkürzung gern

$$(a_1 b_2 c_3),$$

d. h. das in Klammern eingeschlossene erste oder Hauptglied der Determinante allein schreiben werden. Es ist nützlich, zu bemerken, dass man hat

$$(a_2 b_3 c_1) = (a_1 b_2 c_3),$$

während

$$(a_1 b_3 c_2) = -\,(a_1 b_2 c_3)$$

ist; denn es ist

$$(a_2 b_3 c_1) = a_2\,(b_3 c_1) + a_3\,(b_1 c_2) + a_1\,(b_2 c_3)$$

d. i. $\qquad = (a_1 b_2 c_3),$

während anderseits

$$
\begin{aligned}
(a_1 b_3 c_2) &= a_1 (b_3 c_2) + a_2 (b_1 c_3) + a_3 (b_2 c_1) \\
&= - a_1 (b_2 c_3) - a_2 (b_3 c_1) - a_3 (b_1 c_2) \\
\text{d. i.} \quad &= - (a_1 b_2 c_3)
\end{aligned}
$$

ist.

Wenn wir zwischen drei Gleichungen

$$a_1 x + a_2 y + a_3 z = 0, \; b_1 x + b_2 y + b_3 z = 0, \; c_1 x + c_2 y + c_3 z = 0$$

die Unbekannten eliminieren, so entsteht dasselbe Resultat; denn wenn wir nach der vorher angewandten Methode verfahren, indem wir die erste Gleichung mit $(b_2 c_3)$, die zweite mit $(c_2 a_3)$, die dritte mit $(a_2 b_3)$ multiplicieren und die Producte addieren, so verschwinden die Coefficienten von y und z und die Determinante wird in der Form

$$a_1 (b_2 c_3) + b_1 (c_2 a_3) + c_1 (a_2 b_3)$$

gefunden, welche mit

$$(a_1 b_2 c_3)$$

identisch ist. Also ist

$$\begin{vmatrix} a_1, & b_1, & c_1 \\ a_2, & b_2, & c_2 \\ a_3, & b_3, & c_3 \end{vmatrix} = \begin{vmatrix} a_1, & a_2, & a_3 \\ b_1, & b_2, & b_3 \\ c_1, & c_2, & c_3 \end{vmatrix},$$

d. h. **die Determinante wird nicht geändert, indem man ohne Aenderung der Aufeinanderfolge ihre Horizontalreihen als Verticalreihen schreibt und umgekehrt** — eine Eigenschaft, die wir als jeder Determinante zukommend erkennen werden.

4. Indem man die Bezeichnung

$$\left\| \begin{matrix} a_1, & a_2, & a_3, & a_4 \\ b_1, & b_2, & b_3, & b_4 \\ c_1, & c_2, & c_3, & c_4 \end{matrix} \right\|$$

anwendet, um das System der vier Determinanten auszudrücken, welche durch Weglassung je einer der Verticalreihen aus der geschriebenen Elementengruppe gebildet werden können, findet man diese Determinanten durch die Relationen

$$
\begin{aligned}
a_1 (a_2 b_3 c_4) - a_2 (a_3 b_4 c_1) + a_3 (a_4 b_1 c_2) - a_4 (a_1 b_2 c_3) &= 0, \\
b_1 (a_2 b_3 c_4) - b_2 (a_3 b_4 c_1) + b_3 (a_4 b_1 c_2) - b_4 (a_1 b_2 c_3) &= 0, \\
c_1 (a_2 b_3 c_4) - c_2 (a_3 b_4 c_1) + c_3 (a_4 b_1 c_2) - c_4 (a_1 b_2 c_3) &= 0
\end{aligned}
$$

verbunden, welche man entweder durch Entwickelung bestätigt

oder wie im vorigen Artikel ableitet. Man eliminiert aus den drei Gleichungen

$$a_1 x + a_2 y + a_3 z + a_4 w = 0,$$
$$b_1 x + b_2 y + b_3 z + b_4 w = 0,$$
$$c_1 x + c_2 y + c_3 z + c_4 w = 0$$

die Grössen y und z, indem man dieselben mit

$$(b_2 c_3), \quad (c_2 a_3), \quad (a_2 b_3)$$

respective multipliciert und die Producte addiert, und erhält dadurch

$$(a_1 b_2 c_3)\, x + (a_4 b_2 c_3)\, w = 0;$$

indem man darauf dieselben Gleichungen mit

$$(b_3 c_1), \quad (c_3 a_1), \quad (a_3 b_1)$$

respective multipliciert und die Producte addiert, erhält man

$$(a_2 b_3 c_1)\, y + (a_4 b_3 c_1)\, w = 0,$$

und endlich ebenso durch die Multiplication mit

$$(b_1 c_2), \quad (c_1 a_2), \quad (a_1 b_2)$$

respective und Addition

$$(a_3 b_1 c_2)\, y + (a_4 b_1 c_2)\, w = 0.$$

Nach dem vorigen Artikel sind diese vier Gleichungen mit den andern

$$(a_1 b_2 c_3)\, x = -\,(a_2 b_3 c_4)\, w,$$
$$(a_1 b_2 c_3)\, y = -\,(a_3 b_4 c_1)\, w,$$
$$(a_1 b_2 c_3)\, z = -\,(a_4 b_1 c_2)\, w$$

äquivalent; indem man aber endlich die aus diesen entspringenden Werthe für x, y, z in die Originalgleichungen einsetzt, erhält man die vorher gegebenen Identitäten.

Um alsdann zwischen den vier Gleichungen

$$a_1 x + b_1 y + c_1 z + d_1 w = 0,$$
$$a_2 x + b_2 y + c_2 z + d_2 w = 0,$$
$$a_3 x + b_3 y + c_3 z + d_3 w = 0,$$
$$a_4 x + b_4 y + c_4 z + d_4 w = 0$$

zu eliminieren, haben wir nur die erste mit $(a_2 b_3 c_4)$, die zweite mit $-\,(a_3 b_4 c_1)$, die dritte mit $(a_4 b_1 c_2)$ und die vierte mit $-\,(a_1 b_2 c_3)$ zu multiplicieren und die Producte zu addieren; dann verschwinden die Coefficienten von x, y, z identisch und die Determinante wird in der Form

$$d_1\,(a_2b_3c_4) - d_2\,(a_3b_4c_1) + d_3\,(a_4b_1c_2) - d_4\,(a_1b_2c_3) = 0$$

gefunden, oder entwickelt

$$\begin{aligned} & a_1b_2c_3d_4 - a_1b_3c_2d_4 + a_2b_3c_1d_4 - a_2b_1c_3d_4 + a_3b_1c_2d_4 \\ & - a_3b_2c_1d_4 + a_1b_4c_2d_3 - a_1b_2c_4d_3 + a_4b_2c_1d_3 - a_4b_1c_2d_3 \\ & + a_2b_1c_4d_3 - a_2b_4c_1d_3 + a_3b_4c_1d_2 - a_3b_1c_4d_2 + a_4b_1c_3d_2 \\ & - a_4b_3c_1d_2 + a_1b_3c_4d_2 - a_1b_4c_3d_2 + a_2b_4c_3d_1 - a_2b_3c_4d_1 \\ & + a_4b_3c_2d_1 - a_4b_2c_3d_1 + a_3b_2c_4d_1 - a_3b_4c_2d_1 \qquad = 0. \end{aligned}$$

5. Es ist nicht schwer, das hier angegebene Verfahren auf eine beliebige Zahl von Gleichungen auszudehnen, und der Leser bemerkt, dass der allgemeine Ausdruck einer Determinante durch

$$\Sigma \pm a_1b_2c_3d_4 \ldots$$

darstellbar ist, als in welcher Summe jedes Glied alle Buchstaben und Indices ohne Wiederholung und Auslassung enthält, während zugleich alle möglichen Producte dieser Art in ihr vorkommen.

In Bezug auf das Vorzeichen jedes Gliedes gilt dabei folgende Regel: Das Zeichen + oder — ist jedem Gliede beilegen, je nachdem die Gruppe seiner Indices aus der des ersten Gliedes durch eine gerade oder ungerade Zahl von Permutationen abgeleitet wird.

Das Glied $a_1b_3c_2d_4$ weicht von dem Gliede $a_1b_2c_3d_4$ durch eine Indexvertauschung ab und ist daher negativ; das Glied $a_2b_3c_1d_4$ weicht vom zweiten um eine die Elemente a, c betreffende Permutation, vom ersten um zwei Permutationen ab, hat also mit diesem das gleiche Vorzeichen.

Beispiel. Welches Vorzeichen hat in der Determinante

$$(a_1b_2c_3d_4e_5)$$

das Glied $a_3b_5c_2d_1e_4$?

Man macht nach einander aus

1 2 3 4 5
3 2 1 4 5
3 5 1 4 2
3 5 2 4 1
3 5 2 1 4,

hat also vier Permutationen zur Ueberführung des ersten Gliedes in das gegebene Glied zu vollziehen und erhält somit das Zeichen + für dasselbe.

Eine cyclische Vertauschung der Indices ändert das Zeichen des Gliedes, wenn die Zahl der in demselben auftretenden Elemente gerade und ändert es nicht, wenn diese Zahl ungerade ist.

Denn im ersten Falle entspricht die cyclische Vertauschung einer ungeraden Anzahl von Permutationen der Indices, wie beispielsweise bei der Ueberführung von $a_1 b_2$ in $a_2 b_1$; im zweiten Falle aber entspricht ihr eine gerade Anzahl von Permutationen, wie bei dem Uebergang von $a_1 b_2 c_3$ durch $a_2 b_1 c_3$ in $a_2 b_3 c_1$. In gleicher Art hat $a_2 b_3 c_4 d_1$ das entgegengesetzte Zeichen von $a_1 b_2 c_3 d_4$, weil es durch eine dreifache Permutation, nämlich durch die Stufen $a_2 b_1 c_3 d_4$, $a_2 b_3 c_1 d_4$ aus ihm hervorgeht.

6. Nach diesen Erörterungen sind wir im Stande, unsere frühere Definition der Determinanten durch eine andere zu ersetzen, welche zur Grundlage der folgenden Theorien geeigneter ist.

Weil eine Determinante eine Function der Coefficienten a_1, b_1, c_1, etc. allein ist und die Veränderlichen x, y, z, etc. nicht enthält, so ist eine solche Definition vorzuziehen, welche keinen Bezug auf Gleichungen nimmt, die zwischen diesen Veränderlichen bestehen. Sie lautet: Wenn n^2 Elemente in ein Quadrat von n horizontalen und n verticalen Reihen geordnet sind, so ist die Determinante dieser Grössen die Summe aller möglichen Producte von n Elementen der Gruppe mit ihren nach der vorigen Regel bestimmten Vorzeichen, in denen aus jeder horizontalen und jeder verticalen Reihe ein Element als Factor auftritt.

Sie heisst deshalb insbesondere eine Determinante n^{ten} Grades.

Es ist viel gebräuchlich, die Elemente einer Determinante mit doppelten Indices zu schreiben, indem man durch den ersten derselben die Horizontalreihe, durch den zweiten die Verticalreihe bezeichnet, welcher das Element angehört. So wird die Determinante dritten Grades in der Form

$$\begin{vmatrix} a_{1,1}, & a_{1,2}, & a_{1,3} \\ a_{2,1}, & a_{2,2}, & a_{2,3} \\ a_{3,1}, & a_{3,2}, & a_{3,3} \end{vmatrix}$$

oder

$$\Sigma \pm a_{1,1}\, a_{2,2}\, a_{3,3}$$

bezeichnet, in welcher Summe die Indices in allen möglichen Arten permutiert sind. Aus dem Anfangsgliede $a_{1,1} a_{2,2} a_{3,3}$ werden dadurch alle andern Glieder ihrer Entwickelung abgeleitet; das Product der in der zweiten Diagonale des Quadrats stehenden Elemente ist ebenfalls ein Glied ihrer Entwickelung und sein Vorzeichen bestimmt sich durch das der Grösse

$$(-1)^{\frac{1}{2}n(n-1)};$$

es ist also z. B. in dem Falle der Determinante dritten Grades

$$-a_{3,1}a_{2,2}a_{1,3}.$$

Endlich kann der Buchstabe a noch unterdrückt und die Determinante in der Form

$$\begin{vmatrix} (1,1), & (1,2), & (1,3) \\ (2,1), & (2,2), & (2,3) \\ (3,1), & (3,2), & (3,3) \end{vmatrix}$$

geschrieben werden.

Ungeachtet der Vortheile, welche diese Bezeichnungsweisen gewähren, ziehen wir es zunächst vor, die in den vorigen Beispielen angewendete Methode beizubehalten, nach welcher die Elemente derselben Horizontalreihe den nämlichen Buchstaben und die derselben Verticalreihe den nämlichen Index erhalten. Doch soll die Bezeichnung mit doppelten Indices häufig daneben gestellt und allmählig ausschliesslicher gebraucht werden, weil wir ihr den Vorzug der grössern Consequenz zusprechen, der nur für den Anfang von dem der grössern Anschaulichkeit überragt wird.*)

Elemente wie a_3 und c_1, b_4 und d_2, $a_{i,j}$ und $a_{j,i}$ oder (i,j), (j,i) nach den verschiedenen Arten der Bezeichnung, von denen das eine denselben Platz in seiner Horizontalreihe einnimmt, wie das andere in seiner Verticalreihe, heissen einander **conjugiert**.

Eine Determinante heisst **symmetrisch**, wenn ihre conjugierten Elemente einander gleich sind; symmetrisch ist also z. B. die Determinante

$$\begin{vmatrix} a, & b, & c \\ b, & d, & e \\ c, & e, & f \end{vmatrix}.$$

---

*) Für eine davon verschiedene Bezeichnungsweise sehe man den am Ende der XV. Vorlesung stehenden Zusatz.

Zweite Vorlesung.

Von den allgemeinen Eigenschaften der Determinanten und der Multiplication derselben.

7. Nachdem die Regel für die Bildung der Determinanten gegeben ist und einige ihrer Eigenschaften in speciellen Fällen erläutert worden sind, sollen diese und einige andere Eigenschaften jetzt allgemein bewiesen werden, um mit ihrer Hülfe das Fundamentaltheorem zu begründen, dass das Product zweier Determinanten als eine Determinante ausgedrückt werden kann.

Der Werth einer Determinante wird nicht geändert, wenn die verticalen Reihen horizontal geschrieben werden und umgekehrt.

Diess folgt unmittelbar aus dem Bildungsgesetz, welches in Bezug auf horizontale und verticale Reihen vollkommene Symmetrie bedingt. Es ist einer der hauptsächlichsten Vorzüge der Bezeichnung der Elemente mit doppelten Indices, dass sie diese Symmetrie mit grosser Deutlichkeit hervortreten lässt.

Wenn irgend zwei Horizontalreihen oder zwei Verticalreihen mit einander vertauscht werden, so wird dadurch das Zeichen der Determinante, d. h. es werden die Vorzeichen ihrer sämmtlichen Glieder geändert.

Denn der Effect dieser Vertauschung ist derselbe, wie der einer einfachen Permutation von zwei Buchstaben oder zwei Indices, welche nach dem Bildungsgesetz jenen Zeichenwechsel begründet.

Wenn also die Horizontalreihen oder die Verticalreihen einer Determinante n^{ten} Grades in umgekehrter Folge geordnet werden, so tritt dadurch der Factor

$$(-1)^{\frac{1}{2}n(n-1)}$$

zu ihrem Werthe hinzu. Die cyclische Vertauschung der Reihen ändert das Zeichen, wenn die Zahl der Elemente einer Reihe gerade und lässt es bestehen, wenn diese Zahl ungerade ist.

Wenn zwei Horizontalreihen oder zwei Verticalreihen einer Determinante identisch sind, so hat die Determinante den Werth Null.

Denn wenn man diese beiden Reihen vertauscht, so muss nach dem Vorigen ein Zeichenwechsel eintreten, während doch die Vertauschung zweier identischer Reihen keine Aenderung im Werthe der Determinante hervorbringen kann; ihr Werth ändert sich daher nicht bei dem Wechsel ihres Zeichens, d. h. er ist gleich Null.

Auch aus der Erklärung der Determinante als Resultat der Elimination zwischen n linearen Gleichungen folgt dieser Satz unmittelbar; man vollzieht die Elimination, indem man $(n-1)$ dieser Gleichungen für die Veränderlichen auflösst und die so gefundenen Werthe in die letzte Gleichung substituiert; ist diese mit einer der übrigen Gleichungen identisch, so muss sie mit Null identisch werden, wenn man die besagte Substitution vollzieht.

8. Wenn alle Elemente einer Horizontalreihe oder einer Verticalreihe mit dem nämlichen Factor multipliciert werden, so ist die Determinante mit diesem Factor multipliciert.

Diess folgt sogleich aus dem Umstande, dass jedes Glied in dem entwickelten Ausdruck der Determinante ein und nur ein Element aus der nämlichen Horizontal- oder Verticalreihe als Factor enthält.

So z. B. kann die Determinante

$$\begin{vmatrix} a_1, & b_1, & c_1 \\ a_2, & b_2, & c_2 \\ a_3, & b_3, & c_3 \end{vmatrix},$$

weil jedes Glied ihrer Entwickelung einen der Factoren a_1, a_2, a_3 enthält, in der Form

$$a_1A_1 + a_2A_2 + a_3A_3$$

geschrieben werden, in welcher keine der Grössen A_1, A_2, A_3 ein Element aus der Verticalreihe der a enthält. Wenn also die

Elemente a_1, a_2, a_3 mit demselben Factor ϱ multipliciert werden, so ist die Determinante mit ihm multipliciert.

Man hat also z. B.

$$\begin{vmatrix} a_1, & b_1 y, & c_1 \\ a_2 x, & b_2 xy, & c_2 x \\ a_3, & b_3 y, & c_3 \end{vmatrix} = x \begin{vmatrix} a_1, & b_1 y, & c_1 \\ a_2, & b_2 y, & c_2 \\ a_3, & b_3 y, & c_3 \end{vmatrix} = xy \begin{vmatrix} a_1, & b_1, & c_1 \\ a_2, & b_2, & c_2 \\ a_3, & b_3, & c_3 \end{vmatrix}.$$

Eine Determinante hat den Werth Null, wenn alle Elemente einer ihrer Reihen gleich Null sind; sie ist auch Null, wenn die entsprechenden Elemente zweier horizontaler oder verticaler Reihen durch Multiplication der einen mit einem constanten Factor identisch werden; es ist z. B.

$$\begin{vmatrix} -2, & 1, & 3 \\ 4, & -2, & 1 \\ -6, & 3, & 2 \end{vmatrix} = -\tfrac{1}{2} \begin{vmatrix} -2, & -2, & 3 \\ 4, & 4, & 1 \\ -6, & -6, & 2 \end{vmatrix} = 0.$$

Man erkennt auch leicht

$$\begin{vmatrix} a_1, & b_1, & 0, & d_1 \\ a_2, & b_2, & c_2, & d_2 \\ a_3, & b_3, & 0, & d_3 \\ a_4, & b_4, & 0, & d_4 \end{vmatrix} = -c_2 \begin{vmatrix} a_1, & b_1, & d_1 \\ a_3, & b_3, & d_3 \\ a_4, & b_4, & d_4 \end{vmatrix};$$

$$\begin{vmatrix} a_1, & b_1, & c_1, & d_1 \\ 0, & b_2, & c_2, & d_2 \\ 0, & 0, & c_3, & d_3 \\ 0, & 0, & c_4, & d_4 \end{vmatrix} = a_1 b_2 \begin{vmatrix} c_3, & d_3 \\ c_4, & d_4 \end{vmatrix}.$$

Endlich fügen wir hinzu, was auch leicht zu bewähren ist,

$$\begin{vmatrix} 0, & 1, & 1, & 1 \\ 1, & 0, & z^2, & y^2 \\ 1, & z^2, & 0, & x^2 \\ 1, & y^2, & x^2, & 0 \end{vmatrix} = \frac{1}{x^2y^2z^2} \begin{vmatrix} 0, & x, & y, & z \\ x, & 0, & xyz^2, & xy^2z \\ y, & xyz^2, & 0, & x^2yz \\ z, & xy^2z, & x^2yz, & 0 \end{vmatrix} = \begin{vmatrix} 0, & x, & y, & z \\ x, & 0, & z, & y \\ y, & z, & 0, & x \\ z, & y, & x, & 0 \end{vmatrix}.$$

Diese letztere Determinante kann in der Form des Products

$$-(x+y+z)\,(x+y-z)\,(x-y+z)\,(-x+y+z)$$

geschrieben werden, wie das Nächstfolgende und die Beispiele am Schlusse dieser Vorlesung zeigen.

9. W e n n a l l e E l e m e n t e e i n e r h o r i z o n t a l e n o d e r v e r t i c a l e n R e i h e a l s S u m m e n z w e i e r a n d e r n E l e m e n t e

erscheinen, so ist die Determinante selbst als die Summe zweier andern Determinanten darstellbar.

Diess folgt aus dem im letzten Artikel angewendeten Princip; wenn wir in dem dort gegebenen Beispiel

$$a_1 + \alpha_1 \text{ für } a_1,\ b_1 + \beta_1 \text{ für } b_1,\ c_1 + \gamma_1 \text{ für } c_1$$

setzen, so wird die Determinante

$$\begin{aligned}&(a_1 + \alpha_1) A_1 + (b_1 + \beta_1) B_1 + (c_1 + \gamma_1) C_1 \\ &= (a_1 A_1 + b_1 B_1 + c_1 C_1) + (\alpha_1 A_1 + \beta_1 B_1 + \gamma_1 C_1),\end{aligned}$$

und wir erhalten

$$\begin{vmatrix} a_1 + \alpha_1, & a_2, & a_3 \\ b_1 + \beta_1, & b_2, & b_3 \\ c_1 + \gamma_1, & c_2, & c_3 \end{vmatrix} = \begin{vmatrix} a_1, & a_2, & a_3 \\ b_1, & b_2, & b_3 \\ c_1, & c_2, & c_3 \end{vmatrix} + \begin{vmatrix} \alpha_1, & a_2, & a_3 \\ \beta_1, & b_2, & b_3 \\ \gamma_1, & c_2, & c_3 \end{vmatrix}.$$

Wenn in gleicher Weise jedes der Elemente irgend einer Reihe die Summe einer bestimmten Anzahl von andern Elementen ist, so kann die Determinante in die nämliche Anzahl anderer Determinanten zerlegt werden. Wenn ferner in dem vorhergehenden Beispiele die Elemente der zweiten Verticalreihe auch die Summen einer gewissen Anzahl anderer Elemente sind, wenn z. B.

$$\text{für } a_2,\ b_2,\ c_2 \text{ respective } a_2 + \alpha_2,\ b_2 + \beta_2,\ c_2 + \gamma_2$$

geschrieben wird, so zerfällt jede der Determinanten der rechten Seite der letzten Gleichung in eine Summe anderer Determinanten und wir erhalten

$$(a_1 + \alpha_1, b_2 + \beta_2, c_3) = (a_1 b_2 c_3) + (a_1 \beta_2 c_3) + (\alpha_1 b_2 c_3) + (\alpha_1 \beta_2 c_3).$$

Und wenn allgemeiner jedes Element der ersten Verticalreihe in die Summe von m andern Elementen, jedes der zweiten in die Summe von n andern Elementen aufgelöst werden kann, so ist die Determinante selbst als die Summe von mn einfacheren Determinanten darstellbar; denn wir würden zuerst, wie vorher durch Zerlegung nach den Elementen der ersten Verticalreihe die Determinante in die Summe von m andern Determinanten auflösen und dann in derselben Art jede dieser letzteren nach den Elementen der zweiten Verticalreihe in n andere zerlegen. Wenn endlich jedes Element einer Determinante ein Polynom von bestimmter Gliederanzahl ist, so dass jede ihrer Verticalreihen in die Summe einer Anzahl von einfacheren Verticalreihen aufgelöst werden kann, — die erste in m, die zweite in n, die dritte in p, etc. — so ist die Determinante gleich der Summe aller der Determinanten, welche gebildet werden können, indem man statt jeder der Verticalreihen eine ihrer Partialreihen wählt, und die Anzahl der so entstehenden Partialdeterminanten ist das Product der Zahlen m, n, p, etc.

10. Wir fügen einige erläuternde Beispiele hinzu. Man hat

$$\begin{vmatrix} a_1, & b_1, & c_1+x_1+y_1 \\ a_2, & b_2, & c_2+x_2+y_2 \\ a_3, & b_3, & c_3+x_3+y_3 \end{vmatrix} = \begin{vmatrix} a_1, & b_1, & c_1 \\ a_2, & b_2, & c_2 \\ a_3, & b_3, & c_3 \end{vmatrix} + \begin{vmatrix} a_1, & b_1, & x_1 \\ a_2, & b_2, & x_2 \\ a_3, & b_3, & x_3 \end{vmatrix} + \begin{vmatrix} a_1, & b_1, & y_1 \\ a_2, & b_2, & y_2 \\ a_3, & b_3, & y_3 \end{vmatrix};$$

$$\begin{vmatrix} a_1, & b_1, & c_1+z \\ a_2, & b_2, & c_2 \\ a_3, & b_3, & c_3 \end{vmatrix} = \begin{vmatrix} a_1, & b_1, & c_1 \\ a_2, & b_2, & c_2 \\ a_3, & b_3, & c_3 \end{vmatrix} + \begin{vmatrix} a_1, & b_1, & z_1 \\ a_2, & b_2, & 0 \\ a_3, & b_3, & 0 \end{vmatrix} = \begin{vmatrix} a_1, & b_1, & c_1 \\ a_2, & b_2, & c_2 \\ a_3, & b_3, & c_3 \end{vmatrix} + z \begin{vmatrix} a_2, & b_2 \\ a_3, & b_3 \end{vmatrix};$$

$$\begin{vmatrix} a_1, & b_1, & c_1x^2+d_1x+e_1 \\ a_2, & b_2, & c_2x^2+d_2x+e_2 \\ a_3, & b_3, & c_3x^2+d_3x+e_3 \end{vmatrix} = \begin{vmatrix} a_1, & b_1, & c_1 \\ a_2, & b_2, & c_2 \\ a_3, & b_3, & c_3 \end{vmatrix} x^2 + \begin{vmatrix} a_1, & b_1, & d_1 \\ a_2, & b_2, & d_2 \\ a_3, & b_3, & d_3 \end{vmatrix} x + \begin{vmatrix} a_1, & b_1, & e_1 \\ a_2, & b_2, & e_2 \\ a_3, & b_3, & e_3 \end{vmatrix};$$

$$\begin{vmatrix} 1, & 1, & 1 \\ a_1+a_2, & b_1+b_2, & c_1+c_2 \\ a_1a_2, & b_1b_2, & c_1c_2 \end{vmatrix} = \begin{vmatrix} 1, & 1, & 1 \\ a_1, & b_1, & c_1 \\ a_1a_2, & b_1b_2, & c_1c_2 \end{vmatrix} + \begin{vmatrix} 1, & 1, & 1 \\ a_2, & b_2, & c_2 \\ a_1a_2, & b_1b_2, & c_1c_2 \end{vmatrix}$$

$$= (a_1-b_2)(b_1-c_2)(c_1-a_2) + (a_2-b_1)(b_2-c_1)(c_2-a_1).$$

Man findet leicht

$$\begin{vmatrix} a_1, & b_1 \\ a_2, & b_2 \end{vmatrix} + \begin{vmatrix} a_1, & b_1 \\ a_3, & b_3 \end{vmatrix} + \begin{vmatrix} a_2, & b_2 \\ a_4, & b_4 \end{vmatrix} + \begin{vmatrix} a_3, & b_3 \\ a_4, & b_4 \end{vmatrix} = \begin{vmatrix} a_1, & b_1, & 1, & 1 \\ a_2, & b_2, & -2, & -1 \\ a_3, & b_3, & 2, & 1 \\ a_4, & b_4, & 1, & 1 \end{vmatrix}.$$

Man kann jede Determinante in eine andere von beliebigem höheren Grade verwandeln, z. B.

$$\begin{vmatrix} a_1, & b_1, & c_1 \\ a_2, & b_2, & c_2 \\ a_3, & b_3, & c_3 \end{vmatrix} = \begin{vmatrix} 1, & 0, & 0, & 0 \\ \alpha_1, & a_1, & b_1, & c_1 \\ \alpha_2, & a_2, & b_2, & c_2 \\ \alpha_3, & a_3, & b_3, & c_3 \end{vmatrix} = \begin{vmatrix} 1, & 0, & 0, & 0, & 0 \\ \beta_4, & 1, & 0, & 0, & 0 \\ \beta_1, & \alpha_1, & a_1, & b_1, & c_1 \\ \beta_2, & \alpha_2, & a_2, & b_2, & c_2 \\ \beta_3, & \alpha_3, & a_3, & b_3, & c_3 \end{vmatrix} \text{ etc.}$$

Der Werth einer Determinante bleibt ungeändert, wenn man zu den Elementen einer Reihe beliebige gleiche Vielfache der entsprechenden Elemente einer andern Reihe addiert; denn beispielsweise ist

$$\begin{vmatrix} a_1, b_1, a_1\alpha + c_1 \\ a_2, b_2, a_2\alpha + c_2 \\ a_3, b_3, a_3\alpha + c_3 \end{vmatrix} = \begin{vmatrix} a_1, b_1, a_1\alpha \\ a_2, b_2, a_2\alpha \\ a_3, b_3, a_3\alpha \end{vmatrix} + \begin{vmatrix} a_1, b_1, c_1 \\ a_2, b_2, c_2 \\ a_3, b_3, c_3 \end{vmatrix} = \alpha \begin{vmatrix} a_1, b_1, a_1 \\ a_2, b_2, a_2 \\ a_3, b_3, a_3 \end{vmatrix}$$

$$+ \begin{vmatrix} a_1, b_1, c_1 \\ a_2, b_2, c_2 \\ a_3, b_3, c_3 \end{vmatrix} = \alpha . 0 + \begin{vmatrix} a_1, b_1, c_1 \\ a_2, b_2, c_2 \\ a_3, b_3, c_3 \end{vmatrix}; \text{ etc.}$$

Man hat ebenso

$$\begin{vmatrix} a_0, b_0, c_0, 1 \\ a_1, b_1, c_1, x \\ a_2, b_2, c_2, x^2 \\ a_3, b_3, c_3, x^3 \end{vmatrix} = \begin{vmatrix} a_1-a_0x, b_1-b_0x, c_1-c_0x \\ a_2-a_1x, b_2-b_1x, c_2-c_1x \\ a_3-a_2x, b_3-b_2x, c_3-c_2x \end{vmatrix} =$$

$$= \begin{vmatrix} a_1, b_1, c_1 \\ a_2, b_2, c_2 \\ a_3, b_3, c_3 \end{vmatrix} - \begin{vmatrix} a_0, b_1, c_1 \\ a_1, b_2, c_2 \\ a_2, b_3, c_3 \end{vmatrix} x + \begin{vmatrix} a_0, b_0, c_1 \\ a_1, b_1, c_2 \\ a_2, b_2, c_3 \end{vmatrix} x^2 - \begin{vmatrix} a_0, b_0, c_0 \\ a_1, b_1, c_1 \\ a_2, b_2, c_2 \end{vmatrix} x^3.$$

Man kann oft die Berechnung einer Determinante sehr vereinfachen, indem man von den bisher entwickelten Gesetzen zweckmässigen Gebrauch macht; z. B. ist

$$\begin{vmatrix} 9, 13, 17, 4 \\ 18, 28, 33, 8 \\ 30, 40, 54, 13 \\ 24, 37, 46, 11 \end{vmatrix} = \begin{vmatrix} 1, 1, 1, 4 \\ 2, 4, 1, 8 \\ 4, 1, 2, 13 \\ 2, 4, 2, 11 \end{vmatrix} = \begin{vmatrix} 1, 1, 1, 1 \\ 2, 4, 1, 1 \\ 4, 1, 2, 6 \\ 2, 4, 2, 3 \end{vmatrix};$$

Die zweite Determinante entspringt aus der ersten durch Subtraction der zweifachen, dreifachen und vierfachen Elemente der letzten Verticalreihe von den entsprechenden Elementen der ersten, zweiten und dritten Verticalreihe respective; die dritte aus der zweiten durch Subtraction der Summe der drei ersten Elemente jeder Horizontalreihe von ihrem vierten Element. Man bildet aus dieser dann nach einander die andern Determinanten

$$\begin{vmatrix} 1, 0, 0, 0 \\ 2, 2, -1, -1 \\ 4, -3, -2, 2 \\ 2, 2, 0, 1 \end{vmatrix} = \begin{vmatrix} 2, -1, -1 \\ -3, -2, 2 \\ 2, 0, 1 \end{vmatrix} = \begin{vmatrix} 4, -1, 0 \\ -7, -2, 0 \\ 2, 0, 1 \end{vmatrix}$$

$$= \begin{vmatrix} 4, -1 \\ -7, -2 \end{vmatrix};$$

die erste aus der letztvorhergehenden durch Subtraction der Elemente der ersten Verticalreihe von denen der folgenden Reihen, die zweite aus dieser durch Unterdrückung der ersten verticalen und horizontalen Reihe; die dritte aus der zweiten, indem man zu den Elementen der ersten Horizontalreihe die entsprechenden der letzten addiert, und von denen der zweiten die zweifachen der letzten subtrahiert; die vierte endlich durch Unterdrückung der letzten Horizontal- und Verticalreihe. Man erhält somit den Werth der gegebenen Determinante

$$= -8 - 7 = -15.$$

11. Eins der wichtigsten unter den von den Determinanten geltenden Theoremen ist dieses: Das Product zweier Determinanten ist eine Determinante, deren Elemente die Summen der Producte der Elemente irgend einer Reihe der einen mit den entsprechenden Elementen irgend einer Reihe der andern sind.

Das Product der Determinanten

$$\begin{vmatrix} a_1, & a_2, & a_3 \\ b_1, & b_2, & b_3 \\ c_1, & c_2, & c_3 \end{vmatrix} \quad \text{und} \quad \begin{vmatrix} \alpha_1, & \alpha_2, & \alpha_3 \\ \beta_1, & \beta_2, & \beta_3 \\ \gamma_1, & \gamma_2, & \gamma_3 \end{vmatrix}$$

ist z. B.

$$\begin{vmatrix} a_1\alpha_1 + b_1\beta_1 + c_1\gamma_1, & a_1\alpha_2 + b_1\beta_2 + c_1\gamma_2, & a_1\alpha_3 + b_1\beta_3 + c_1\gamma_3 \\ a_2\alpha_1 + b_2\beta_1 + c_2\gamma_1, & a_2\alpha_2 + b_2\beta_2 + c_2\gamma_2, & a_2\alpha_3 + b_2\beta_3 + c_2\gamma_3 \\ a_3\alpha_1 + b_3\beta_1 + c_3\gamma_1, & a_3\alpha_2 + b_3\beta_2 + c_3\gamma_2, & a_3\alpha_3 + b_3\beta_3 + c_3\gamma_3 \end{vmatrix},$$

und der Beweis, welchen wir für diesen speciellen Fall geben, ist allgemein anwendbar.

Weil jedes Element der geschriebenen Determinante die Summe dreier Glieder ist, so kann dieselbe in die Summe von 27 einfacheren Determinanten aufgelöst werden, die man erhält, indem man je eine Partialreihe aus der ersten, zweiten und dritten ihrer Verticalreihen combiniert.

Es ist nicht nöthig, alle diese 27 Determinanten zu schreiben, sondern es genügt, zwei oder drei von ihnen wie

$$\begin{vmatrix} a_1\alpha_1, & a_1\alpha_2, & a_1\alpha_3 \\ a_2\alpha_1, & a_2\alpha_2, & a_2\alpha_3 \\ a_3\alpha_1, & a_3\alpha_2, & a_3\alpha_3 \end{vmatrix} + \begin{vmatrix} a_1\alpha_1, & b_1\beta_2, & c_1\gamma_3 \\ a_2\alpha_1, & b_2\beta_2, & c_2\gamma_3 \\ a_3\alpha_1, & b_3\beta_2, & c_3\gamma_3 \end{vmatrix} + \begin{vmatrix} a_1\alpha_1, & c_1\gamma_2, & b_1\beta_3 \\ a_2\alpha_1, & c_2\gamma_2, & b_2\beta_3 \\ a_3\alpha_1, & c_3\gamma_2, & b_3\beta_3 \end{vmatrix} + \text{etc.}$$

zu geben. In jeder derselben erscheint jede Verticalreihe mit einem gemeinsamen Factor behaftet, welcher nach Art. 8 als ein

Multiplicator der ganzen Determinante vorgesetzt werden kann. Die speciellen vorher gegebenen Glieder können daher in der Form geschrieben werden

$$\alpha_1\alpha_2\alpha_3 \begin{vmatrix} a_1, & a_1, & a_1 \\ a_2, & a_2, & a_2 \\ a_3, & a_3, & a_3 \end{vmatrix} + \alpha_1\beta_2\gamma_3 \begin{vmatrix} a_1, & b_1, & c_1 \\ a_2, & b_2, & c_2 \\ a_3, & b_3, & c_3 \end{vmatrix} + \alpha_1\beta_3\gamma_2 \begin{vmatrix} a_1, & c_1, & b_1 \\ a_2, & c_2, & b_2 \\ a_3, & c_3, & b_3 \end{vmatrix}.$$

Von diesen Determinanten verschwindet die erste, weil zwei Verticalreihen derselben identisch sind; die zweite ist die Determinante

$$(a_1 b_2 c_3)$$

und die dritte ist nach Art. 7

$$-(a_1 b_2 c_3).$$

In gleicher Weise verschwindet jede andere partielle Determinante, welche zwei gleiche Verticalreihen enthält, und jede Determinante, welche nicht verschwindet, ist das Product der Determinante

$$(a_1 b_2 c_3)$$

mit einem der Glieder der Determinante

$$(\alpha_1\beta_2\gamma_3).$$

Man könnte in derselben Weise die gegebene Determinante als eine Summe von Gliedern darstellen, deren jedes das Product der Determinante

$$(\alpha_1\beta_2\gamma_3)$$

mit einem Gliede der Determinante

$$(a_1 b_2 c_3)$$

ist.

12. Wegen der Wichtigkeit dieses Theorems geben wir einen zweiten auf unsere erste Definition der Determinanten gegründeten Beweis.

Die im letzten Artikel untersuchte Determinante ist das Resultat der Elimination von x, y, z zwischen den Gleichungen

$$\begin{aligned}
&(a_1\alpha_1 + b_1\beta_1 + c_1\gamma_1)\,x + (a_1\alpha_2 + b_1\beta_2 + c_1\gamma_2)\,y \\
&\qquad\qquad + (a_1\alpha_3 + b_1\beta_3 + c_1\gamma_3)\,z = 0, \\
&(a_2\alpha_1 + b_2\beta_1 + c_2\gamma_1)\,x + (a_2\alpha_2 + b_2\beta_2 + c_2\gamma_2)\,y \\
&\qquad\qquad + (a_2\alpha_3 + b_2\beta_3 + c_2\gamma_3)\,z = 0, \\
&(a_3\alpha_1 + b_3\beta_1 + c_3\gamma_1)\,x + (a_3\alpha_2 + b_3\beta_2 + c_3\gamma_2)\,y \\
&\qquad\qquad + (a_3\alpha_3 + b_3\beta_3 + c_3\gamma_3)\,z = 0.
\end{aligned}$$

Dieselben können durch die Substitution

$$\alpha_1 x + \alpha_2 y + \alpha_3 z = X, \quad \beta_1 x + \beta_2 y + \beta_3 z = Y,$$
$$\gamma_1 x + \gamma_2 y + \gamma_3 z = Z$$

in der Form

$$a_1 X + b_1 Y + c_1 Z = 0, \quad a_2 X + b_2 Y + c_2 Z = 0,$$
$$a_3 X + b_3 Y + c_3 Z = 0$$

geschrieben werden, aus welcher sogleich erkannt wird, dass die Determinante

$$(a_1 b_2 c_3)$$

ein Factor der gegebenen Determinante ist.

Aber es kann auch stets ein System von Werthen von x, y, z gefunden werden, welches den drei gegebenen Gleichungen genügt, vorausgesetzt, dass ein System gefunden werden kann, welches gleichzeitig die Gleichungen

$$X = 0, \quad Y = 0, \quad Z = 0$$

erfüllt; somit ist

$$(\alpha_1 \beta_2 \gamma_3) = 0,$$

d. h. die Bedingung, unter welcher das Letztere möglich ist, ebenfalls ein Factor jenes Eliminationsresultats; und da man ohne Schwierigkeit sieht, dass der Grad des Resultats in den Coefficienten genau derselbe ist, wie der des Products der beiden gefundenen Factoren, so ist dasselbe

$$= (a_1 b_2 c_3)\ (\alpha_1 \beta_2 \gamma_3).$$

Es erhellt aber insbesondere aus dem gegenwärtigen Beweise, dass das die Multiplication der Determinanten betreffende Theorem in der folgenden später vielfach anzuwendenden Form ausgedrückt werden kann: Wenn ein System von linearen Gleichungen

$$a_1 X + b_1 Y + c_1 Z = 0, \quad a_2 X + b_2 Y + c_2 Z = 0,$$
$$a_3 X + b_3 Y + c_3 Z = 0$$

durch die Substitutionen

$$X = \alpha_1 x + \alpha_2 y + \alpha_3 z, \quad Y = \beta_1 x + \beta_2 y + \beta_3 z,$$
$$Z = \gamma_1 x + \gamma_2 y + \gamma_3 z$$

transformiert wird, so ist die Determinante des transformierten Systems gleich dem Producte von $(a_1 b_2 c_3)$, der Determinante des Originalsystems, in die Determinante $(\alpha_1 \beta_2 \gamma_3)$, welche wir den Modulus der Transformation nennen wollen.

Für eine beliebige Zahl n von homogenen linearen Functionen

$$f_1, \; f_2, \; f_3, \ldots, \; f_n$$

mit ebenso vielen Veränderlichen

$$x_1, \quad x_2, \quad x_3, \ldots, \quad x_n,$$

nämlich

$$\begin{aligned} f_1 &= a_{1,1}x_1 + a_{1,2}x_2 + \ldots + a_{1,n}x_n, \\ f_2 &= a_{2,1}x_1 + a_{2,2}x_2 + \ldots + a_{2,n}x_n, \\ &\cdot \\ &\cdot \\ &\cdot \\ f_n &= a_{n,1}x_1 + a_{n,2}x_2 + \ldots + a_{n,n}x_n \end{aligned}$$

gewinnt dasselbe Gesetz den folgenden Ausdruck. Wenn diese Functionen durch die linearen Substitutionen

$$\begin{aligned} x_1 &= b_{1,1}y_1 + b_{1,2}y_2 + \ldots + b_{1,n}y_n, \\ x_2 &= b_{2,1}y_1 + b_{2,2}y_2 + \ldots + b_{2,n}y_n, \\ &\cdot \\ &\cdot \\ &\cdot \\ x_n &= b_{n,1}y_1 + b_{n,2}y_2 + \ldots + b_{n,n}y_n, \end{aligned}$$

deren Modulus die Determinante

$$\begin{vmatrix} b_{1,1}, & b_{1,2}, & \ldots, & b_{1,n} \\ b_{2,1}, & b_{2,2}, & \ldots, & b_{2,n} \\ \cdot & & & \\ \cdot & & & \\ \cdot & & & \\ b_{n,1}, & b_{n,2}, & \ldots, & b_{n,n} \end{vmatrix} = B$$

ist, in Functionen der neuen Veränderlichen $y_1, y_2, \ldots, y_n$ transformiert werden

$$\begin{aligned} f_1 &= c_{1,1}y_1 + c_{1,2}y_2 + \ldots + c_{1,n}y_n, \\ f_2 &= c_{2,1}y_1 + c_{2,2}y_2 + \ldots + c_{2,n}y_n, \\ &\cdot \\ &\cdot \\ &\cdot \\ f_n &= c_{n,1}y_1 + c_{n,2}y_2 + \ldots + c_{n,n}y_n, \end{aligned}$$

wo also

$$c_{i,j} = a_{i,1}b_{1,j} + a_{i,2}b_{2,j} + \ldots + a_{i,n}b_{n,j}$$

ist, so hat man für die Determinante der transformierten Functionen

$$\begin{vmatrix} c_{1,1}, & c_{1,2}, & \ldots, & c_{1,n} \\ c_{2,1}, & c_{2,2}, & \ldots, & c_{2,n} \\ \cdot & & & \\ \cdot & & & \\ \cdot & & & \\ c_{n,1}, & c_{n,2}, & \ldots, & c_{n,n} \end{vmatrix} = C$$

und die Determinante der ursprünglichen Functionen

$$\begin{vmatrix} a_{1,1}, & a_{1,2}, & \ldots, & a_{1,n} \\ a_{2,1}, & a_{2,2}, & \ldots, & a_{2,n} \\ \cdot & & & \\ \cdot & & & \\ \cdot & & & \\ a_{n,1}, & a_{n,2}, & \ldots, & a_{n,n} \end{vmatrix} = A$$

die Relation

$$C = AB.$$

Die Substitution heisst orthogonal, wenn die Relation

$$x_1^2 + x_2^2 + \ldots + x_n^2 = y_1^2 + y_2^2 + \ldots + y_n^2$$

erfüllt ist. Die Einführung der Werthe

$$\begin{aligned} x_1 &= b_{1,1}y_1 + b_{1,2}y_2 + \ldots + b_{1,n}y_n, \\ x_2 &= b_{2,1}y_1 + b_{2,2}y_2 + \ldots + b_{2,n}y_n, \\ &\cdot \\ &\cdot \\ &\cdot \end{aligned}$$

in dieselbe giebt als eine nothwendige Identität die Entwickelung

$$\begin{aligned} y_1^2 + y_2^2 + \ldots + y_n^2 &= (b_{1,1}y_1 + \ldots + b_{1,n}y_n)^2 \\ &\quad + (b_{2,1}y_1 + \ldots + b_{2,n}y_n)^2 + \ldots \\ &= y_1^2 (b_{1,1}^2 + \ldots b_{n,1}^2) + y_2^2 (b_{1,2}^2 + \ldots + b_{n,2}^2) + \ldots \\ &\quad + 2y_1y_2 (b_{1,1}b_{1,2} + \ldots + b_{n,1}b_{n,2}) + \ldots; \end{aligned}$$

man erkennt somit, dass die n^2 Coefficienten einer orthogonalen Substitution die

$$n + \frac{n(n-1)}{2} = \frac{n(n+1)}{2}$$

Relationen

$$\begin{aligned} b_{1,1}^2 + b_{2,1}^2 + \ldots + b_{n,1}^2 &= 1, \\ b_{1,2}^2 + b_{2,2}^2 + \ldots + b_{n,2}^2 &= 1, \\ \text{etc.}, & \end{aligned}$$

allgemein

$$b_{1,i}^2 + b_{2,i}^2 + \ldots + b_{n,i}^2 = 1,$$

und

$$b_{1,1}b_{1,2} + b_{2,1}b_{2,2} + \ldots + b_{n,1}b_{n,2} = 0,$$

etc.,

allgemein

$$b_{1,i}b_{1,j} + b_{2,i}b_{2,j} + \ldots + b_{n,i}b_{n,j} = 0$$

erfüllen müssen.

In Folge derselben ist das Quadrat der Determinante einer orthogonalen Substitution der positiven Einheit gleich und somit der Werth dieser Determinante selbst entweder die positive oder die negative Einheit.

Die Determinante eines Systems von n linearen Functionen zwischen n Veränderlichen unterscheidet sich somit von der Determinante der durch eine orthogonale Substitution transformierten Functionen entweder gar nicht oder nur durch das Vorzeichen.*)

Man hat beispielsweise

$$\begin{vmatrix} a_1, & b_1 \\ a_2, & b_2 \end{vmatrix} \times \begin{vmatrix} \alpha_1, & \beta_1 \\ \alpha_2, & \beta_2 \end{vmatrix} = \begin{vmatrix} a_1\alpha_1 + b_1\beta_1, & a_1\alpha_2 + b_1\beta_2 \\ a_2\alpha_1 + b_2\beta_1, & a_2\alpha_2 + b_2\beta_2 \end{vmatrix}$$

$$= \begin{vmatrix} a_1\alpha_1 + a_2\alpha_2, & b_1\alpha_1 + b_2\alpha_2 \\ a_1\beta_1 + a_2\beta_2, & b_1\beta_1 + b_2\beta_2 \end{vmatrix};$$

$$\begin{vmatrix} a_1, & b_1, & c_1, & d_1 \\ a_2, & b_2, & c_2, & d_2 \\ a_3, & b_3, & c_3, & d_3 \\ a_4, & b_4, & c_4, & d_4 \end{vmatrix} \times \begin{vmatrix} x_1, & y_1 \\ x_2, & y_2 \end{vmatrix} = \begin{vmatrix} a_1, & b_1, & c_1, & d_1 \\ a_2, & b_2, & c_2, & d_2 \\ a_3, & b_3, & c_3, & d_3 \\ a_4, & b_4, & c_4, & d_4 \end{vmatrix} + \begin{vmatrix} x_1, & y_1, & 0, & 0 \\ x_2, & y_2, & 0, & 0 \\ 0, & 0, & 0, & 0 \\ 0, & 0, & 0, & 0 \end{vmatrix}$$

$$= \begin{vmatrix} a_1x_1 + b_1y_1, & a_1x_2 + b_1y_2, & c_1, & d_1 \\ a_2x_1 + b_2y_1, & a_2x_2 + b_2y_2, & c_2, & d_2 \\ a_3x_1 + b_3y_1, & a_3x_2 + b_3y_2, & c_3, & d_3 \\ a_4x_1 + b_4y_1, & a_4x_2 + b_4y_2, & c_4, & d_4 \end{vmatrix};$$

und in der Bezeichnungsweise mit doppelten Indices allgemein

---

*) Ueber die Theorie der orthogonalen Substitutionen, besonders die von Cayley zuerst („Crelle's Journ." Bd. 32, p. 119) gegebene Ableitung der n^2 Coefficienten der Substitution als Functionen von $\frac{n(n-1)}{2}$ unbestimmten Grössen, vergleiche man R. Baltzer, „Theorie und Anwendung der Determinanten" (Leipzig 1857) p. 83 f.

$$\begin{vmatrix} a_{1,1}, & a_{1,2}, & \dots & a_{1,n} \\ a_{2,1}, & a_{2,2}, & \dots & a_{2,n} \\ \cdot & & & \\ \cdot & & & \\ \cdot & & & \\ a_{n,1}, & a_{n,2}, & \dots & a_{n,n} \end{vmatrix} \times \begin{vmatrix} \alpha_{1,1}, & \alpha_{1,2}, & \dots & \alpha_{1,n} \\ \alpha_{2,1}, & \alpha_{2,2}, & \dots & \alpha_{2,n} \\ \cdot & & & \\ \cdot & & & \\ \cdot & & & \\ \alpha_{n,1}, & \alpha_{n,2}, & \dots & \alpha_{n,n} \end{vmatrix}$$

$$= \begin{vmatrix} A_{1,1}, & A_{1,2}, & \dots & A_{1,n} \\ A_{2,1}, & A_{2,2}, & \dots & A_{2,n} \\ \cdot & & & \\ \cdot & & & \\ \cdot & & & \\ A_{n,1}, & A_{n,2}, & \dots & A_{n,n} \end{vmatrix},$$

wo

$$A_{i,j} = a_{i,1} \cdot \alpha_{j,1} + a_{i,2} \cdot \alpha_{j,2} + \dots + a_{i,n} \cdot \alpha_{j,n},$$

oder

$$A_{i,j} = a_{1,i}\alpha_{1,j} + a_{2,i}\alpha_{2,j} + \dots + a_{n,i}\alpha_{n,j}$$

ist.

Wir schliessen diesen Artikel mit dem allgemeineren keines besondern Beweises mehr bedürfenden Satze: Das Product von beliebig vielen Determinanten ist eine Determinante, deren Grad den höchsten unter den gegebenen Graden nicht übersteigt und deren Elemente ganze rationale Functionen der Elemente der gegebenen Determinanten sind.

13. Die Theoreme der letzten Artikel können in folgender Art erweitert werden: Hätten wir zwei Gruppen von Elementen, in denen die Zahl der Horizontalreihen von jener der Verticalreihen verschieden ist, z. B.

$$\begin{Vmatrix} a_1, & b_1, & c_1 \\ a_2, & b_2, & c_2 \end{Vmatrix}, \quad \begin{Vmatrix} \alpha_1, & \beta_1, & \gamma_1 \\ \alpha_2, & \beta_2, & \gamma_2 \end{Vmatrix},$$

so können wir aus diesen in derselben Art, wie im letzten Artikel, die Determinante bilden

$$\begin{vmatrix} a_1\alpha_1 + b_1\beta_1 + c_1\gamma_1, & a_2\alpha_1 + b_2\beta_1 + c_2\gamma_1 \\ a_1\alpha_2 + b_1\beta_2 + c_1\gamma_2, & a_2\alpha_2 + b_2\beta_2 + c_2\gamma_2 \end{vmatrix},$$

deren Werth wir untersuchen wollen.

Sei zuerst die Zahl der Verticalreihen grösser als die der Horizontalreihen, wie in dem eben geschriebenen Beispiel, so dass jedes Element der neuen Determinante die Summe einer Zahl von Gliedern ist, welche die ihrer Horizontalreihen übertrifft. Nach dem Verfahren des Artikel 11 erkennt man dann, dass der Werth der Determinante durch

$$\begin{vmatrix} a_1\alpha_1, & a_2\alpha_1 \\ a_1\alpha_2, & a_2\alpha_2 \end{vmatrix} + \begin{vmatrix} a_1\alpha_1, & b_2\beta_1 \\ a_1\alpha_2, & b_2\beta_2 \end{vmatrix} + \text{etc.}$$

$$= (a_1b_2)(\alpha_1\beta_2) + (a_1c_2)(\alpha_1\gamma_2) + (b_1c_2)(\beta_1\gamma_2)$$

ausgedrückt wird, d. h. die neue Determinante ist die Summe der Producte jeder möglichen Determinante, welche aus einer der Gruppen der Elemente gebildet werden kann, mit der aus der andern Gruppe von Elementen gebildeten entsprechenden Determinante.

Ueberschreite zweitens die Zahl der Horizontalreihen diejenige der Verticalreihen, so bilden wir aus den zwei Gruppen von Elementen

$$\left\Vert \begin{matrix} a_1, & b_1 \\ a_2, & b_2 \\ a_3, & b_3 \end{matrix} \right\Vert, \quad \left\Vert \begin{matrix} \alpha_1, & \beta_1 \\ \alpha_2, & \beta_2 \\ \alpha_3, & \beta_3 \end{matrix} \right\Vert,$$

die Determinante

$$\begin{vmatrix} a_1\alpha_1 + b_1\beta_1, & a_2\alpha_1 + b_2\beta_1, & a_3\alpha_1 + b_3\beta_1 \\ a_1\alpha_2 + b_1\beta_2, & a_2\alpha_2 + b_2\beta_2, & a_3\alpha_2 + b_3\beta_2 \\ a_1\alpha_3 + b_1\beta_3, & a_2\alpha_3 + b_2\beta_3, & a_3\alpha_3 + b_3\beta_3 \end{vmatrix},$$

und wenn wir dazu weiter gehen, diese Determinante in der vorher auseinandergesetzten Art in ihre Partialdeterminanten zu zerlegen, so finden wir, dass es unmöglich ist, eine Partialdeterminante zu bilden, in der nicht zwei identische Verticalreihen erscheinen. Die gebildete Determinante ist daher mit Null identisch.

14. Es ist ein bemerkenswerther specieller Fall des Artikel 12, dass das Quadrat einer Determinante eine symmetrische Determinante ist. (Art. 6.) So ist das Quadrat von $(a_1b_2c_3)$

$$= \begin{vmatrix} a_1^2 + b_1^2 + c_1^2, & a_1a_2 + b_1b_2 + c_1c_2, & a_1a_3 + b_1b_3 + c_1c_2 \\ a_1a_2 + b_1b_2 + c_1c_2, & a_2^2 + b_2^2 + c_2^2, & a_2a_3 + b_2b_3 + c_2c_3 \\ a_1a_3 + b_1b_3 + c_1c_3, & a_2a_3 + b_2b_3 + c_2c_3, & a_3^2 + b_3^2 + c_3^2 \end{vmatrix};$$

man hat in der Ausdrucksweise des letzten Beispiels im Artikel 12 allgemein

$$\begin{vmatrix} a_{1,1}, & a_{1,2}, & \dots & a_{1,n} \\ a_{2,1}, & a_{2,2}, & \dots & a_{2,n} \\ \vdots & & & \\ a_{n,1}, & a_{n,2}, & \dots & a_{n,n} \end{vmatrix}^2 = \begin{vmatrix} A_{1,1}, & A_{1,2}, & \dots & A_{1,n} \\ A_{2,1}, & A_{2,2}, & \dots & A_{2,n} \\ \vdots & & & \\ A_{n,1}, & A_{n,2}, & \dots & A_{n,n} \end{vmatrix},$$

wenn

$$A_{i,j} = a_{i,1} a_{j,1} + a_{i,2} a_{j,2} + \dots a_{i,n} a_{j,n}$$
$$= a_{1,i} a_{1,j} + a_{2,i} a_{2,j} + \dots a_{n,i} a_{n,j},$$

somit insbesondere

$$A_{i,i} = a_{i,1}^2 + a_{i,2}^2 + \dots + a_{i,n}^2 = a_{1,i}^2 + a_{2,i}^2 + \dots + a_{n,i}^2$$

ist; die Elemente des Anfangsgliedes sind also aus lauter Summen von je n Quadraten der gegebenen Elemente gebildet.

Der vorige Artikel zeigt ferner, dass die Summe der Quadrate

$$(a_1 b_2)^2 + (b_1 c_2)^2 + (c_1 a_2)^2$$

der Determinante

$$\begin{vmatrix} a_1^2 + b_1^2 + c_1^2, & a_1 a_2 + b_1 b_2 + c_1 c_2 \\ a_1 a_2 + b_1 b_2 + c_1 c_2, & a_2^2 + b_2^2 + c_2^2 \end{vmatrix}$$

gleich ist.

Beispiel 1. Es sind n Grössen $\alpha_1, \alpha_2, \dots, \alpha_n$ gegeben, man soll den Werth der Determinante

$$\begin{vmatrix} 1, & 1, & 1, & \dots 1 \\ \alpha_1, & \alpha_2, & \alpha_3, & \alpha_n \\ \alpha_1^2, & \alpha_2^2, & \alpha_3^2, & \alpha_n^2 \\ \alpha_1^3, & \alpha_2^3, & \alpha_3^3, & \alpha_n^3 \\ \vdots & \vdots & \vdots & \vdots \\ \alpha_1^{n-1}, & \alpha_2^{n-1}, & \alpha_3^{n-1}, & \alpha_n^{n-1} \end{vmatrix}$$

bestimmen.

Man schliesst aus der Bemerkung, dass die Determinante für $\alpha_1 = \alpha_2$ und ebenso für die Gleichheit von irgend zwei andern unter den Grössen $\alpha_1, \alpha_2, \dots, \alpha_n$ verschwindet, dass die Differenz $(\alpha_1 - \alpha_2)$ und ebenso jede andere Differenz zwischen zweien der Grössen $\alpha_1, \alpha_2, \dots, \alpha_n$ ein Factor der Determinante sei. Ihr Werth ist somit

$$= \pm (\alpha_1 - \alpha_2)(\alpha_1 - \alpha_3) \dots (\alpha_1 - \alpha_n)(\alpha_2 - \alpha_3) \dots (\alpha_2 - \alpha_n)(\alpha_3 - \alpha_n) \dots (\alpha_{n-1} - \alpha_n),$$

denn sie kann sich von diesem Product nur durch einen von den Grössen $\alpha_1, \dots, \alpha_n$ unabhängigen Factor unterscheiden, weil dasselbe die Glieder

$$\alpha_1^{n-1}, \quad \alpha_2^{n-1}, \text{ etc.}$$

enthält, und die Determinante keine höheren Potenzen von α_1, α_2, etc.

enthalten kann; und die Vergleichung der Coefficienten von α_1^{n-1} in beiden Entwickelungen beweist die Abwesenheit eines numerischen Factors.

Beispiel 2. In der Theorie der Gleichungen ist es wichtig, das Product der Quadrate der Differenzen ihrer Wurzeln auszudrücken und das letzte Beispiel erlaubt uns, diess in der Form einer Determinante zu thun. Denn wenn wir das Quadrat der dort betrachteten Determinante bilden, so erhalten wir

$$\begin{vmatrix} s_0, & s_1, & s_2, & \dots & s_{n-1} \\ s_1, & s_2, & s_3, & \dots & s_n \\ s_2, & s_3, & s_4, & \dots & s_{n+1} \\ \vdots & & & & \\ s_{n-1}, & s_n, & s_{n+1}, & \dots & s_{2n-2} \end{vmatrix},$$

wenn s_t die Summe der t^{ten} Potenzen der als Wurzeln der Gleichung betrachteten Grössen $\alpha_1, \alpha_2, \dots, \alpha_n$ bezeichnet.

Beispiel 3. In derselben Art wird nach Artikel 13 bewiesen, dass die Determinante

$$\begin{vmatrix} s_0, & s_1 \\ s_1, & s_2 \end{vmatrix} = \Sigma\,(\alpha_1-\alpha_2)^2,$$

und dass

$$\begin{vmatrix} s_0, & s_1, & s_2 \\ s_1, & s_2, & s_3 \\ s_2, & s_3, & s_4 \end{vmatrix} = \Sigma\,(\alpha_1-\alpha_2)^2\,(\alpha_2-\alpha_3)\,(\alpha_3-\alpha_1)^2$$

ist. Wir bilden so eine Reihe von Determinanten, deren letzte das Product der Quadrate der Differenzen der Wurzeln $\alpha_1, \alpha_2, \dots, \alpha_n$ ist; alle Determinanten derselben Form von höheren Graden verschwinden nach Artikel 13 identisch. Diese Determinantenreihe ist in der Theorie der algebraischen Gleichungen von einer grossen Wichtigkeit.

Beispiel 4. Wir erinnern hier an das letzte Beispiel des Artikel 8 und fügen einige ganz ähnliche Formen hinzu:

$$\begin{vmatrix} x, & y, & z, & w \\ y, & x, & w, & z \\ z, & w, & x, & y \\ w, & z, & y, & x \end{vmatrix}$$

$$= (x+y+z+w)\,(x+y-z-w)\,(x-y+z-w)\,(x-y-z+w)$$
$$= x^4+y^4+z^4+w^4-2x^2(y^2+z^2+w^2)-2\,(y^2z^2+z^2w^2+w^2y^2)$$
$$+\,8xyzw;$$

$$\begin{vmatrix} -x, & y, & z, & w \\ y, & -x, & w, & z \\ z, & w, & -x, & y \\ w, & z, & y, & -x \end{vmatrix}$$

$$= -\,(x+y+z-w)\,(x+y-z+w)\,(x-y+z+w)$$
$$(-x+y+z+w).$$

Beispiel 5. Endlich betrachten wir das Product der beiden Determinanten

$$f(-\lambda) = \begin{vmatrix} a-\lambda, & \gamma, & \beta \\ \gamma, & b-\lambda, & \alpha \\ \beta, & \alpha, & c-\lambda \end{vmatrix} = 0,$$

$$f(\lambda) = \begin{vmatrix} a+\lambda, & \gamma, & \beta \\ \gamma, & b+\lambda, & \alpha \\ \beta, & \alpha, & c+\lambda \end{vmatrix} = 0;$$

wir repräsentieren es durch

$$\begin{vmatrix} A-\lambda^2, & D, & F \\ D, & B-\lambda^2, & E \\ F, & E, & C-\lambda^2 \end{vmatrix},$$

wo

$$A = a^2 + \beta^2 + \gamma^2, \quad B = b^2 + \gamma^2 + \alpha^2, \quad C = c^2 + \alpha^2 + \beta^2,$$
$$D = \alpha\beta + \gamma(a+b), \quad E = \beta\gamma + \alpha(b+c), \quad F = \gamma\alpha + \beta(c+a)$$

sind. Man hat also

$$-f(\lambda)f(-\lambda) = \lambda^6 - L\lambda^4 + M\lambda^2 - N,$$

wenn

$$L = a^2 + b^2 + c^2 + 2(\alpha^2 + \beta^2 + \gamma^2),$$
$$M = (ab-\gamma^2)^2 + (bc-\alpha^2)^2 + (ca-\beta^2)^2$$
$$+ 2(a\alpha-\beta\gamma)^2 + 2(b\beta-\gamma\alpha)^2 + 2(c\gamma-\alpha\beta)^2,$$

$$N = \begin{vmatrix} a, & \gamma, & \beta \\ \gamma, & b, & \alpha \\ \beta, & \alpha, & c \end{vmatrix}$$

ist. Da man für

$$a = a_1 + k, \quad b = b_1 + k, \quad c = c_1 + k, \quad \lambda = \lambda_1 + k$$

erhält

$$f_1(-\lambda_1) = \begin{vmatrix} a_1-\lambda_1, & \gamma, & \beta \\ \gamma, & b_1-\lambda_1, & \alpha \\ \beta, & \alpha, & c_1-\lambda_1 \end{vmatrix},$$

so ist die Gleichung

$$f_1(-\lambda)\, f_1(\lambda_1) = 0$$

von der Form

$$\lambda_1^6 - L_1\lambda_1^4 + M_1\lambda_1^2 - N_1 = 0$$

mit wesentlich positiven Coefficienten L_1, M_1, N_1. Nach der Regel der Zeichen von Descartes kann keiner der durch diese Gleichung bestimmten Werthe von λ_1^2 negativ sein, d. i. man kann nicht haben

$$(\lambda-k)^2 = -\mu^2$$

oder

$$\lambda = k + \mu\sqrt{-1},$$

und alle drei Wurzeln der Gleichung

$$f(-\lambda) = 0$$

sind folglich reell.

Dritte Vorlesung.

Von den Minoren der Determinanten und den Reciproken derselben oder den Determinanten adjungierter Systeme.

---

15. Wenn wir in einer Determinante eine Anzahl von Horizontalreihen und dieselbe Anzahl von Verticalreihen unterdrücken, so heisst die aus den übrig gebliebenen Reihen gebildete Determinante ein Minor der gegebenen Determinante. Die durch Unterdrückung je einer Horizontal- und Verticalreihe gebildeten Minoren können erste Minoren genannt werden, die durch Unterdrückung je zweier Horizontal- und Verticalreihen gebildeten ebenso zweite Minoren, etc.

Wir haben in der letzten Vorlesung das Princip angewandt, nach welchem, wenn $a_1, b_1, c_1, \ldots$ die Elemente einer beliebigen Reihe einer Determinante sind, diese Determinante in der Form

$$a_1 A_1 + b_1 B_1 + c_1 C_1 + \ldots$$

darstellbar ist, wo $A_1, B_1, C_1, \ldots$ diese Elemente $a_1, b_1, c_1, \ldots$ nicht enthalten; wir werden jetzt etwas näher auf den Werth dieser Grössen eingehen. Wir erkennen, dass A_1 der durch Unterdrückung derjenigen Horizontal- und derjenigen Verticalreihe, welchen a_1 angehört, erhaltene Minor ist; denn jedes Glied der Originaldeterminante, welches a_1 enthält, kann kein anderes Element aus der Verticalreihe der a oder aus der Horizontalreihe der Eins enthalten und a_1 muss die Summe aller möglichen Producte von $(n-1)$ Elementen zum Factor haben, von denen jede aus allen übrigen verticalen und horizontalen Reihen je einen Factor enthält. Aber das Aggregat von allen diesen bildet die oben definierte Minordeterminante.

Mit demselben Rechte kann die Determinante in der Form

$$a_1 A_1 + a_2 A_2 + a_3 A_3 + \ldots$$

geschrieben werden, in welcher A_2 der durch Unterdrückung der horizontalen und verticalen Reihe von a_2 erhaltene Minor ist, etc.

Offenbar ist A_1 der in Bezug auf a_1 genommene Differentialquotient der Originaldeterminante, unter der Voraussetzung gebildet, dass alle Elemente des Systems von einander unabhängig sind.

Man hat daher, wenn $\varDelta$ den Werth der Originaldeterminante bezeichnet

$$A_1 = \frac{d\varDelta}{da_1}, \quad A_2 = \frac{d\varDelta}{da_2}, \text{ etc.}$$

und

$$a_1 \frac{d\varDelta}{da_1} + a_2 \frac{d\varDelta}{da_2} + \ldots + a_n \frac{d\varDelta}{da_n} = \varDelta,$$

$$b_1 \frac{d\varDelta}{db_1} + b_2 \frac{d\varDelta}{db_2} + \ldots + b_n \frac{d\varDelta}{db_n} = \varDelta, \text{ etc.}$$

und ebenso in der Bezeichnungsweise mit doppelten Indices

$$\alpha_{i,j} = \frac{d\varDelta}{da_{i,j}},$$

$$a_{1,i} \frac{d\varDelta}{da_{1,i}} + a_{2,i} \frac{d\varDelta}{da_{2,i}} + \ldots + a_{n,i} \frac{d\varDelta}{da_{n,i}} = \varDelta,$$

oder auch

$$a_{j,1} \frac{d\varDelta}{da_{j,1}} + a_{j,2} \frac{d\varDelta}{da_{j,2}} + \ldots + a_{j,n} \frac{d\varDelta}{da_{j,n}} = \varDelta.$$

Die Voraussetzung von der Unabhängigkeit der Elemente liefert dann die Relationen

$$\frac{d^2\varDelta}{da^2_{i,j}} = 0, \quad \frac{d^2\varDelta}{da_{i,j}da_{i_1,j}} = 0, \quad \frac{d^2\varDelta}{da_{i,j}da_{i,j_1}} = 0;$$

man erhält für zweite Minoren die Ausdrucksweise

$$\frac{d^2\varDelta}{da_{i,j}da_{i_1,j_1}},$$

und die für dieselben geltende Relation

$$\frac{d^2\varDelta}{da_{i,j}\,da_{i_1,j_1}} = -\frac{d^2\varDelta}{da_{i_1,j}\,da_{i,j_1}};$$

endlich die dem Vorigen analogen Formeln

$$\frac{d\varDelta}{da_{i,1}} = a_{j,1} \frac{d^2\varDelta}{da_{i,1}da_{j,1}} + a_{j,2} \frac{d^2\varDelta}{da_{i,1}da_{j,2}} + \ldots + a_{j,n} \frac{d^2\varDelta}{da_{i,1}da_{j,n}},$$

$$\vdots$$

$$\frac{d\varDelta}{da_{i,n}} = a_{j,1} \frac{d^2\varDelta}{da_{i,n}da_{j,1}} + a_{j,2} \frac{d^2\varDelta}{da_{i,n}da_{j,2}} + \ldots + a_{j,n} \frac{d^2\varDelta}{da_{i,n}da_{j,n}}.$$

16. Diese Minoren und die Elemente der Determinante sind durch eine Reihe identischer Relationen mit einander verbunden, nämlich

$$b_1A_1 + b_2A_2 + b_3A_3 + \ldots = 0,$$
$$c_1A_1 + c_2A_2 + c_3A_3 + \ldots = 0,$$
etc.

denn der Werth der Determinante

$$\varDelta = a_1A_1 + a_2A_2 + a_3A_3 + \ldots,$$

wo A_1, A_2, ... die Elemente a_1, a_2, ... respective nicht enthalten, zeigt, dass

$$b_1A_1 + b_2A_2 + \ldots$$

dem Werthe der Determinante für die Voraussetzungen

$$a_1 = b_1, \quad a_2 = b_2, \ldots$$

gleich ist; unter diesen Voraussetzungen hat sie aber zwei identische Verticalreihen und ihr Werth ist gleich Null.

Dieselben Relationen erscheinen in der Bezeichnungsweise mit doppelten Indices in der Form

$$a_{1,i}\frac{d\varDelta}{da_{1,j}} + a_{2,i}\frac{d\varDelta}{da_{2,j}} + \ldots + a_{n,i}\frac{d\varDelta}{da_{n,j}} = 0,$$
$$a_{i,1}\frac{d\varDelta}{da_{j,1}} + a_{i,2}\frac{d\varDelta}{da_{j,2}} + \ldots + a_{i,n}\frac{d\varDelta}{da_{j,n}} = 0.$$

Mit Hilfe derselben erhält man die Auflösung des Systems von linearen Gleichungen

$$a_1x + b_1y + c_1z + \ldots = \xi,$$
$$a_2x + b_2y + c_2z + \ldots = \eta,$$
$$a_3x + b_3y + c_3z + \ldots = \zeta,$$
etc.

in der folgenden einfachen Form.

Bezeichnen wir durch $\varDelta$ die aus den Coefficienten der linken Seite gebildete Determinante und durch A_1, A_2, ... ihre nach a_1, a_2, ... wie vorher gebildeten Minoren, so multiplicieren wir die Gleichungen des Systems der Reihe nach mit A_1, A_2, ... respective und addieren die Producte: die Coefficienten von y, z, ... verschwinden, der Coefficient von x wird

$$= a_1A_1 + a_2A_2 + \ldots,$$

d. i.

$$= \varDelta,$$

und man erhält die Relation

$$\Delta x = A_1\xi + A_2\eta + A_3\zeta + \ldots;$$

auf analoge Weise bildet man zur Bestimmung der übrigen nun bekannten Grössen die Relationen

$$\Delta y = B_1\xi + B_2\eta + B_3\zeta + \ldots,$$
$$\Delta z = C_1\xi + C_2\eta + C_3\zeta + \ldots,$$
etc.

Wir bemerken dabei, dass auch die rechte Seite jeder dieser Relationen eine Determinante ist, nämlich die, welche durch Substitution der Reihe

$$\xi, \quad \eta, \quad \zeta, \ldots$$

an Stelle der Reihe

$$a_1, \quad a_2, \quad a_3, \ldots,$$

oder der Reihe

$$b_1, \quad b_2, \quad b_3, \ldots,$$

oder $\quad c_1, \quad c_2, \quad c_3, \ldots$ etc.

aus der Determinante Δ hervorgeht.

Es ist leicht, diese Ergebnisse in die Bezeichnungsweise mit doppelten Indices zu übertragen.

Wir wollen in ihr nur den Fall hervorheben, in dem die rechten Seiten der sämmtlichen Gleichungen den Werth Null haben und für das die Determinante des Systems zur Resultante desselben wird, deren Verschwinden die Bedingung ihrer Coexistenz ist. Man hat dann für das System

$$\begin{array}{l} a_{1,1}x_1 + a_{1,2}x_2 + \ldots + a_{1,n}x_n = 0, \\ a_{2,1}x_1 + a_{2,2}x_2 + \ldots + a_{2,n}x_n = 0, \\ \vdots \\ a_{n,1}x_1 + a_{n,2}x_2 + \ldots + a_{n,n}x_n = 0 \end{array}$$

$$\Delta = \begin{vmatrix} a_{1,1}, & a_{1,2}, & \ldots & a_{1,n} \\ a_{2,1}, & a_{2,2}, & \ldots & a_{2,n} \\ \vdots & & & \\ a_{n,1}, & a_{n,2}, & \ldots & a_{n,n} \end{vmatrix} = 0.$$

Vergleicht man dann die dem entsprechenden Relationen (Art. 15)

$$\begin{array}{l} a_{1,1}\alpha_{i,1} + a_{1,2}\alpha_{i,2} + \ldots + a_{1,n}\alpha_{i,n} = 0, \\ a_{2,1}\alpha_{i,1} + a_{2,2}\alpha_{i,2} + \ldots + a_{2,n}\alpha_{i,n} = 0, \\ \vdots \\ a_{n,1}\alpha_{i,1} + a_{n,2}\alpha_{i,2} + \ldots + a_{n,n}\alpha_{i,n} = 0 \end{array}$$

mit den Gleichungen des Systems, so erkennt man aus der Gleichheit der Form die Gültigkeit der stetigen Proportion

$$x_1 : x_2 : x_3 : \ldots : x_n = \alpha_{i,1} : \alpha_{i,2} : \alpha_{i,3} : \ldots : \alpha_{i,n}.$$

17. Die Reciproke einer gegebenen Determinante ist eine Determinante, deren Elemente die den correspondierenden Elementen der gegebenen Determinante entsprechenden Minoren dieser letzteren sind.

Man nennt das System der Elemente

$$\begin{matrix} A_1, & A_2, & \ldots, & A_n \\ B_1, & B_2, & \ldots, & B_n \\ \vdots & \vdots & & \vdots \end{matrix} \quad \text{oder} \quad \begin{matrix} \alpha_{1,1}, & \alpha_{1,2}, & \ldots, & \alpha_{1,n} \\ \alpha_{2,1}, & \alpha_{2,2}, & \ldots, & \alpha_{2,n} \\ \vdots & & & \\ \alpha_{n,1}, & \alpha_{n,2}, & \ldots, & \alpha_{n,n} \end{matrix}$$

dem System der Elemente

$$\begin{matrix} a_1, & a_2, & \ldots, & a_n \\ b_1, & b_2, & \ldots, & b_n \\ \vdots & \vdots & & \vdots \end{matrix} \quad \text{oder} \quad \begin{matrix} a_{1,1}, & a_{1,2}, & \ldots, & a_{1,n}, \\ a_{2,1}, & a_{2,2}, & \ldots, & a_{2,n} \\ \vdots & & & \\ a_{n,1}, & a_{n,2}, & \ldots, & a_{n,n} \end{matrix}$$

adjungiert, wenn A_i der Factor von a_i oder allgemeiner $\alpha_{i,j}$ der Factor von $a_{i,j}$ in der Entwickelung der Determinante der letzteren Elemente ist. Die Reciproke der gegebenen Determinante ist somit die Determinante des ihr adjungierten Systems.

So ist die Reciproke von

$$\begin{vmatrix} a_1, & b_1, & c_1 \\ a_2, & b_2, & c_2 \\ a_3, & b_3, & c_3 \end{vmatrix}$$

die Determinante

$$\begin{vmatrix} A_1, & B_1, & C_1 \\ A_2, & B_2, & C_2 \\ A_3, & B_3, & C_3 \end{vmatrix},$$

wenn alle vorigen Bezeichnungen beibehalten sind.

Bezeichnen wir dieselbe durch Δ' und multiplicieren sie mit der Originaldeterminante, so erhalten wir nach der Regel des Artikel 11

$$\Delta\Delta' =$$
$$\begin{vmatrix} a_1A_1 + b_1B_1 + c_1C_1, & a_2A_1 + b_2B_1 + c_2C_1, & a_3A_1 + b_3B_1 + c_3C_1 \\ a_1A_2 + b_1B_2 + c_1C_2, & a_2A_2 + b_2B_2 + c_2C_2, & a_3A_2 + b_3B_2 + c_3C_2 \\ a_1A_3 + b_1B_3 + c_1C_3, & a_2A_3 + b_2B_3 + c_2C_3, & a_3A_3 + b_3B_3 + c_3C_3 \end{vmatrix}$$

d. i. wegen

$$a_iA_i + b_iB_i + c_iC_i = \Delta,$$
$$a_iA_j + b_iB_j + c_iC_j = 0$$
$$\Delta\Delta' = \begin{vmatrix} \Delta, & 0, & 0 \\ 0, & \Delta, & 0 \\ 0, & 0, & \Delta \end{vmatrix} = \Delta^3;$$

man hat also

$$(a_1b_2c_3)\ (A_1B_2C_3) = (a_1b_2c_3)^3,$$

oder

$$(A_1B_2C_3) = (a_1b_2c_3)^2,$$
$$\Delta' = \Delta^2;$$

und erhält ebenso allgemein

$$\Delta\Delta' = \Delta^n,\ \Delta' = \Delta^{n-1},$$

d. h. die Determinante des adjungierten Systems von einem System von n^2 Elementen ist die $(n-1)^{\text{te}}$ Potenz der Determinante des gegebenen Systems.

Wenn wir das System der in Artikel 16 zur Bestimmung von $x, y, z, \ldots$ gewonnenen Gleichungen

$$\Delta x = A_1\xi + A_2\eta + A_3\zeta + \ldots,$$
$$\Delta y = B_1\xi + B_2\eta + B_3\zeta + \ldots,$$
$$\Delta z = C_1\xi + C_2\eta + C_3\zeta + \ldots,$$

etc.

nach ξ, η, ζ auflösen, so erhalten wir

$$\Delta'\xi = \overline{a}_1\Delta x + \overline{b}_1\Delta y + \overline{c}_1\Delta z + \ldots,$$

etc.,

wenn wir durch $\overline{a}_1, \overline{b}_1, \overline{c}_1$, etc. die Minoren der Reciprokaldeterminante bezeichnen. Da nun die für $\xi, \eta, \zeta, \ldots$ zu gewinnenden Werthe mit den Originalausdrücken identisch sein müssen, so erhalten wir aus der Relation

$$\Delta' = \Delta^{n-1}$$

durch Vergleichung der Coefficienten die Relationen

$$\overline{a}_1 = \Delta^{n-2}a_1,\quad \overline{b}_1 = \Delta^{n-2}b_1,\quad \overline{c}_1 = \Delta^{n-2}c_1, \text{ etc.}$$

durch welche die ersten Minoren der Reciprokaldeterminante in Function der Elemente der Originaldeterminante dargestellt werden.

18. Indem wir igend eine Verticalreihe a einer Determinante betrachteten, haben wir bemerkt, dass jedes Glied ihrer Entwickelung ein Element dieser Reihe unter seinen Factoren enthält, und dass daher diese Entwickelung in der Form

$$\Sigma a_i A_i$$

dargestellt werden kann. Wenn wir in derselben Art irgend zwei Verticalreihen a, b der Determinante betrachten, so kann ihre Entwickelung in der analogen Form

$$\Sigma\ (a_i b_j)\ A_{i,j}$$

dargestellt werden, in welcher $\Sigma\,(a_i b_j)$ als die Summe aller möglichen Determinanten anzusehen ist, welche mit den Elementen zweier Horizontalreihen in den gegebenen Verticalreihen der a und b gebildet werden können. Denn jedes Glied der Determinante enthält als Factoren ein Element aus der Verticalreihe a und ein anderes aus der Verticalreihe b und jedes Glied

$$+\ a_i b_j c_k d_l,\ \text{etc.}$$

fordert nach der Regel der Zeichen ein entsprechendes

$$-\ a_j b_i c_k d_l,\ \text{etc.}$$

Somit nimmt die Determinante die angegebene Form an und man erkennt nach dem schon im Artikel 15 angewendeten Raisonnement, dass der Multiplicator $A_{i,j}$ der Determinante $(a_{i,j})$ derjenige Minor der Originaldeterminante ist, welcher durch Unterdrückung der beiden Horizontal- und Verticalreihen entsteht, denen die Elemente a_i, b_j angehören.

Man erhält die nämlichen Resultate und zugleich den Weg ihrer Weiterentwickelung auf folgende Weise aus den Formeln des Artikel 15.

Indem man in die dort erhaltene Gleichung

$$\Delta = a_{i,1}\frac{d\Delta}{da_{i,1}} + a_{i,2}\frac{d\Delta}{da_{i,2}} + \ldots + a_{i,n}\frac{d\Delta}{da_{i,n}}$$

die mittelst der Relation

$$\frac{d\Delta}{da_{i,k}} = a_{j,1}\frac{d^2\Delta}{da_{i,k}da_{j,1}} + a_{j,2}\frac{d^2\Delta}{da_{i,k}da_{j,2}} + \ldots + a_{j,n}\frac{d^2\Delta}{da_{i,k}da_{j,n}}$$

für

$$k = 1,\ 2,\ \ldots,\ n$$

erhaltene Werthe substituiert, findet man die den vorigen Erörterungen genau entsprechende Gleichung

$$\Delta = (a_{i,1}a_{j,2} - a_{i,2}a_{j,1}) \frac{d^2\Delta}{da_{i,1}da_{j,2}} + (a_{i,1}a_{j,3} - a_{i,3}a_{j,1}) \frac{d^2\Delta}{da_{i,1}da_{j,3}} + \cdots$$
$$+ (a_{i,n-1}a_{j,n} - a_{i,n}a_{j,n-1}) \frac{d^2\Delta}{da_{i,n-1}da_{j,n}}.$$

Auf dieselbe Weise geht man leicht zu analogen Zerlegungen nach Minoren höherer Ordnungen über.

Man erhält beispielsweise

$$\begin{vmatrix} a_1, & b_1, & c_1, & d_1 \\ a_2, & b_2, & c_2, & d_2 \\ a_3, & b_3, & c_3, & d_3 \\ a_4, & b_4, & c_4, & d_4 \end{vmatrix} = (a_1b_2c_3d_4)$$

$$= (a_1b_2)(c_3d_4) - (a_1c_2)(d_3b_4) + (a_1d_2)(b_3c_4) + (b_1c_2)(a_3d_4)$$
$$- (b_1d_2)(a_3c_4) + (c_1d_2)(a_3b_4);$$

$$(a_1b_2c_3d_4e_5) = (a_1b_2)(c_3d_4e_5) - (a_1b_3)(c_2d_4e_5) + (a_1b_4)(c_2d_3e_5)$$
$$- (a_1b_5)(c_2d_3e_4) + (a_2b_3)(c_1d_4e_5) - (a_2b_4)(c_1d_3e_5)$$
$$+ (a_2b_5)(c_1d_3e_4) + (a_3b_4)(c_1d_2e_5) - (a_3b_5)(c_1d_2e_4)$$
$$+ (a_4b_5)(c_1d_2e_3).$$

Dabei bestimmt sich das Zeichen jedes Gliedes nach der allgemeinen Regel der Zeichen im Artikel 5. Man kann die in diesen Entwickelungen als Factoren desselben Gliedes auftretenden Minordeterminanten als complementäre Minoren zweckmässig bezeichnen.

Auch die identischen Relationen der Minoren mit den Elementen der Determinante, welche im Anfang des Artikel 16 gegeben werden, erhalten auf analoge Weise eine allgemeine Geltung.

Durch Multiplication der Werthe von

$$\frac{d\Delta}{da_{i,1}}, \quad \frac{d\Delta}{da_{i,2}}, \text{ etc.}$$

mit

$$a_{j_1,1}, \quad a_{j_1,2}, \text{ etc.}$$

und Addition der Producte erhält man

$$(a_{j_1,1}a_{j,2} - a_{j_1,2}a_{j,1}) \frac{d^2\Delta}{da_{i,1}da_{j,2}} + (a_{j_1,1}a_{j,3} - a_{j_1,3}a_{j,1}) \frac{d^2\Delta}{da_{i,1}\,da_{j,3}}$$
$$+ \cdots = 0;$$

also für die Determinante des vorletzten Beispiels

$$(a_1b_2)(c_1d_3) + (a_1c_2)(b_1d_3) + (a_1d_2)(c_1b_3) + (b_1c_2)(d_1a_3)$$
$$+ (b_1d_2)(a_1c_3) + (c_1d_2)(b_1a_3) = 0.$$

19. Das Theorem des Artikel 17 über die Minoren der Reciprocaldeterminante kann ebenfalls generalisiert werden: Irgend ein Minor p^{ter} Ordnung, welcher aus den adjungierten Elementen A_1, B_1, ... gebildet wird, ist gleich dem Producte aus dem complementären des entsprechenden Minors der Originaldeterminante mit der $(p-1)^{\text{ten}}$ Potenz dieser Determinante.

Ist z. B. die Originaldeterminante vom fünften Grade

$$\Delta = (a_1 b_2 c_3 d_4 e_5),$$

so hat man

$$(A_1 B_2) = \Delta\ (c_3 d_4 e_5),$$
$$(A_1 B_2 C_3) = \Delta^2\ (d_4 e_5), \text{ etc.}$$

Die Methode des allgemeinen Beweises ist aus demjenigen, welcher für das erste dieser Beispiele gegeben werden mag, deutlich genug zu erkennen.

Wir haben

$$\Delta x = A_1 \xi + A_2 \eta + A_3 \zeta + A_4 \omega + A_5 \nu,$$
$$\Delta y = B_1 \xi + B_2 \eta + B_3 \zeta + B_4 \omega + B_5 \nu;$$

in Folge dessen ist

$$\Delta B_2 x - \Delta A_2 y = (A_1 B_2)\, \xi + (A_3 B_2)\, \zeta + (A_4 B_2)\, \omega + (A_5 B_2)\, \nu.$$

Wir können aber für x noch einen andern Ausdruck mittelst derselben fünf Grössen y, ξ, ζ, ω, ν entwickeln; denn wir erhalten aus den Originalgleichungen

$$\xi = a_1 x + b_1 y + c_1 z + d_1 w + e_1 u,$$
$$\eta = a_2 x + b_2 y + c_2 z + d_2 w + e_2 u,$$
$$\zeta = a_3 x + b_3 y + c_3 z + d_3 w + e_3 u,$$
$$\omega = a_4 x + b_4 y + c_4 z + d_4 w + e_4 u,$$
$$\nu = a_5 x + b_5 y + c_5 z + d_5 w + e_5 u$$

durch Elimination von z, w, u die Relation

$$(a_1 c_3 d_4 e_5)\, x + (b_1 c_3 d_4 e_5)\, y = (c_3 d_4 e_5)\, \xi - (c_4 d_5 e_1)\, \zeta + (c_5 d_1 e_3)\, \omega - (c_1 d_3 e_4)\, \nu,$$

und daraus wegen

$$(a_1 c_3 d_4 e_5) = B_2,$$
$$(b_1 c_3 d_4 e_5) = A_2$$

durch Vergleichung derselben mit der oben entwickelten Relation

$$(A_1 B_2) = \Delta\ (c_3 d_4 e_5),$$

etc., q. e. d.

Wir fügen einige Anwendungen dieser Ergebnisse hinzu.

Man hat bei

$$\Delta = \begin{vmatrix} a_{1,1}, & a_{1,2}, & \dots & a_{1,n} \\ a_{2,1}, & a_{2,2}, & \dots & a_{2,n} \\ \vdots & & & \\ a_{n,1}, & a_{n,2}, & \dots & a_{n,n} \end{vmatrix}$$

und

$$\Delta' = \begin{vmatrix} \alpha_{1,1}, & \alpha_{1,2}, & \dots & \alpha_{1,n} \\ \alpha_{2,1}, & \alpha_{2,2}, & \dots & \alpha_{2,n} \\ \vdots & & & \\ \alpha_{n,1}, & \alpha_{n,2}, & \dots & \alpha_{n,n} \end{vmatrix}$$

für

$$p = 2$$

$$\begin{vmatrix} \alpha_{i,j}, & \alpha_{i,j_1} \\ \alpha_{i_1,j}, & \alpha_{i_1,j_1} \end{vmatrix} = \frac{d^2\Delta}{da_{i,j}\, da_{i_1,j_1}} \cdot \Delta,$$

oder in consequenter Anwendung der Bezeichnungsweise in partiellen Differentialen

$$\frac{d\Delta}{da_{i,j}} \frac{d\Delta}{da_{i_1,j_1}} - \frac{d\Delta}{da_{i,j_1}} \frac{d\Delta}{da_{i_1,j}} = \frac{d^2\Delta}{da_{i,j} da_{i_1,j_1}} \cdot \Delta.$$

20. In dem speciellen Falle, wo die Originaldeterminante den Werth

$$\Delta = 1$$

hat, wird die Determinante des adjungierten Systems ihr selbst gleich

$$\Delta' = \Delta = 1$$

und ihre Minoren stimmen nach dem eben bewiesenen allgemeinen Gesetze mit den complementären Minoren der Originaldeterminante überein, sowie umgekehrt die Minoren von dieser mit den complementären von jener, so dass eine vollständige Reciprocität stattfindet.

Hat man dagegen

$$\Delta = 0,$$

so ist auch

$$\Delta' = 0.$$

In Folge der vorher bewiesen Identität haben wir somit alsdann

$$\frac{d\Delta}{da_{i,j}} \frac{d\Delta}{da_{i_1,j_1}} - \frac{d\Delta}{da_{i,j_1}} \frac{d\Delta}{da_{i_1,j}} = 0,$$

d. h.

$$\frac{d\Delta}{da_{i,j}} : \frac{d\Delta}{da_{i_1,j}} = \frac{d\Delta}{da_{i,j_1}} : \frac{d\Delta}{da_{i_1,j_1}}$$

oder

$$\alpha_{i,j} : \alpha_{i_1,j} = \alpha_{i,j_1} : \alpha_{i_1,j_1};$$

Zwischen den entsprechenden Elementen verschiedener Reihen der Determinante des adjungierten Systems findet daher Proportionalität statt, wenn der Werth der Originaldeterminante gleich Null ist.

Mit Hilfe der Minordeterminanten vollzieht man allgemein eine Entwickelung, von der wir im 5. Beispiel des Artikel 14 einen speciellen Fall gegeben haben, nämlich die Entwickelung der Determinante

$$\begin{vmatrix} a_{1,1}+x, & a_{1,2}, & a_{1,3}, & \ldots & a_{1,n} \\ a_{2,1}, & a_{2,2}+x, & a_{2,3}, & \ldots & a_{2,n} \\ \vdots & & & & \\ a_{n,1}, & a_{n,2}, & a_{n,3}, & \ldots & a_{n,n}+x \end{vmatrix}$$

nach fallenden Potenzen von x, d. i. in der Form

$$x^n + C_1x^{n-1} + C_2x^{n-2} + \ldots + C_{n-1}x + C_n.$$

Man erkennt leicht, dass der Coefficient C_i die Summe aller derjenigen Minoren i^{ten} Grades der gegebenen Determinante für $x = 0$ ist, deren Anfangsglieder nur Elemente ihres Hauptgliedes enthalten; also beispielsweise

$$\begin{vmatrix} a_1+x, & b_1, & c_1, & d_1 \\ a_2, & b_2+x, & c_2, & d_2 \\ a_3, & b_3, & c_3+x, & d_3 \\ a_4, & b_4, & c_4, & d_4+x \end{vmatrix}$$
$$= x^4 + C_1x^3 + C_2x^2 + C_3x + C_4,$$

wo

$$C_1 = a_1 + b_2 + c_3 + d_4,\ C_2 = (a_1b_2) + (a_1c_3) + (a_1d_4) + (b_2c_3) + (b_2d_4) + (c_3d_4),$$
$$C_3 = (a_1b_2c_3) + (a_1b_2d_4) + (a_1c_3d_4) + (b_2c_3d_4),$$
$$C_4 = (a_1b_2c_3d_4)$$

ist.

Als ein Beispiel beweisen wir den Satz: Das Quadrat der Reciprocaldeterminante Δ' einer Determinante Δ ist mit der Reciprocaldeterminante des Quadrats dieser Determinante von Element zu Element identisch.

Ist

$$\Delta = \begin{vmatrix} a_{1,1}, & a_{1,2}, & \dots & a_{1,n} \\ a_{2,1}, & a_{2,2}, & \dots & a_{2,n} \\ \vdots & & & \\ a_{n,1}, & a_{n,2}, & \dots & a_{n,n} \end{vmatrix},$$

so sei

$$\Delta' = \Delta^{n-1} = \begin{vmatrix} \alpha_{1,1}, & \alpha_{1,2}, & \dots & \alpha_{1,n} \\ \alpha_{2,1}, & \alpha_{2,2}, & \dots & \alpha_{2,n} \\ \vdots & & & \\ \alpha_{n,1}, & \alpha_{n,2}, & \dots & \alpha_{n,n} \end{vmatrix},$$

also

$$\alpha_{i,j} = \frac{d\Delta}{da_{i,j}},$$

$$\frac{d\Delta'}{d\alpha_{i,j}} = \Delta^{n-2}\, a_{i,j};$$

dann ist für

$$\mathsf{A}_{i,j} = \alpha_{1,i}\alpha_{1,j} + \alpha_{2,i}\alpha_{2,j} + \dots + \alpha_{n,i}\alpha_{n,j}$$

$$(\Delta')^2 = \Delta^{2(n-1)} = \begin{vmatrix} \mathsf{A}_{1,1}, & \mathsf{A}_{1,2}, & \dots & \mathsf{A}_{1,n} \\ \mathsf{A}_{2,1}, & \mathsf{A}_{2,2}, & \dots & \mathsf{A}_{2,n} \\ \vdots & & & \\ \mathsf{A}_{n,1}, & \mathsf{A}_{n,2}, & \dots & \mathsf{A}_{n,n} \end{vmatrix},$$

und für

$$\mathsf{A}'_{i,j} = a_{1,i}a_{1,j} + a_{2,i}a_{2,j} + \dots + a_{n,i}a_{n,j}$$

$$\Delta^2 = \begin{vmatrix} \mathsf{A}'_{1,1}, & \mathsf{A}'_{1,2}, & \dots & \mathsf{A}'_{1,n} \\ \mathsf{A}'_{2,1}, & \mathsf{A}'_{2,2}, & \dots & \mathsf{A}'_{2,n} \\ \vdots & & & \\ \mathsf{A}'_{n,1}, & \mathsf{A}'_{n,2}, & \dots & \mathsf{A}'_{n,n} \end{vmatrix};$$

endlich für

$$\alpha'_{i,j} = \frac{d(\Delta^2)}{d\mathsf{A}'_{i,j}}$$

die Reciprocaldeterminante dieser Letzteren

$$(\Delta^2)' = \Delta^{2(n-1)} = \begin{vmatrix} \alpha'_{1,1}, & \alpha'_{1,2}, & \dots & \alpha'_{1,n} \\ \alpha'_{2,1}, & \alpha'_{2,2}, & \dots & \alpha'_{2,n} \\ \vdots & & & \\ \alpha'_{n,1}, & \alpha'_{n,2}, & \dots & \alpha'_{n,n} \end{vmatrix}$$

und

$$\frac{d((\Delta^2)')}{d\alpha'_{i,j}} = (\Delta^2)^{n-2} A'_{i,j}.$$

Die Behauptung des Satzes ist die Identität

$$A_{i,j} = \alpha'_{i,j}.$$

Zum Beweise ist

$$A'_{1,i}\alpha'_{1,j} + A'_{2,i}\alpha'_{2,j} + \ldots + A'_{n,i}\alpha'_{n,j} = 0,$$

$$A'_{1,i}\alpha'_{1,i} + A'_{2,i}\alpha'_{2,i} + \ldots + A'_{n,i}\alpha'_{n,i} = \Delta^2;$$

$$A'_{1,i}\alpha_{1,j} + A'_{2,i}\alpha_{2,j} + \ldots + A'_{n,i}\alpha_{n,j} = \Delta a_{i,j},$$

wie leicht zu erkennen ist. Wenn man die Werthe der ersten Identitäten für $i = 1, 2, \ldots, n$ mit $\alpha_{1,1}, \alpha_{1,2}, \ldots, \alpha_{1,n}$ oder $\alpha_{2,1}, \alpha_{2,2}, \ldots, \alpha_{2,n}$ respective multipliciert und die Producte mit Rücksicht auf die letzte der vorigen drei Identitäten addiert, so erhält man

$$a_{1,i}\alpha'_{1,j} + a_{2,i}\alpha'_{2,j} + \ldots + a_{n,i}\alpha'_{n,j} = \Delta\alpha_{i,j}$$

und wenn man die für $j = 1, 2, \ldots, n$ hieraus entspringenden Werthe respective mit $\alpha_{1,i}, \alpha_{2,i}, \ldots, \alpha_{n,i}$ multipliciert und die Producte addiert, endlich

$$\Delta\alpha'_{i,j} = \Delta\,(\alpha_{1,i}\alpha_{1,j} + \alpha_{2,i}\alpha_{2,j} + \ldots \alpha_{n,i}\alpha_{n,j})$$

oder

$$\alpha'_{i,j} = A_{i,j}.$$

Vierte Vorlesung.

Von den symmetrischen Determinanten und denjenigen, in welchen jedes Element dem ihm correspondierenden entgegengesetzt gleich ist.

---

21. Wir haben am Schluss des Artikel 6 eine Determinante als symmetrisch bezeichnet, wenn ihre conjugierten oder correspondierenden Elemente einander gleich sind, d. i. nach der Bezeichnung mit doppelten Indices, wenn

$$a_{i,j} = a_{j,i}$$

ist. Wir gaben das Beispiel

$$\begin{vmatrix} a, & b, & c \\ b, & d, & e \\ c, & e, & f \end{vmatrix} = adf - ae^2 - dc^2 - fb^2 + 2bce$$

und fügen hier hinzu das andere

$$\begin{vmatrix} 0, & x, & y, & z \\ x, & 0, & z, & y \\ y, & z, & 0, & x \\ z, & y, & x, & 0 \end{vmatrix} = x^4 + y^4 + z^4 - 2x^2y^2 - 2y^2z^2 - 2z^2x^2.$$

(Vergl. Beisp. 4, Art. 14.)

Wenn die correspondierenden Elemente einander gleich und entgegengesetzt sind, so dass die Elemente des Anfangsgliedes sämmtlich den Werth Null haben, so hat Cayley die betreffenden symmetrischen Determinanten durch den Zusatz „gauche symmétrique" unterschieden; man kann von ihnen noch diejenigen trennen, bei welchen die entgegengesetzte Gleichheit sich nicht auf die Elemente des Anfangsgliedes erstreckt, so dass also diese nicht Null sind.

Als Beispiele dienen

$$\begin{vmatrix} 0, & x, & -y, & z \\ -x, & 0, & c, & b \\ y, & -c, & 0, & a \\ -z, & -b, & -a, & 0 \end{vmatrix} = a^2x^2 + b^2y^2 + c^2z^2 + 2abxy + 2bcyz + 2cazx;$$

$$\begin{vmatrix} 1, & a, & b \\ -a, & 1, & c \\ -b, & -c, & 1 \end{vmatrix} = 1 + a^2 + b^2 + c^2.$$

Die Determinante

$$\begin{vmatrix} a_{1,1}, & a_{1,2}, & \dots & a_{1,n} \\ a_{2,1}, & a_{2,2}, & \dots & a_{2,n} \\ \vdots & & & \\ a_{n,1}, & a_{n,2}, & \dots & a_{n,n} \end{vmatrix}$$

ist „gauche symmétrique für

$$a_{i,j} = - a_{j,i},$$

so dass also

$$a_{i,i} = 0$$

ist; sie entspricht der letzt unterschiedenen Art, wenn die Bedingung

$$a_{i,j} = - a_{j,i}$$

nur für ungleiche Indices i,j erfüllt ist.

22. Zahlreiche Eigenschaften dieser merkwürdigen Specialformen der Determinanten ergeben sich aus dem Früheren.

Zunächst ist offenbar, dass die Hauptminoren solcher Determinanten, d. i. diejenigen, deren Anfangsglieder nur Elemente aus dem Anfangsgliede der gegebenen Determinante enthalten, von der nämlichen Art sind, wie diese selbst.

Wenn man dann bemerkt, dass für solche Hauptminoren die Ordnungszahlen der sie constituierenden Horizontalreihen mit denen ihrer Verticalreihen übereinstimmen, so kann man sie als sich selbst conjugiert bezeichnen, indem man als conjugierte Minoren jedes Paar von Minordeterminanten gleicher Ordnung benennt, in welchen die eine aus Horizontalreihen und Verticalreihen der Originaldeterminante gebildet ist, deren Ordnungszahlen in dieser mit denen der Verticalreihen und Horizontalreihen der anderen respective übereinstimmen. In einer symmetrischen Determinante sind solche conjugierte Minoren einander gleich in Folge der Relation

$$a_{i,j} = a_{j,i}.$$

Für

$$a_{i,j} = - a_{j,i}$$

sind die conjugierten Minoren einander gleich bei geradem Grade der Determinante und gleich mit entgegengesetztem Vorzeichen bei ungeradem Grade derselben; im letzteren Falle sind somit alle Hauptminoren, als sich selbst conjugiert, vom Werthe Null.

Die complementären Minoren (Artikel 18) zweier conjugierten sind im Falle des ungeraden Grades der Originaldeterminante einander gleich, bei geradem Grade einander entgegengesetzt gleich; die Complemente der Hauptminoren verschwinden somit in diesem letzteren Falle, während sie bei einfacher Symmetrie einander stets gleich sind. Man sieht daraus, dass die Reciproke einer einfach symmetrischen Determinante selbst eine solche Determinante ist, und dass diese Uebereinstimmung der Gattung der reciproken mit derjenigen der Originaldeterminante bei den „gauches symmétriques“ nur dann stattfindet, wenn die Originaldeterminante von geradem Grade ist. Bei ungeradem Grade hat jede

Originaldeterminante dieser Art den Werth Null, die Reciproke ist der Form nach einfach symmetrisch und hat ebenfalls den Werth Null. (Vergl. Artikel 20.)

23. Man erkennt sofort, dass das Differential einer symmetrischen Determinante nach irgend einem Element dem Doppelten des ihm entsprechenden Minors gleich ist, d. h. man hat

$$\frac{d\varDelta}{da_{i,j}} = 2\alpha_{i,j},$$

oder jenes Differential ist das Doppelte des entsprechenden Gliedes der Reciprokaldeterminante. Dagegen ist

$$\frac{d\varDelta}{da_{i,i}} = \alpha_{i,i},$$

d. h. das einem Hauptelemente entsprechende Differential ist dem entsprechenden Minor einfach gleich.

Nach dem Vorigen schliessen wir daraus, dass bei „gauches symmétriques" das Differential bezüglich eines Elements dem Doppelten des entsprechenden Minors oder des correspondierenden Elements der Reciproken gleich ist bei geradem Grade der Determinante, dass dasselbe aber bei ungeradem Grade der Determinante den Werth Null erhält.

Wir haben bemerkt, dass die Reciproke einer solchen Determinante von ungeradem Grade symmetrisch und vom Werthe Null ist, während zugleich alle ihre Hauptminoren, deren Grade den ersten Grad übersteigen, identisch verschwinden; man erhält somit z. B. für die Hauptminoren der Reciprokaldeterminante vom zweiten Grade allgemein

$$\begin{vmatrix} \alpha_{i,i}, & \alpha_{i,j} \\ \alpha_{j,i}, & \alpha_{j,j} \end{vmatrix} = 0,$$

d. i. wegen

$$\alpha_{i,j} = \alpha_{j,i}$$

$$\alpha_{i,j}^2 = \alpha_{i,i} \cdot \alpha_{j,j}$$

oder

$$\alpha_{i,j} = \sqrt[2]{\alpha_{i,i} \cdot \alpha_{j,j}};$$

jedes Element der Reciprokaldeterminante einer

„gauche symmétrique“ ist die mittlere geometrische Proportionale zwischen denjenigen ihrer Hauptelemente, die mit ihm in derselben Horizontal- und Verticalreihe stehen.

Die Proportion

$$\alpha_{i,1} : \alpha_{i,2} : \alpha_{i,3} \text{ etc.} = \sqrt{\alpha_{1,1}} : \sqrt{\alpha_{2,2}} : \sqrt{\alpha_{3,3}} \text{ etc.}$$

ist ein anderer Ausdruck derselben Wahrheit; die Verhältnisse von

$$\alpha_{i,1}, \alpha_{i,2}, \alpha_{i,3} \text{ etc.}$$

sind von i unabhängig und die Vorzeichen aller Wurzelgrössen der rechten Seite sind durch das Zeichen einer unter ihnen bestimmt.

24. Die wichtigste Eigenschaft der als „gauche symmetrique“ bezeichneten Determinanten schliesst sich leicht daran an: Die Determinante geraden Grades

$$\begin{vmatrix} a_{1,1}, & a_{1,2}, & \ldots & a_{1,n} \\ a_{2,1}, & a_{2,2}, & \ldots & a_{2,n} \\ \vdots & & & \\ a_{n,1}, & a_{n,2}, & \ldots & a_{n,n} \end{vmatrix}$$

mit

$$a_{i,j} = - a_{j,i}, \quad a_{i,i} = 0$$

ist das Quadrat einer ganzen rationalen Function der Elemente.

Ist durch Δ der Werth der Determinante repräsentiert, so ist nach den gewählten Bezeichnungen

$$\Delta = a_{r,r}\alpha_{r,r} - \sum_{i,j} a_{i,r}\, a_{r,j} A_{i,j},$$

wenn $A_{i,j}$ der dem Elemente $a_{i,j}$ entsprechende Minor in der Determinante $\alpha_{r,r}$ ist. Man hat für jede Determinante

$$\Delta = a_{r,s}\alpha_{r,s} - \sum_{i,j} a_{r,j} a_{i,s} A_{i,j},$$

wo die Summe Σ sich auf die Indices

$$i = 1, 2, \ldots, r-1, r+1, \ldots, n$$
$$j = 1, 2, \ldots, s-1, s+1, \ldots, n$$

bezieht. Denn die Glieder der Determinante Δ enthalten entweder das Element $a_{r,s}$ oder das Product von zwei Elementen der in der Stelle desselben sich schneidenden Reihen, z. B. $a_{r,j}a_{i,s}$, wo j und i von s und r verschieden sind; das Aggregat der

Glieder von Δ, in denen $a_{r,s}$ als Factor vorkommt, ist

$$a_{r,s}\alpha_{r,s}$$

und der Coefficient des Products $a_{r,j}a_{i,s}$ in Δ ist dem Coefficienten des Products $a_{r,s}a_{i,j}$ in Δ, also auch dem Coefficienten von $a_{i,j}$ in $\alpha_{r,s}$ entgegengesetzt gleich, somit

$$= - A_{i,j}.$$

Für

$$a_{i,j} = a_{j,i}$$

hat man speciell

$$\Delta = a_{r,r}\alpha_{r,r} - \sum_{i,j} a_{i,r}\, a_{r,j} A_{i,j},$$

wie oben behauptet ward.

In dem Falle der „gauches symmétriques" ist aber

$$a_{r,i} = - a_{i,r} \quad \text{und} \quad \alpha_{r,r} = 0,$$

somit

$$\Delta = \sum_{i,j} a_{r,i} a_{r,j} A_{i,j},$$

und wegen

$$A_{i,j} = A_{j,i} = \sqrt{A_{i,i}A_{j,j}}$$

$$\Delta = \sum_{i,j} a_{r,i} a_{r,j} \sqrt{A_{i,i}A_{j,j}}$$

$$= (\sum_i a_{r,i} \sqrt{A_{i,i}})\,(\sum_j a_{r,j} \sqrt{A_{j,j}})$$

$$= (\sum_i a_{r,i} \sqrt{A_{i,i}})^2,$$

weil die Indices i,j die nämlichen Werthe annehmen und die Zeichen sämmtlicher Wurzeln durch das einer einzigen unter ihnen bestimmt sind. Man hat somit

$$\sqrt{\Delta} = \Sigma a_{r,i} \sqrt{A_{i,i}}$$

$$= a_{r,1} \sqrt{A_{1,1}} + a_{r,2} \sqrt{A_{2,2}} + \ldots + a_{r,r-1} \sqrt{A_{r-1,\,r-1}}$$
$$+ a_{r,\,r+1} \sqrt{A_{r+1,\,r+1}} + \ldots + a_{r,n} \sqrt{A_{n,n}},$$

d. h. man erkennt, dass $\sqrt{\Delta}$ eine Summe von $(n-1)$ Gliedern von der Form

$$a_{r,i} \sqrt{A_{i,i}}$$

ist, wo $A_{i,i}$ eine Determinante „gauche symmétrique" von dem geraden Grade $(n-2)$ ist; wenn man auf diese dieselbe Zerlegung anwendet, so zerfällt jede von ihnen in $(n-3)$ Glieder, von denen jedes eine Determinante derselben Art vom Grade $(n-4)$ als Factor enthält. Man gelangt so endlich auf Determinanten zweiter Ordnung, für welche, als die von der Form

$$\begin{vmatrix} 0, & a_{1,2} \\ -a_{1,2}, & 0 \end{vmatrix} = + a_{1,2}{}^2$$

sind, die Wurzelausziehung zu den Elementen der Originaldeterminante zurückführt. Diese Letztere ist somit das Quadrat einer rationalen ganzen Function ihrer Elemente, deren Gliederzahl

$$= 1 \,.\, 3 \,.\, 5 \ldots (n-1)$$

ist und in welcher jedes Glied ein Product von $\frac{n}{2}$ Elementen ist, deren Indices durchaus von einander verschieden sind.

Man hat beispielsweise

$$\begin{vmatrix} 0, & x, & -y, & z \\ -x, & 0, & c, & b \\ y, & -c, & 0, & a \\ -z, & -b, & -a, & 0 \end{vmatrix} = (ax + by + cz)^2.$$

25. Die Identität

$$\varDelta = (\sqrt{\varDelta})^2$$

giebt für die „gauches symmétriques" (Artikel 23)

$$\frac{d\varDelta}{da_{i,j}} = 2\alpha_{i,j} = 2\sqrt{\varDelta}\,\frac{d\sqrt{\varDelta}}{da_{i,j}};$$

es nehmen somit die allgemeinen Relationen der Determinanten (Artikel 15)

$$\varDelta = a_{i,1}\alpha_{i,1} + a_{i,2}\alpha_{i,2} + \ldots + a_{i,n}\alpha_{i,n},$$
$$0 = a_{i,1}\alpha_{j,1} + a_{i,2}\alpha_{j,2} + \ldots + a_{i,n}\alpha_{j,n}$$

für sie die speciellen Formen

$$\sqrt{\varDelta} = a_{i,1}\frac{d\sqrt{\varDelta}}{da_{i,1}} + a_{i,2}\frac{d\sqrt{\varDelta}}{da_{i,2}} + \ldots + a_{i,n}\frac{d\sqrt{\varDelta}}{da_{i,n}},$$

$$0 = a_{i,1}\frac{d\sqrt{\varDelta}}{da_{j,1}} + a_{i,2}\frac{d\sqrt{\varDelta}}{da_{j,2}} + \ldots + a_{i,n}\frac{d\sqrt{\varDelta}}{da_{j,n}}$$

an, wobei

$$\frac{d\sqrt{\varDelta}}{da_{i,i}} = 0$$

zu setzen ist.

Bedeutet dann D den Werth, welchen die Determinante $\varDelta$ der beliebigen Elemente

$$a_{1,1},\ a_{1,2},\ \ldots,\ a_{n,n}$$

für verschwindende Hauptelemente annimmt, sind D_i und $D_{i,j}$ die den Elementen $a_{i,i}$ und $a_{i,i}a_{j,j}$ respective entsprechenden Minoren, so ist

$$\varDelta = D + \Sigma a_{i,i}D_i + \Sigma a_{i,i}a_{j,j}D_{i,j} + \Sigma a_{i,i}a_{j,j}a_{k,k}D_{i,j,k} + \dots$$
$$+ a_{1,1}a_{2,2}\dots a_{n,n},$$

worin für i alle Werthe 1, 2, ..., n, für i,j alle Binionen derselben, für i, j, k alle Ternionen, etc. zu setzen sind.

Denn die Glieder von $\varDelta$, welche keines der Hauptelemente enthalten, stimmen mit denen von D überein, die Glieder, welche je eines derselben enthalten, sind die Glieder der Summe

$$a_{1,1}D_1 + a_{2,2}D_2 + \dots + a_{n,n}D_n,$$

weil D_i aus dem Coefficienten von $a_{i,i}$ in $\varDelta$ durch das Verschwinden der Hauptelemente entspringt. Die Glieder von $\varDelta$, welche je zwei der Hauptelemente enthalten, sind die der Summe

$$a_{1,1}a_{2,2}D_{1,2} + a_{1,1}a_{3,3}D_{1,3} + \dots$$
$$+ a_{2,2}a_{3,3}D_{2,3} + \dots$$

etc.

Ist nun

$$a_{i,j} = -a_{j,i} \text{ und zugleich } a_{i,i} = a_{j,j} = x,$$

so ist

$$\varDelta = x^n + x^{n-2}\Sigma D_2 + x^{n-4}\Sigma D_4 + \text{etc.},$$

wo D_k eine Minordeterminante k^{ten} Grades ist, deren Elemente die Bedingungen

$$a_{i,j} = -a_{j,i},\ a_{i,i} = 0$$

erfüllen, und in ΣD_k alle Determinanten dieser Art eintreten, deren Indicesreihen alle Combinationen von k Grössen der Reihe 1, 2, ..., n repräsentieren. Somit ist die Determinante D_k, indess sie für ungerade k verschwindet, für gerade k ein Quadrat (Artikel 23) und daher die Entwickelung einer Determinante der bezeichneten Art eine ganze rationale gerade Function des Hauptelementes, in welcher die Coefficienten Quadratsummen der Elemente sind.

Man hat z. B.

$$\begin{vmatrix} x, & a, & b, & c \\ -a, & x, & d, & e \\ -b, & -d, & x, & f \\ -c, & -e, & -f, & x \end{vmatrix}$$
$$= x^4 + (a^2 + b^2 + c^2 + d^2 + e^2 + f^2)\, x^2 + (af - be - cd)^2;$$

$$\begin{vmatrix} x, & a, & b \\ -a, & x, & c \\ -b, & -c, & x \end{vmatrix} = x^3 + (a^2 + b^2 + c^2)\, x. \quad \text{(Vergl. Art. 21.)}$$

26. Wir wenden im Folgenden die Determinantentheorie auf das Problem der Division und auf das von der Aufsuchung des grössten gemeinschaftlichen Divisors der beiden Polynome

$$U = a_0 x^m + a_1 x^{m-1} + \ldots + a_m, \quad U' = a_0' x^n + a_1' x^{n-1} + \ldots + a'_n$$
$$(m \geqq n)$$

an. Der aus der Division von U durch U' entspringende Quotient Q ist vom Grade $(m-n) = d$ und der Rest R vom Grade $(n-1)$, d. h. man kann setzen

$$Q = q_0 x^d + q_1 x^{d-1} + \ldots + q_d,$$
$$R = b_0 x^{n-1} + b_1 x^{n-2} + \ldots + b_{n-1},$$

und erhält damit wegen

$$U = QU' + R,$$

oder

$$a_0 x^m + \ldots + a_m = (q_0 x^d + \ldots + q_d)(a_0' x^n + \ldots + a'_n)$$
$$+ (b_0 x^{n-1} + \ldots + b_{n-1}),$$

die Relationen

$$\begin{aligned}
a_0 &= q_0 a_0', \\
a_1 &= q_0 a_1' + q_1 a_0', \\
a_2 &= q_0 a_2' + q_1 a_1' + q_2 a_0', \\
&\;\;\vdots \\
a_d &= q_0 a_d' + q_1 a'_{d-1} + \ldots + q_d a'_0, \\
a_{d+1} &= q_0 a'_{d+1} + q_1 a'_d + \ldots + q_d a'_1 + b_0, \\
&\;\;\vdots \\
a_{d+i+1} &= q_0 a'_{d+i+1} + q_1 a'_{d+i} + \ldots + q_d a'_{i+1} + b_i, \\
&\;\;\vdots
\end{aligned}$$

als durch welche die Coefficienten a, a', b, q mit einander verbunden sind. Die ersten $(d+1)$ dieser Gleichungen, als von den Coefficienten b des Restes unabhängig, bestimmen die Coefficienten des Quotienten, die n letzten die Coefficienten des Restes.

Die Gleichungen jener Gruppe und eine der letzteren erfordern zur gleichzeitigen Geltung die Bedingung

$$\begin{vmatrix} a_0' & 0 & 0 & \ldots 0 & a_0 \\ a_1' & a_0' & 0 & 0 & a_1 \\ a_2' & a_1' & a_0' & 0 & a_2 \\ \vdots & \vdots & \vdots & \vdots & \vdots \\ a'_d & a'_{d-1} & a'_{d-2} & a_0' & a_d \\ a'_{d+i+1} & a'_{d+i} & a'_{d+i-1} & a'_{d+1} & a_{d+i+1} - b_i \end{vmatrix} = 0,$$

welche leicht in die Formen

$$\begin{vmatrix} a_0' & 0 & 0 & \ldots 0 & 0 \\ a_1' & a_0' & 0 & 0 & 0 \\ a_2' & a_1' & a_0' & 0 & 0 \\ \vdots & & & & \\ a'_d & a'_{d-1} & a'_{d-2} & a'_0 & 0 \\ a'_{d+i+1} & a'_{d+i} & a'_{d+i-1} & a'_{i+1} & b_i \end{vmatrix} = a_0'^{d+1} b_i$$

$$= \begin{vmatrix} a_0' & 0 & 0 & \ldots 0 & a_0 \\ a_1' & a_0' & 0 & 0 & a_1 \\ a_2' & a_1' & a_0' & 0 & a_2 \\ \vdots & & & & \\ a'_d & a'_{d-1} & a'_{d-2} & a_0' & a_d \\ a'_{d+i+1} & a'_{d+i} & a'_{d+i-1} & a'_{d+1} & a_{d+i+1} \end{vmatrix}$$

übergeht, durch die sich die Werthe der Coefficienten des Restes b_i aus denen der beiden Originalpolynome a_i, a'_i ableiten lassen; man erhält

$$b_i = \frac{(-1)^{1 - \frac{d}{2}(d-1)}}{a_0'^{d+1}} \begin{vmatrix} a_0 & a_1 & \ldots a_{d-1}; & a_d & a_{d+i+1} \\ 0 & 0 & 0 & a_0' & a'_{i+1} \\ 0 & 0 & a_0' & a_1' & a'_{i+2} \\ \vdots & & & & \\ 0 & a_0' & a'_{d-2} & a'_{d-1} & a'_{d+i} \\ a_0' & a_1' & a'_{d-1} & a'_d & a'_{d+i+1} \end{vmatrix}$$

und daraus für die successiven Substitutionen $i = 0, 1, 2, \ldots, n-1$ alle Coefficienten des Restes.

Wenn wir mit $D_0, D_1, D_2, \ldots, D_{d-1}$ die verschiedenen Werthe der letztgegebenen Determinante bezeichnen und

$$r = D_0 x^{n-1} + D_1 x^{n-2} + \ldots + D_{n-1}$$

setzen, so ist

$$R = \frac{(-1)^{1-\frac{d}{2}(d-1)}}{a_0'^{\,d+1}} \,.\, r;$$

der Ausdruck r aber zieht sich in eine einzige Determinante zusammen, weil alle seine Coefficienten Determinanten sind, die nur in den Elementen ihrer letzten Verticalreihe sich unterscheiden; man hat

$$r =$$

$$\begin{vmatrix} a_0, & a_1, & \ldots & a_{d-1}, & a_d, & (a_{d+1}x^{n-1} + a_{d+2}x^{n-2} + \ldots + a_m) \\ 0, & 0, & \ldots & 0, & a_0', & (a_1'\; x^{n-1} + a_2'\; x^{n-2} + \ldots + a_n') \\ 0, & 0, & & a_0', & a_1', & (a_2'\; x^{n-1} + a_3'\; x^{n-2} + \ldots + a_n' x) \\ \vdots \\ 0, & a_0', & \ldots & a'_{d-2}, & a'_{d-1}, & (a_d'\; x^{n-1} + a'_{d+1}x^{n-2} + \ldots + a_n' x^{d-1}) \\ a_0', & a_1', & \ldots & a'_{d-1}, & a_d', & (a'_{d+1}x^{n-1} + a'_{d+2}x^{n-2} + \ldots + a_n' x^d) \end{vmatrix}$$

$$= \begin{vmatrix} a_0, & a_1, & \ldots & a_{d-1}, & a_d, & U \\ 0, & 0, & & 0, & a_0', & U' \\ 0, & 0, & & a_0', & a_1', & U'x \\ \vdots \\ 0, & a_0', & & a'_{d-2}, & a'_{d-1}, & U'x^{d-1} \\ a_0', & a_1', & & a'_{d-1}, & a'_d, & U'x^d \end{vmatrix}.$$

Für $m = n$ hat man $d = 0$, und erhält

$$b_i = \frac{-1}{a_0'} \begin{vmatrix} a_0, & a_{i+1} \\ a_0', & a'_{i+1} \end{vmatrix},$$

$$D_0 = \begin{vmatrix} a_0, & a_1 \\ a_0', & a_1' \end{vmatrix}, \quad D_1 = \begin{vmatrix} a_0, & a_2 \\ a_0', & a_2' \end{vmatrix}, \text{ etc., } D_{n-1} = \begin{vmatrix} a_0, & a_n \\ a_0', & a_n' \end{vmatrix},$$

$$R = \frac{-1}{a_0'} (D_0 x^{n-1} + D_1 x^{n-2} + \ldots + D_{n-1}).$$

$$= \frac{-1}{a_0'} \begin{vmatrix} a_0, & U \\ a_0', & U' \end{vmatrix}.$$

Wenn speciell U' die Derivierte von U ist, so dass

$$d = 1$$

und

$$a_0' = n a_0, \quad a_1' = (n-1)\, a_1, \quad a_2' = (n-2)\, a_2, \ldots$$

ist, so wird

$$b_i = \frac{-1}{n^2 a_0^2} \begin{vmatrix} a_0, & a_1 & , & a_{i+2} \\ 0, & na_0 & , & (n-i-1)\,a_{i+1} \\ na_0, & (n-1)\,a_1, & & (n-i-2)\,a_{i+2} \end{vmatrix},$$

$$D_0 = \begin{vmatrix} a_0, & a_1 & , & a_2 \\ 0, & na_0 & , & (n-1)\,a_1 \\ na_0, & (n-1)\,a_1, & & (n-2)\,a_2 \end{vmatrix},$$

$$D_1 = \begin{vmatrix} a_0, & a_1 & , & a_3 \\ 0, & na_0 & , & (n-2)\,a_2 \\ na_0, & (n-1)\,a_1, & & (n-3)\,a_3 \end{vmatrix}, \text{ etc.}$$

$$D_{n-2} = \begin{vmatrix} a_0, & a_1 & , & a_n \\ 0, & na_0 & , & a_{n-1} \\ na_0, & (n-1)\,a_1, & & 0 \end{vmatrix}, \quad D_{n-1} = \begin{vmatrix} a_0, & a_1 & , & a_{n+1} \\ 0, & na_0 & , & 0 \\ na_0, & (n-1)a_1, & & -a_{n+1} \end{vmatrix},$$

$$R = \frac{-1}{n^2 a_0^2} (D_0 x^{n-1} + D_1 x^{n-2} + \ldots + D_{n-1})$$

$$= \frac{-1}{n^2 a_0^2} \begin{vmatrix} a_0, & a_1 & , & U \\ 0, & na_0 & , & U' \\ na_0, & (n-1)\,a_1, & & U'x \end{vmatrix},$$

welche Formen offenbar durch die bekannten Relationen

$$na_0 = a_0 s_0, \quad (n-1)\,a_1 = a_1 s_0 + a_0 s_1, \text{ etc.},$$
$$a_{n-1} = a_{n-1} s_0 + a_{n-2} s_1 + \ldots + a_0 s_{n-1}$$

vereinfacht werden können.

27. Man erhält auf ähnliche Weise die Coefficienten und den Totalausdruck des Quotienten. Zur Bestimmung des Coefficienten q_j reichen die ersten j der Bedingungsgleichungen aus; man erhält

$$q_j = \frac{1}{a_0'^{\,j-1}} \begin{vmatrix} a_0', & 0, & 0, & \ldots & 0, & a_0 \\ a_1', & a_0', & 0, & & 0, & a_1 \\ \vdots & \vdots & & & & \\ a'_{j-1}, & a'_{j-2}, & a'_{j-3}, & \ldots & a_0', & a_{j-1} \\ a'_j, & a'_{j-1}, & a'_{j-2}, & & a_1', & a_j \end{vmatrix}$$

$$= \frac{(-1)^j}{a_0'^{\,j+1}} \begin{vmatrix} a_0, & a_0', & 0, & \ldots & 0 \\ a_1, & a_1', & a_0', & & 0 \\ \vdots & & & & \\ a_{j-1}, & a'_{j-1}, & a'_{j-2}, & \ldots & a_0' \\ a_j, & a_j', & a'_{j-1}, & & a_1' \end{vmatrix},$$

also für $j = 0, 1, 2, 3, \ldots,$

$$q_0 = \frac{a_0}{a_0'},\quad q_1 = -\frac{1}{a_0'^2}\begin{vmatrix} a_0, & a_0' \\ a_1, & a_1' \end{vmatrix},\quad q_2 = \frac{1}{a_0'^3}\begin{vmatrix} a_0, & a_0', & 0 \\ a_1, & a_1', & a_0' \\ a_2, & a_2', & a_1' \end{vmatrix}, \text{ etc.}$$

und den Quotient

$$Q = q_0 x^d + q_1 x^{d-1} + \ldots + q_d$$

durch die nothwendige Relation

$$\begin{vmatrix} a_0', & 0 & , 0 & , \ldots 0 & , 0 & , a_0 \\ a_1', & a_0' & , 0 & , & 0 & , 0 & , a_1 \\ a_2', & a_1' & , a_0' & , & 0 & , 0 & , a_2 \\ \vdots & & & & & & \vdots \\ a_d', & a_{d-1}', & a_{d-2}', & \ldots & a_1', & a_0', & a_d \\ x^d, & x^{d-1}, & x^{d-2}, & & x, & 1, & Q \end{vmatrix} = 0$$

$$Q = \frac{1}{(-1)^{\frac{d}{2}(d-1)}\, a_0'^{\,d+1}} \begin{vmatrix} a_0, & \ldots & a_{d-2}, & a_{d-1}, & a_d, & 0 \\ 0, & & 0 & , 0 & , a_0', & 1 \\ 0, & & 0 & , a_0' & , a_1', & x \\ \vdots & & & & & \\ a_0', & & a_{d-2}', & a_{d-1}', & a_d', & x^d \end{vmatrix}.$$

Für $d = 0$ also

$$Q = \frac{a_0}{a_1},$$

für $d = 1$

$$Q = \frac{1}{a_0'^2}\begin{vmatrix} a_0, & a_1, & 0 \\ 0, & a_0', & 1 \\ a_0', & a_1', & x \end{vmatrix}$$

und in dem specielleren Falle, wo U' die Derivierte von U ist,

$$Q = \frac{1}{n^2 a_0^2}\begin{vmatrix} a_0, & a_1, & 0 \\ 0, & na_0, & 1 \\ na_0, & (n-1)\,a_1, & x \end{vmatrix}.$$

Für die allgemeine Entwickelung ist die Bemerkung von Wichtigkeit, dass die nach dem Schema

$$\begin{vmatrix} a_0, & a_1, & \ldots & a_{d+i+1} \\ 0, & 0, & & \\ 0, & 0, & & \\ \vdots & & & \\ a_0', & a_1', & \ldots & a_{d+i+1}' \end{vmatrix}$$

aus $a_0, \ldots; a_0', \ldots$ entsprechend aus $a_0', \ldots; b_0, \ldots$ gebildeten Determinanten zu einander in einer höchst einfachen Beziehung stehen. Zwischen der Determinante k^{ter} Ordnung der $a_0', \ldots; b_0, \ldots$ und der Determinante $(k+1)^{\text{ter}}$ Ordnung der $a_0, \ldots; a_0', \ldots$ findet einfache Proportionalität statt.

Für die Abkürzung

$$\begin{vmatrix} (a_0) \\ (a_0')_{d+1} \end{vmatrix}_i \quad \text{für die Determinante} \quad \begin{vmatrix} a_0, & a_1, & \ldots & a_{d+i+1} \\ 0, & 0, & \ldots & a'_{i+1} \\ \vdots & & & \\ a_0', & a_1', & \ldots & a'_{d+i+1} \end{vmatrix},$$

welche den Werth von b_i bestimmt, und bei Veränderung aller Vorzeichen des Restes erhält man als Ausdruck dieses Satzes die Relation

$$\begin{vmatrix} (a_0')_k \\ (b_0)_{k+1} \end{vmatrix} = \frac{1}{(-1)^{\frac{1}{2}d(d-1)} a_0'^{d+1}} \begin{vmatrix} (a_0)_{k+1} \\ (a_0')_{k+d+1} \end{vmatrix},$$

und speciell für $d = 1$

$$\begin{vmatrix} (a_0')_k \\ (b_0)_{k+1} \end{vmatrix} = \frac{1}{a_0'^2} \begin{vmatrix} (a_0)_{k+1} \\ (a_0')_{k+2} \end{vmatrix}.$$

28. Die bekannte Operation zur Aufsuchung des grössten gemeinschaftlichen Divisors der Polynome U, U' führt nach einander zu Resten von den respectiven Graden $(n-1)$, $(n-2)$, etc., 1, 0, welche mit $R_1, R_2, \ldots R_n$ naturgemäss bezeichnet werden. Man hat

$$R_k = b_0^{(k)} x^{n-k} + b_1^{(k)} x^{n-k-1} + \ldots + b_i^{(k)} x^{n-k-i} + \ldots + b_{n-k}^{(k)},$$

und speciell

$$R_{n-1} = b_0^{(n-1)} + b_1^{(n-1)}, \quad R_n = b_0^{(n)};$$

und erhält

$$b_i^{(k)} = \frac{1}{(-1)^{\frac{1}{2}d(d-1)} b_0^{d+1} (b_0' b_0'' b_0''' \ldots b_0^{(k-1)})^2} \begin{vmatrix} (a_0)_k \\ (a_0')_{k+d} \end{vmatrix}_i;$$

also für $d = 1$

$$b_i^{(k)} = \frac{1}{(b_0 b_0' \ldots b_0^{(k-1)})^2} \begin{vmatrix} (a_0)_k \\ (a_0')_{k+1} \end{vmatrix}_i,$$

und für

$$D_{k,i} = \begin{vmatrix} (a_0)_k \\ (a_0')_{k+d} \end{vmatrix}_i, \quad \alpha_k = (-1)^{\frac{d}{2}(d-1)} a_0'^{d+1} (b_0' b_0'' \ldots b_0^{(k-1)})^2,$$

wo allgemein

$$b_i^{(k)} = \frac{1}{\alpha_k} D_{k,i},$$

$$R_k = \frac{1}{\alpha_k} (D_{k,0}\, x^{n-k} + D_{k,1}\, x^{n-k-1} + \ldots D_{k,n-k})$$

$$= \frac{1}{\alpha_k} r_k.$$

Man erhält beispielsweise für

$$U = a_0 x^4 + a_1 x^3 + a_2 x^2 + a_3 x + a_4$$
$$U' = a_0' x^3 + a_1' x^2 + a_2' x + a_3'$$

$$r_1 = \begin{vmatrix} a_0, & a_1, & a_2 \\ 0, & a_0', & a_1' \\ a_0', & a_1', & a_2' \end{vmatrix} x^2 + \begin{vmatrix} a_0, & a_1, & a_3 \\ 0, & a_0', & a_2' \\ a_0', & a_1', & a_3' \end{vmatrix} x + \begin{vmatrix} a_0, & a_1, & a_4 \\ 0, & a_0', & a_3' \\ a_0', & a_1', & 0 \end{vmatrix}$$

$$= \begin{vmatrix} a_0, & a_1, & U \\ 0, & a_0', & U' \\ a_0', & a_1', & U'x \end{vmatrix};$$

und durch ähnliche Entwickelungen

$$r_2 = \begin{vmatrix} a_0, & a_1, & a_2, & a_3, & a_4 x \\ 0, & a_0, & a_1, & a_2, & a_3 x + a_4 \\ 0, & 0, & a_0', & a_1', & a_2' x + a_3' \\ 0, & a_0', & a_1', & a_2', & a_3' x \\ a_0', & a_1', & a_2', & a_3', & 0 \end{vmatrix},$$

$$r_3 = \begin{vmatrix} a_0, & a_1, & a_2, & a_3, & a_4, & 0, & Ux^2 \\ 0, & a_0, & a_1, & a_2, & a_3, & a_4, & Ux \\ 0, & 0, & a_0, & a_1, & a_2, & a_3, & U \\ 0, & 0, & 0, & a_0', & a_1', & a_2', & U' \\ 0, & 0, & a_0', & a_1', & a_2', & a_3', & U'x \\ 0, & a_0', & a_1', & a_2', & a_3', & 0, & U'x^2 \\ a_0', & a_1', & a_2', & a_3', & 0, & 0, & U'x^3 \end{vmatrix}.$$

Man kann den dem vollständigen Reste R_k proportionalen Rest r_k, welcher in dem wichtigen Falle $d = 1$ sich nur durch einen wesentlich positiven Factor von jenem unterscheidet, als den vereinfachten Rest bezeichnen und erhält leicht die einfache Relation

$$\alpha_k \alpha_{k-1} = D_{k-1,0}^2,$$

oder

$$\alpha_2\alpha_1 = D_{1,0}^2, \quad \alpha_3\alpha_2 = D_{2,0}^2, \text{ etc. und}$$

$$\alpha_2 = \frac{1}{\alpha_1} D_{1,0}^2, \quad \alpha_3 = \alpha_1 \frac{D_{2,0}^2}{D_{1,0}^2}, \quad \alpha_4 = \frac{1}{\alpha_1} \frac{D_{1,0}^2 D_{3,0}^2}{D_{2,0}^2}, \text{ etc.},$$

$$\alpha_{2s} = \frac{1}{\alpha_1} \frac{D_{1,0}^2 D_{3,0}^2 \ldots D_{2s-1}^2}{D_{2,0}^2 D_{4,0}^2 \ldots D_{2s-2}^2},$$

$$\alpha_{2s+1} = \alpha_1 \frac{D_{2,0}^2 D_{4,0}^2 \ldots D_{2s}^2}{D_{1,0}^2 D_{3,0}^2 \ldots D_{2s-1}^2}.$$

Wenn die auf einander folgenden Quotienten der Entwickelung des grössten gemeinschaftlichen Divisors durch $Q_1, Q_2, Q_3, \ldots, Q_n$ bezeichnet werden, so gelten überdiess die Relationen

$$U = Q_1 U' - R_1, \quad U' = Q_2 R_1 - R_2,$$
$$R_1 = Q_3 R_2 - R_3, \quad R_2 = Q_4 R_3 - R_4,$$
etc.,
$$R_{n-2} = Q_n R_{n-1} - R_n,$$

und man erhält durch Einsetzen

$$\alpha_1 U = \alpha_1 Q_1 U' - r_1,$$
$$\alpha_1\alpha_2 U' = \alpha_2 Q_2 r_1 - \alpha_1 r_2,$$
$$\alpha_2\alpha_3 r_1 = \alpha_1\alpha_3 Q_3 r_2 - \alpha_1\alpha_2 r_3, \text{ etc.},$$
$$\alpha_{n-1}\alpha_n r_{n-2} = \alpha_{n-2}\alpha_n Q_n r_{n-1} - \alpha_{n-2}\alpha_{n-1} r_n,$$

deren letzte mittelst des Vorigen die Form

$$D_{n-1,0}^2 r_{n-2} = \alpha_{n-2}\alpha_n Q_n r_{n-1} - D_{n-2,0}^2 r_n .$$

annimmt.

Für den Uebergang von n zu $(n+1)$ erhält man

$$D_{n,0}^2 r_{n-1} = \alpha_{n-1}\alpha_{n+1} Q_{n+1} r_n - D_{n-1,0}^2 r_{n+1}$$

und da diess der Division des letzten und vorletzten der vereinfachten Reste entspricht, welche von den Graden 1 und 0 sind, so hat man

$$r_{n+1} = 0,$$

also

$$D_{n,0}^2 r_{n-1} = \alpha_{n-1}\alpha_{n+1} Q_{n+1} r_n$$

und wegen

$$D_{n,0} = r_n$$
$$D_{n,0} r_{n-1} = \alpha_{n-1}\alpha_{n+1} Q_{n1} .$$

Damit zwei Functionen U, U' einen gemeinschaftlichen Divisor vom Grade k besitzen, sind die Bedingungen

$$D_{n-k+1,0} = 0, \ldots, D_{n-2,0} = 0, D_{n-1,0} = 0, D_{n,0} = 0$$

zu erfüllen.

Beispiele dafür gewähren die Functionen

$$x^4 - x^3 - 19x^2 + 49x - 30,$$
$$x^3 - 3x^2 - 10x + 24$$

mit dem grössten gemeinschaftlichen Divisor

$$x - 2$$

und die anderen

$$3x^4 - 10x^3 - 15x^2 + 30 - 8,$$
$$3x^5 - 7x^4 - 37x^3 + 55x^2 + 58x - 24$$

mit dem grössten gemeinschaftlichen Divisor

$$3x^2 - 13x + 4.$$

Für den im Artikel 27 hervorgehobenen speciellen Fall, in welchem das Polynom U' die erste Derivierte des Polynoms U ist, liefern die dort erörterten Relationen der Coefficienten und zu den Summen der gleichen Potenzen der Wurzeln Vereinfachungen, welche mit späteren Entwickelungen in nächstem Zusammenhang stehen. (Vergl. die Theorie der Sturm'schen Reste in den Artikeln 164 f.)

Fünfte Vorlesung.

Vom Grade und von der Bildung der Resultanten.

---

29. *Das Resultat der Elimination von n Veränderlichen zwischen n homogenen*) Gleichungen von beliebigen Graden wird als die Resultante dieser Gleichungen bezeichnet.*

---

*) Wir benutzen homogene Gleichungen wegen der Symmetrie; man sieht dabei leicht, dass durch Division jeder Gleichung mit der höchsten Potenz einer ihrer Veränderlichen n homogene Gleichungen zwischen n Veränderlichen auf n nicht homogene Gleichungen zwischen $(n-1)$ Veränderlichen reduciert werden.

Wir beginnen ihre Untersuchung mitder Theorie für Gleichungen zwischen zwei Veränderlichen

$$\varphi = a_0 x^m + a_1 x^{m-1} y + a_2 x^{m-2} y^2 + \ldots + a_m y^m = 0,$$
$$\psi = a_0' x^n + a_1' x^{n-1} y + a_2' x^{n-2} y^2 + \ldots + a_n' y^n = 0.$$

Der Grad der Resultante dieser Gleichungen in den Coefficienten wird am leichtesten durch die Methode der Elimination mittelst symmetrischer Functionen*) gefunden, von der wir der Vollständigkeit wegen hier einen Abriss geben.

Wenn wir die eben geschriebenen Gleichungen durch $a_0 y^m$, $a_0' y^n$ respective dividieren und

$$\frac{x}{y} = z, \quad \frac{a_1}{a_0} = p_1, \quad \frac{a_1'}{a_0'} = p_1', \quad \frac{a_2}{a_0} = p_2, \quad \frac{a_2'}{a_0'} = p_2', \text{ etc.}$$

setzen, so reducieren sie sich auf die nicht homogenen Functionen einer Veränderlichen

$$z^m + p_1 z^{m-1} + p_2 z^{m-2} + \ldots + p_m = 0,$$
$$z^n + p_1' z^{n-1} + p_2' z^{n-2} + \ldots + p_n' = 0;$$

in dieser Form discutieren wir sie zuerst, weil sie diejenige ist, mit welcher das Studium der Elemente am meisten vertraut macht. Wir bezeichnen die Wurzeln der ersten für z aufgelösten Gleichung durch

$$\alpha_1, \alpha_2, \ldots, \alpha_m,$$

und die der zweiten durch

$$\alpha_1', \alpha_2', \ldots, \alpha_n'.$$

Wir fassen die Resultante als die Bedingung, welche erfüllt sein muss, damit die beiden Gleichungen eine gemeinschaftliche Wurzel besitzen und gelangen von da durch folgende Schlüsse zu ihrer Bildung: Beim Vorhandensein einer gemeinschaftlichen Wurzel muss eines der Substitutionsresultate mit Null identisch werden, welche man durch Substitution der Wurzeln der ersten Gleichung $\alpha_1, \alpha_2, \ldots, \alpha_m$ an die Stelle der Veränderlichen z in die zweite erhält, und die mit

---

*) Für die Theorie der symmetrischen Functionen darf hier auf M. Hirsch's „Sammlung von Aufgaben aus der Theorie der algebr. Gleichungen" I, p. 1—55 und für neuere namentlich mit dem hier Gebrauchten zusammenhängende Ergebnisse auf „Die Elemente der neueren Geometrie und der Algebra der binären Formen" vom Herausgeber (Leipzig 1862) (p. 43—75) verwiesen werden.

$$\psi(\alpha_1),\ \psi(\alpha_2),\ \psi(\alpha_3),\ \ldots$$

bezeichnet werden können; somit muss das Product dieser Substitutionsresultate identisch verschwinden, und da dasselbe eine symmetrische Function der Wurzeln der ersten Gleichung ist, so kann es in Function ihrer Coefficienten ausgedrückt werden und liefert dann die gesuchte Resultante.

Die Regel der Elimination nach dieser Methode fordert daher die Bildung des Products der m Factoren

$$\psi(\alpha_1) = \alpha_1^n + p_1'\alpha_1^{n-1} + p_2'\alpha_1^{n-2} + \ldots,$$
$$\psi(\alpha_2) = \alpha_2^n + p_1'\alpha_2^{n-1} + p_2'\alpha_2^{n-2} + \ldots,$$
$$\psi(\alpha_3) = \alpha_3^n + p_1'\alpha_3^{n-1} + p_2'\alpha_3^{n-2} + \ldots,\ \text{etc.}$$

und die Substitution der Werthe der symmetrischen Functionen

$$(\alpha_1\alpha_2\alpha_3)^n,\ \text{etc.}$$

in Function der Coefficienten der ersten Gleichung in dasselbe.

Aufgabe. Man soll z zwischen den Gleichungen

$$z^2 + p_1 z + p_2 = 0,\quad z^2 + p_1' z + p_2' = 0$$

eliminieren.

Man erhält durch Multiplication von

$$(\alpha_1^2 + p_1'\alpha_1 + p_2')\,(\alpha_2^2 + p_1'\alpha_2 + p_2')$$
$$\alpha_1^2\alpha_2^2 + p_1'\alpha_1\alpha_2(\alpha_1 + \alpha_2) + p_1'^2\alpha_1\alpha_2 + p_2'(\alpha_1^2 + \alpha_2^2)$$
$$+ p_1'p_2'(\alpha_1 + \alpha_2) + p_2'^2,$$

und daraus wegen

$$\alpha_1 + \alpha_2 = -p_1,\quad \alpha_1\alpha_2 = p_2$$
$$p_2^2 - p_1p_1'p_2 + p_1'^2 p_2 + p_2'(p_1^2 - 2p_2) - p_1'p_2'p_1 + p_2'^2 = 0,$$

oder

$$(p_2 - p_2')^2 + (p_1 - p_1')\,(p_1p_2' - p_1'p_2) = 0.\text{*)}$$

30. Wir erhalten auf diesem Wege dasselbe Resultat — oder doch Resultate, die nur im Vorzeichen von einander abweichen — ob wir die Wurzeln der ersten Gleichung in die zweite oder die der zweiten Gleichung in die erste substituieren; oder die Resultante kann willkürlich in einer der Formen

$$\varphi(\alpha_1')\ \varphi(\alpha_2')\ \varphi(\alpha_3')\ \ldots,\quad \psi(\alpha_1)\ \psi(\alpha_2)\ \psi(\alpha_3)\ \ldots$$

geschrieben werden. Denn da

$$\psi(z) = (z - \alpha_1)\,(z - \alpha_2)\,(z - \alpha_3)\ \ldots$$

---

*) Vergl. „Elemente der neueren Geometrie und der Algebra der binären Formen“ p. 103.

ist, so ist die erste Form mit

$$(\alpha_1'-\alpha_1)\,(\alpha_1'-\alpha_2)\,(\alpha_1'-\alpha_3)\ldots(\alpha_2'-\alpha_1)\,(\alpha_2'-\alpha_2)\,(\alpha_2'-\alpha_3)\ldots$$

und die zweite ist mit

$$(\alpha_1-\alpha_1')\,(\alpha_1-\alpha_2')\,(\alpha_1-\alpha_3')\ldots(\alpha_2-\alpha_1')\,(\alpha_2-\alpha_2')\,(\alpha_2-\alpha_3')\ldots$$

identisch; in jedem Falle haben wir das Product aller möglichen Differenzen zwischen einer Wurzel der einen und einer Wurzel der anderen Gleichung und beide möglichen Producte können offenbar nur im Zeichen von einander abweichen.

Wenn die Gleichungen in der ursprünglich gewählten Form

$$a_0 x^m + a_1 x^{m-1}y + a_2 x^{m-2}y^2 + \ldots,$$
$$a_0' x^n + a_1' x^{n-1}y + a_2' x^{n-2}y^2 + \ldots$$

gegeben sind, so geht die Resultante aus der Darstellung des Artikel 29 durch die Einführung der Werthe

$$\frac{a_1}{a_0},\ \frac{a_2}{a_0},\ \ldots,\ \frac{a_1'}{a_0'},\ \frac{a_2'}{a_0'},\ \ldots$$

an Stelle der

$$p_1,\ p_2,\ \ldots,\ p_1',\ p_2',\ \ldots$$

hervor; man befreit nur noch zur Herstellung der Symmetrie den Ausdruck von Brüchen durch Multiplication mit der höchsten der in den Nennern auftretenden Potenzen von a_0, respective a_0'.

So liefert das Resultat des Beispiels des Art. 29 für die Resultante der Gleichungen

$$a_0x^2 + a_1xy + a_2y^2 = 0,\quad a_0'x^2 + a_1'xy + a_2'y^2 = 0$$

die Form

$$(a_0 a_2' - a_0' a_2)^2 + (a_1 a_0' - a_1' a_0)\,(a_1 a_2' - a_1' a_2) = 0$$

oder

$$\begin{vmatrix} a_0a_2' - a_0'a_2, & a_1a_2' - a_1'a_2 \\ a_0a_1' - a_0'a_1, & a_0a_2' - a_0'a_2 \end{vmatrix} = 0.$$

Die Resultante ist nothwendig eine homogene Function der Coefficienten jeder Gleichung; denn sie war, ehe sie von den Brüchen befreit wird, eine homogene Function vom Grade Null und bleibt homogen, da jedes Glied mit derselben Grösse multipliciert wird.*)

---

*) Einige Erläuterungen über die Beziehungen der bekannten Eigenschaften algebraischer Gleichungen in der Form

$$z^m + p_1z^{m-1} + p_2z^{m-2} + \ldots = 0$$

zur Form

31. Die Resultante zweier Gleichungen von den Graden m und n respective ist vom n^{ten} Grade in den Coefficienten der ersten und vom m^{ten} in den Coefficienten der zweiten.

Denn sie kann einerseits als das Product der m Factoren

$$\psi(\alpha_1)\ \psi(\alpha_2)\ \psi(\alpha_3)\ \ldots,$$

deren jeder die Coefficienten der zweiten Gleichung im ersten Grade enthält, anderseits als das Product der n Factoren

$$\varphi(\alpha_1')\ \varphi(\alpha_2')\ \varphi(\alpha_3')\ \ldots$$

geschrieben werden, deren jeder die Coefficienten der ersten Gleichung im ersten Grade enthält.

$$a_0x^m + a_1x^{m-1}y + ax^{m-2}y^2 + \ldots = 0$$

mögen hier am Orte sein.

Wird durch die Wurzel $z = \alpha_1$ die erste Form der Gleichung befriedigt, so ist die entsprechende Wurzel der zweiten durch jedes System der Werthe x_1, y_1 erfüllt, welche der Relation

$$x_1 = \alpha_1 y_1$$

genügen, denn wir haben es in ihr nur mit dem Verhältniss $x:y$ zu thun.

So wie die Gleichung

$$z^m + p_1z^{m-1} + p_2z^{m-2} + \ldots = 0$$

in die Factoren

$$(z-\alpha_1)\ (z-\alpha_2)\ (z-\alpha_3)\ \ldots$$

zerlegbar ist, so ist, weil diess in

$$\left(\frac{x}{y} - \frac{x_1}{y_1}\right)\left(\frac{x}{y} - \frac{x_2}{y_2}\right)\left(\frac{x}{y} - \frac{x_3}{y_3}\right)\ldots$$

übergeht, die Gleichung

$$a_0x^m + a_1x^{m-1}y + a_2x^{m-2}y^2 + \ldots = 0$$

in das Product der Factoren

$$(xy_1 - x_1y)\ (xy_2 - x_2y)\ (xy_3 - x_3y)\ \ldots$$

aufzulösen.

So wie wir dann durch die Vergleichung des entwickelten Products

$$(z-\alpha_1)\ (z-\alpha_2)\ \ldots$$

mit

$$z^m + p_1z^{m-1} + \ldots$$

Ausdrücke für die Coefficienten p_1, p_2, ... in Function der Wurzeln α_1, α_2, ... erhalten, so entspringen gleicherweise durch Entwickelung von

$$(xy_1 - x_1y)\ (xy_2 - x_2y)\ \ldots$$

und Vergleichung mit

$$a_0x^m + a_1x^{m-1}y + \ldots$$

Ausdrücke für a_0, a_1, ... in Function von x_1, y_1, x_2, ... Wir erhalten so

$$a_m = x_1x_2x_3,\ \ldots,$$
$$a_{m-1} = -\Sigma y_1x_2x_3x_4\ \ldots,$$

Wenn jede der Wurzeln $\alpha_1, \alpha_2, \ldots, \alpha_1', \alpha_2', \ldots$ mit demselben Factor c multipliciert wird, so wird die Resultante der Gleichungen mit dem Factor c^{mn} behaftet, weil jede der mn Differenzen $(\alpha_i - \alpha_j')$ (Art. 29) diesen Factor c enthält. Die Multiplication aller Wurzeln der Gleichung

$$a_0 x^m + a_1 x^{m-1} y + a_2 x^{m-2} y^2 + \ldots = 0$$

mit c bedingt aber die Multiplication von a_1 mit c_1, von a_2 mit c^2, a_3 mit c^3, etc. Wenn wir also in die Resultante

$$a_1 c\,,\ a_1' c \text{ für } a_1,\ a_1',$$
$$a_2 c^2,\ a_2' c^2 \text{ für } a_2,\ a_2',$$
$$a_3 c^3,\ a_3' c^3 \text{ für } a_3,\ a_3', \text{ etc.}$$

substituieren, so ist diess von derselben Wirkung wie die Multi-

---

eine Summe, in welcher jedes Glied ein y mit allen x von andern Indices multipliciert zeigt;

$$a_{m-2} = \Sigma y_1 y_2 x_3 x_4 \ldots, \text{ etc.},$$
$$a_0 = \pm\, y_1 y_2 y_3 \ldots,$$
$$a_1 = \pm\, \Sigma x_1 y_2 y_3 y_4 \ldots, \text{ etc.}$$

In gleicher Art kann jeder Ausdruck einer symmetrischen Function der Wurzeln von

$$z^m + p_1 z^{m-1} + \ldots = 0$$

in Function ihrer Coefficienten in den Ausdruck einer symmetrischen Function von $x_1, y_1, x_2, \ldots$ in Function von $a_0, a_1, \ldots$ durch Substitution von $\frac{x_1}{y_1}$ für α_1, etc. übergeführt werden, immer die Beseitigung der gebrochenen Form vorausgesetzt.

Wir hätten so die Eliminationsmethode des Artikel 29 direct auf Gleichungen von der Form

$$a_0 x^m + a_1 x^{m-1} y + \ldots = 0,$$
$$a_0' x^n + a_1' x^{n-1} y + \ldots = 0$$

anwenden können. Denn die Substitution der m Werthsysteme

$$x_1, y_1;\ x_2, y_2;\ x_3, y_3; \text{ etc.},$$

welche der ersten Gleichung genügen, in die zweite liefert die Factoren des zu bildenden Products

$$(a_0' x_1^n + \ldots)\ (a_0' x_2^n + \ldots) \text{ etc.}$$

und dasselbe reduciert sich durch die Substitutionen von

$$a_m^n \text{ für } (x_1 x_2 x_3 \ldots)^n, \text{ etc.}$$

auf eine Function der Coefficienten allein.

Das Verfahren des Textes, obwohl minder symmetrisch und minder elegant, schliesst sich directer an die dem Leser wohl vertrautere Bildung symmetrischer Functionen der Wurzeln gewöhnlicher algebraischer Gleichungen an.

plication der Resultante mit c^{mn}, d. h. jedes Glied der Resultante erscheint mit c^{mn} multipliciert. Offenbar ist aber die Wirkung dieser Substitution die, dass jedes Glied der Resultante mit einer Potenz von c multipliciert wird, welche die Summe aller Indices in diesem Gliede zum Exponenten hat — z. B. das Glied $a_1 a_2 a_0' a_1'$ in dem Beispiele des Art. 30 erscheint durch die Substitutionen $a_1 c$, $a_2 c^2$, $a_1' c$ für a_1, a_2, a_1' mit c^4 multipliciert; wir schliessen daher, dass in der Resultante der Gleichungen

$$a_0 x^m + a_1 x^{m-1} y + a_2 x^{m-2} y^2 + \ldots = 0,$$
$$a_0' x^n + a_1' x^{n-1} y + a_2' x^{n-2} y^2 + \ldots = 0$$

die Summe der Indices in jedem Gliede dieselbe und $= mn$ ist.

Man kann diess Ergebniss auch so aussprechen: Wenn a_1, a_1' eine neue Veränderliche z im ersten Grade enthalten, wenn dieselbe in a_2, a_2' im zweiten, in a_3, a_3' im dritten Grade etc. eingeht, so enthält die Resultante diese Veränderliche im Grade mn. Oder auch so: Wenn wir in der Resultante für jeden Coefficienten das Glied $x^i y^j$ substituieren, zu welchem er in der Originalgleichung gehört, so würden dadurch alle Glieder der Resultante durch $x^{mn} y^{mn}$ theilbar.

Aus der Symmetrie ergiebt sich, dass diese Resultate gleich wahr sind, wenn die Gleichungen in der Form

$$a_m x^m + a_{m-1} x^{m-1} y + a_{m-2} x^{m-2} y^2 + \ldots = 0, \text{ etc.}$$

geschrieben wären, in welcher die Indices der Coefficienten ebenso den Exponenten der x entsprechen, wie vorher denen der y.

32. Die Zahl der Systeme von Werthen der Veränderlichen, welche zwei homogenen Gleichungen zwischen drei Veränderlichen vom m^{ten} und n^{ten} Grade respective zugleich genügen, ist $= mn$.*)

---

*) Da diese Gleichungen als Repräsentanten zweier Curven der m^{ten} und n^{ten} Ordnung oder der m^{ten} und n^{ten} Klasse betrachtet werden können, so sagt der Satz, dass solche Curven mn Punkte oder mn Tangenten respective gemeinschaftlich haben. Für $z = 1$ reducieren sie sich auf die gewöhnliche Form der Gleichungen in Cartesischen Coordinaten, während die allgemeine Gestalt den trimetrischen Coordinatensystemen entspricht. Vergl. „Analytische Geometrie der Kegelschnitte" Art. 58 f., 328 f., etc.

Wir denken beide Gleichungen nach Potenzen von x geordnet in der Form

$$ax^m + (by + cz)x^{m-1} + (dy^2 + eyz + fz^2)x^{m-2} + \text{etc.} = 0,$$
$$a'x^n + (b'y + c'z)x^{n-1} + (d'y^2 + e'yz + f'z^2)x^{n-2} + \text{etc.} = 0,$$

und eliminieren x zwischen diesen Gleichungen; da nun der Coefficient von x^{m-1} eine homogene Function von y und z vom ersten Grade ist, der von x^{m-2} eine solche vom zweiten, der von x^{m-3} eine vom dritten Grade, etc., so folgt aus dem letzten Artikel, dass die Resultante eine homogene Function von y und z vom mn^{ten} Grade ist; somit können mn Werthsysteme von y und z bestimmt werden, für welche die Resultante den Werth Null annimmt, so dass für die Substitution eines jeden unter ihnen in die gegebenen Gleichungen diese eine gemeinschaftliche Wurzel für x haben, da ihre Resultante mit Null identisch ist. Jeder auf diese Weise bestimmte Werth des x giebt mit den vorher bestimmten Werthen von y und z ein den gegebenen Gleichungen genügendes Werthsystem; es giebt daher mn solcher Systeme.

In der folgenden Vorlesung wird eine Methode entwickelt werden, durch welche die gemeinschaftliche Wurzel zweier Gleichungen, wenn sie solche besitzen, direct bestimmt wird.

Beispiel. Die Coordinaten der vier Durchschnittspunkte der beiden Kegelschnitte

$$Ax^2 + By^2 + Cz^2 + 2Dyz + 2Ezx + 2Fxy = 0,$$
$$A'x^2 + B'y^2 + C'z^2 + 2D'yz + 2E'zx + 2F'xy = 0$$

zu bestimmen. Die Elimination der Veränderlichen x nachdem man beide Gleichungen nach Potenzen derselben geordnet hat, giebt nach Art. 30

$$\{(AB')\,y^2 + 2(AD')\,yz + (AC')\,z^2\}^2 + 4\{(AF')\,y + (AE')\,z\}$$
$$\{(BF')y^3 + [(BE') + 2(DF')]y^2z + [(CF') + 2(DE')]\,z^2y + (CE')\,z^3\}$$
$$= 0$$

wo überall, wie in Artikel 1

$$(AB') \text{ für } AB' - A'B, \text{ etc.}$$

geschrieben ist. Durch die Auflösung dieser Gleichung für $y : z$ bestimmt man die vier den gesuchten Durchschnittspunkten entsprechenden Werthe dieses Verhältnisses; wenn man dann einen derselben in beide Gleichungen substituiert und ihre gemeinschaftliche Wurzel bestimmt, so giebt sie den entsprechenden Werth von $x : z$. Die Werthe dieses letzteren Verhältnisses wären direct erhalten worden, indem man die Veränderliche y zwischen beiden Gleichungen eliminierte; aber die Substitution ist erforderlich, um die Zusammengehörigkeit der erhaltenen Werthe von

y und x zu erkennen. Für $z = 1$ überträgt sich das Gesagte in die Sprache des Cartesischen Coordinatensystems.

33. **Jede symmetrische Function der mn Werthe, welche gleichzeitig zweien homogenen Gleichungen mit drei Veränderlichen von den Graden m und n genügen, kann in Function der Coefficienten dieser Gleichungen ausgedrückt werden.**

Um das Verständniss zu erleichtern, betrachten wir zuerst nicht homogene Gleichungen mit zwei Veränderlichen. Denn für diese ist leicht zu erkennen, wie symmetrische Functionen von nur einer Veränderlichen gebildet werden; wir erhalten durch Elimination von y eine Gleichung in x und können in Function der Coefficienten derselben alle symmetrischen Functionen der mn Werthe von x ausdrücken, welche beiden Gleichungen genügen. Ganz ebenso für y. In dem Falle zweier Kegelschnitte beispielsweise sind die symmetrischen Functionen der Coordinaten ihrer Durchschnittspunkte $x_1, y_1; x_2, y_2$; etc.

$$x_1 + x_2 + x_3 + x_4, \quad y_1^2 + y_2^2 + y_3^2 + y_4^2, \text{ etc.}$$

so unmittelbar zu bestimmen; nur die symmetrischen Functionen, in welche beide Veränderliche eingehen, wie

$$x_1 y_1 + x_2 y_2 + x_3 y_3 + x_4 y_4, \text{ etc.}$$

erfordern eine specielle Betrachtung. Zu ihrer Bestimmung führen wir eine neue Veränderliche

$$v = \lambda x + \mu y$$

ein und eliminieren mittelst dieser angenommenen Relation nach einander x und y aus den gegebenen Gleichungen; so y, indem wir in beide seinen aus

$$v = \lambda x + \mu y$$

entspringenden Werth einsetzen. Die Resultante der so gebildeten Gleichungen, welche respective vom m^{ten} und n^{ten} Grade in x sind, ist vom mn^{ten} Grade in v, ihre Coefficienten enthalten λ und μ und ihre Wurzeln sind nothwendig

$$\lambda x_1 + \mu y_1, \quad \lambda x_2 + \mu y_2, \text{ etc.},$$

wo $x_1, y_1; x_2, y_2$; etc. die beiden Gleichungen gemeinschaftlich genügenden Werthe von x und y sind. Bilden wir die Summe der t^{ten} Potenzen der Wurzeln dieser Gleichung in v, welche nothwendig

$$= (\lambda x_1 + \mu y_1)^t + (\lambda x_2 + \mu y_2)^t + \text{etc.}$$

ist, so ist der Coefficient von λ^t in dieser Summe

$$= \Sigma x_1^t,$$

der Coefficient von $\lambda^{t-1}\mu$

$$= \Sigma x_1^{t-1} y_1, \text{ etc.}$$

Um diess Verfahren auf homogene Gleichungen zu übertragen, genügt es zu bemerken, dass symmetrische Functionen, die nur zwei Veränderliche enthalten, wie z. B.

$$\Sigma y_1 z_2 z_3 z_4, \text{ etc.}$$

nach der Anmerkung des Artikel 30 aus den homogenen Gleichungen gebildet werden, die durch Elimination der dritten Veränderlichen zwischen den gegebenen Gleichungen entstehen; und dass symmetrische Functionen, welche alle drei Veränderliche enthalten, genau wie vorher durch die Substitution

$$v = \lambda x + \mu y$$

gebildet werden.

Beispiel. Die symmetrischen Functionen der Coordinaten der vier Durchschnittspunkte zweier Kegelschnitte zu entwickeln.

Die Gleichung des letzten Beispiels giebt sogleich

$$y_1 y_2 y_3 y_4 = (AC')^2 + 4(AE')(CE'),$$
$$z_1 z_2 z_3 z_4 = (AB')^2 + 4(AF')(BF');$$

und durch die Symmetrie

$$x_1 x_2 x_3 x_4 = (BC')^2 + 4(BD')(CD');$$

ferner

$$-\Sigma(y_1 y_2 y_3 z_4) =$$
$$4\{(AC')(AD') + (AF')(CE') + (AE')(CF') + 2(AE')(DE')\}, \text{ etc.}$$

Um ein Beispiel einer symmetrischen Function mit drei Veränderlichen zu haben, bilden wir

$$\Sigma(x_1 y_1 z_2^2 z_3^2 z_4^2).$$

Wir haben nach der gegebenen Theorie zwischen den gegebenen Gleichungen und

$$v = \lambda x + \mu y$$

zu eliminieren, und die geforderte Function ist dann die Hälfte des Coefficienten von $\lambda\mu$ in

$$\Sigma(v_1^2 z_2^2 z_3^2 z_4^2).$$

Sei das Eliminationsresultat durch

$$\mathbf{A}v^4 + (\mathbf{B}\lambda + \mathbf{C}\mu)\, v^3 z + (\mathbf{D}\lambda^2 + \mathbf{E}\lambda\mu + \mathbf{F}\mu^2)\, v^2 z^2 + \text{etc.},$$

dargestellt, so ist

$$\Sigma(v_1^2 z_2^2 z_3^2 z_4^2) = (\mathbf{B}\lambda + \mathbf{C}\mu)^2 - 2\mathbf{A}(\mathbf{D}\lambda^2 + \mathbf{E}\lambda\mu + \mathbf{E}\mu^2),$$

und somit

$$\Sigma\,(x_1 y_1 z_2^2 z_3^2 z_4^2) = \mathbf{BC} - \mathbf{AE}.$$

Die Ausführung der angedeuteten Elimination liefert aber

$$\mathbf{A} = (AB')^2 + 4(AF')\,(BF'),$$

$$\mathbf{B} = 4\left\{(BA')\,(BE') + (BD')\,(AF') + (BF')\,(AD') + 2(BF')\,(EF')\right\},$$

$$\mathbf{C} = 4\left\{(AB')\,(AD') + (AE')\,(BF') + (AF')\,(BE') + 2(AF')\,(DF')\right\},$$

$$\mathbf{E} =$$

$$4\left\{(AC')(BF') + (BC')(AF') - 2(AD')(FD') - 2(BE')(FE') + 4(FD')(FE')\right\}.$$

34. Man soll die Resultante von drei homogenen Gleichungen mit drei Veränderlichen bilden, welche von den Graden m, n, p respective sind.

Das Verschwinden der Resultante ist die Bedingung, unter welcher ein System von Werthen der x, y, z gefunden werden kann, welches allen drei Gleichungen genügt.*) Wenn diess der Fall ist, so muss irgend eines der durch Auflösung für zwei beliebig Gewählte unter diesen Gleichungen erhaltenen Werthsysteme für x, y, z bei seiner Substitution in die dritte diese zur Identität machen; das Product aller so gewonnenen Substitutionsresultate muss also gleich Null sein. Bezeichnen wir so die np Werthsysteme (Artikel 32), welche den beiden letzten Gleichungen gemeinschaftlich genügen, durch x_1, y_1, z_1; x_2, y_2, z_2; etc., substituieren sie in die erste Gleichung und bilden das Product der np Substitutionsresultate

$$\varphi\,(x_1, y_1, z_1), \quad \varphi\,(x_2, y_2, z_2), \text{ etc.},$$

so enthält dieses Product offenbar nur symmetrische Functionen der x_1, y_1, z_1, etc., die nach Artikel 33 in Function der Coefficienten der beiden letzten Gleichungen ausgedrückt werden können; durch Vollzug dieser Entwickelung erhält man die fragliche Resultante.

Die Resultante ist eine homogene Function vom Grade np in den Coefficienten der ersten, vom Grade mp in denen der zweiten und vom Grade mn in denen der dritten Gleichung.

---

*) Geometrisch interpretiert beweist daher das Verschwinden der Resultante von drei homogenen Gleichungen mit drei Veränderlichen die Existenz eines gemeinschaftlichen Punktes oder einer gemeinschaftlichen Tangente der drei durch sie repräsentierten Curven der entsprechenden Ordnungen und Klassen.

Denn jeder der np Factoren $\varphi(x_1, y_1, z_1)$ ist eine homogene Function vom ersten Grade in den Coefficienten der ersten Gleichung; und der Ausdruck der symmetrischen Functionen in den Coefficienten enthält nur die Coefficienten der beiden letzten Gleichungen, durch deren Auflösung die Systeme der Werthe x_1, y_1, z_1, etc. erhalten wurden. Die Resultante ist somit vom np^{ten} Grade in den Coefficienten der ersten Gleichung; und auf gleiche Weise erkennt man die bezeichneten Grade derselben in den Coefficienten der zweiten und dritten Gleichung respective.

35. Wenn alle Coefficienten in den gegebenen Gleichungen, welche die erste Potenz einer der Veränderlichen multiplicieren — denken wir z — mit dem Index 1, alle die, welche die zweite Potenz derselben Veränderlichen — also z^2 — multiplicieren, mit dem Index 2 bezeichnet werden und so fort, so ist die Summe aller Indices in jedem Gliede der Resultante $= mnp$. Oder: Wenn alle Coefficienten, welche z^i multiplicieren, eine neue Veränderliche im i^{ten} Grade enthalten, so ist die Resultante eine homogene Function dieser Veränderlichen vom Grade mnp.

Diess wird, wie im Artikel 31 bewiesen. Zuerst ist es evident, dass, wenn eine homogene Gleichung vom n^{ten} Grade durch gewisse Werthe x_1, y_1, z_1 erfüllt wird, die durch Beifügung einer Potenz von c in jedem Gliede, deren Exponent mit dem Exponenten von z in diesem Gliede übereinstimmt, transformierte Gleichung durch das System der Werthe

$$cx_1, \; cy_1, \; z_1$$

mit Null identisch wird; oder allgemein, dass das Resultat der Substitution von

$$cx_1, \; cy_1, \; z_1$$

in die transformierte Gleichung das c^nfache des Resultats der Substitution von

$$x_1, \; y_1, \; z_1$$

in die Originalgleichung ist. Um ein Beispiel anzuführen, entspricht der Originalgleichung

$$x^3 + y^3 - z^3 - z^2x - zy^2 = 0$$

die transformierte

$$x^3 + y^3 - c^3z^3 - c^2z^2x - czy^2 = 0,$$

und das Resultat der Substitution

$$cx_1, cy_1, z_1$$

in die zweite ist das Product der Substitution von

$$x_1, y_1, z_1$$

in die erste mit c^3.

Wenn daher die drei gegebenen Gleichungen durch Multiplication des Coefficienten jedes die Potenz z^i enthaltenden Gliedes mit c^i transformiert werden, so folgt, dass dem Werthsystem x_1, y_1, z_1, welches den beiden letzten Originalgleichungen genügt, ein Werthsystem cx_1, cy_1, z_1 entspricht, welches den beiden letzten transformierten Gleichungen genügt; und dass das Resultat der Substitution dieser Werthe in die erste Gleichung durch

$$c^m \varphi (x_1, y_1, z_1)$$

ausgedrückt ist. Die Resultante, welche das Product von np Factoren der Form

$$\varphi (x_1, y_1, z_1)$$

ist, wird somit in Folge dieser Transformation mit c^{mnp} multipliciert. Ist also

$$a_i a'_j a''_k \ldots$$

ein Glied der Resultante, so ist — immer unter der Voraussetzung, dass die Indices den Exponenten der Potenzen von z entsprechen, welche der Coefficient multipliciert, —

$$i + j + k + \ldots = mnp,$$

weil die Veränderung von a_i in $c^i a_i$,

von a'_j in $c^j a'_j$, etc.

das betrachtete Glied und ebenso jedes andere mit

$$c^{mnp}$$

multiplicieren heisst.

36. Man beweist in gleicher Art, dass drei homogene Gleichungen zwischen vier Veränderlichen von den respectiven Graden m, n, p durch mnp gemeinschaftliche Werthsysteme erfüllt werden; dass jede symmetrische Function dieser Werthe als Function ihrer Coefficienten ausgedrückt werden kann; und dass die Resultante von vier solchen Gleichungen gebildet werden kann, indem man irgend drei von ihnen auflöst, in die vierte nach einander jedes der so gefundenen Systeme von Werthen substituiert, das Product der Substitutionsresultate bildet und durch die Methode

der symmetrischen Functionen diess Product als Function der Coefficienten der Gleichungen ausdrückt.

So bildet man endlich die Resultante einer beliebigen Anzahl von Gleichungen; sie ist eine homogene Function der Coefficienten jeder derselben von einem Grade, der das Product der Grade aller übrigen Gleichungen ist; und wenn in allen Gleichungen die Coefficienten mit Indices bezeichnet sind, welche mit den Exponenten der von ihnen behafteten Potenzen einer Veränderlichen, z. B. x, übereinstimmen, so ist die Summe der Indices in jedem Gliede der Resultante gleich dem Product der Grade aller Gleichungen.

37. Denken wir nun die Resultante eines Systems von $(k-1)$ Gleichungen

$$\varphi = 0, \quad \psi = 0, \quad \chi = 0, \text{ etc.}$$

zwischen k Veränderlichen $x, y, z, \ldots$, in welchem mindestens eine, wir nehmen an

$$\varphi = 0,$$

linear ist, bekannt, so ist dieselbe nothwendig von der Form

$$\varphi_1 \varphi_2 \varphi_3, \ldots,$$

wenn φ_j das Substitutionsresultat des durch Auflösung der übrigen Gleichungen

$$\psi = 0, \quad \chi = 0, \text{ etc.}$$

erhaltenen Systems der Werthe

$$x_j, \; y_j, \; z_j, \text{ etc.}$$

in die Function φ ist. Indem man das Product dieser Substitutionsresultate mit dem gegebenen Werthe der Resultante vergleicht, erhält man als Functionen der Coefficienten der ψ, χ, etc. die fundamentalen symmetrischen Functionen der Wurzeln des Systems

$$\psi = 0, \quad \chi = 0, \text{ etc.},$$

aus ihnen aber alle übrigen symmetrischen Functionen dieser nämlichen Wurzeln. Combiniert man nun das System der Gleichungen

$$\psi = 0, \quad \chi = 0, \text{ etc.}$$

mit der nicht linearen Gleichung

$$\Phi = 0,$$

so ist die Resultante des Systems

$$\Phi = 0, \quad \psi = 0, \quad \chi = 0, \text{ etc.}$$

der durch Einführung der verschiedenen symmetrischen Functionen der Wurzeln von

$$\psi = 0, \quad \chi = 0, \text{ etc.}$$

in die Function

$$\Phi_1 \Phi_2 \Phi_3 \ldots$$

gewonnene Ausdruck dieser Letzteren als Function der Coefficienten. Durch diesen Uebergang von der Resultante eines Systems

$$\varphi = 0, \quad \psi = 0, \quad \chi = 0, \text{ etc.}$$

zu der des Systemes

$$\Phi = 0, \quad \psi = 0, \quad \chi = 0, \text{ etc.},$$

in welchem die lineare Function φ durch die nicht lineare Φ ersetzt ist, wird offenbar der allgemeine Ausdruck der Resultante irgend eines Systems von k Gleichungen abhängig gemacht von dem Ausdruck der Resultante eines Systems von k Gleichungen, unter denen $(k-1)$ linear sind. Und die symmetrischen Functionen der Wurzeln eines Systems von $(k-1)$ Gleichungen hängen allgemein ab von der Resultante des Systems, welches aus diesem durch Hinzufügung einer linearen Gleichung gebildet wird.*)

38. Als ein erstes Beispiel dieses Verfahrens betrachten wir die Gleichungen

$$Ax^2 + By^2 + Cz^2 + 2Dyz + 2Ezx + 2Fxy = 0,$$
$$A'x + B'y + C'z = 0$$

und bilden die symmetrischen Functionen ihrer gemeinschaftlichen Wurzeln

$$x_1, y_1, z_1; \quad x_2, y_2, z_2.$$

Dazu verbinden wir sie mit der linearen Gleichung

$$\xi x + y\eta + \zeta z = 0$$

und erhalten aus der Combination der beiden linearen Gleichungen

$$x : y : z = (B'\zeta - C'\eta) : (C'\xi - A'\zeta) : (A'\eta - B'\xi)$$

*) Man vgl. A. Cayley „On the Symmetric Functions" etc., „Philos. Transactions" Vol. 147, p. 717—726, nach welcher Abhandlung die folgenden Beispiele gegeben sind, und Schläfli „Ueber die Resultante eines Systems" etc. „Denkschr. d. math. nat. Kl. d. kais. Akad. d. Wissensch." Bd. IV.

und durch Substitution in die quadratische Gleichung die Resultante in der Form

$$\begin{aligned} A(B'\zeta - C'\eta)^2 + B(C'\xi - A'\zeta)^2 + C(A'\eta - B'\xi)^2 \\ + 2D(C'\xi - A'\zeta)(A'\eta - B'\xi) \\ + 2E(A'\eta - B'\xi)(B'\zeta - C'\eta) \\ + 2F(B'\zeta - C'\eta)(C'\xi - A'\zeta) = 0, \end{aligned}$$

welche mit der Substitution

$$\begin{aligned} a &= BC'^2 + CB'^2 - 2DB'C', \\ b &= CA'^2 + AC'^2 - 2EC'A', \\ c &= AB'^2 + BA'^2 - 2FA'B', \\ d &= -AB'C' - DA'^2 + EA'B' + FC'A', \\ e &= -BC'A' - EB'^2 + FB'C' + DA'B', \\ f &= -CA'B' - FC'^2 + DC'A' + EB'C', \end{aligned}$$

in der Form

$$a\xi^2 + b\eta^2 + c\zeta^2 + 2d\eta\zeta + 2e\zeta\xi + 2f\xi\eta = 0$$

dargestellt wird.

Dadurch erhält man unmittelbar die sechs fundamentalen symmetrischen Functionen der Wurzeln des gegebenen Systems, weil die Resultante auch

$$= (x_1\xi + y_1\eta + z_1\zeta)(x_2\xi + y_2\eta + z_2\zeta)$$

und somit durch Vergleichung beider Ausdrücke

$$\begin{aligned} a &= x_1x_2, \\ b &= y_1y_2, \\ c &= z_1z_2, \\ 2d &= y_1z_2 + z_1y_2, \\ 2e &= z_1x_2 + x_1z_2, \\ 2f &= x_1y_2 + y_1x_2 \end{aligned}$$

ist; von diesen aus aber auf das Leichteste die zusammengesetzten symmetrischen Functionen

$$\begin{aligned} a^2 &= x_1^2x_2^2,\ b^2 = y_1^2y_2^2, \text{ etc.} \\ bc &= y_1z_1y_2z_2, \text{ etc.} \\ 4d^2 - 2bc &= y_1^2z_2^2 + y_2^2z_1^2, \text{ etc.} \\ 2ad &= x_1y_1z_2x_2 + z_1x_1x_2y_2, \text{ etc.} \\ 4ef - 2ad &= x_1^2y_2z_2 + x_2^2y_1z_1, \text{ etc.} \\ 2bd &= y_1^2y_2z_2 + y_2^2y_1z_1, \text{ etc.} \\ 2cd &= z_1^2y_2z_2 + z_2^2y_1z_1, \text{ etc.} \end{aligned}$$

Und ebenso

$$abc = x_1 y_1 z_1 x_2 y_2 z_2,$$
$$4\,ad^2 = (x_1 y_1^2 x_2 z_2^2 + x_2 y_2^2 x_1 z_1^2) + 2\,x_1 y_1 z_1 x_2 y_2 z_2, \text{ etc.}$$
$$8\,def = (x_1 y_1^2 x_2 z_2^2 + x_2 y_2^2 x_1 z_1^2) + (y_1 z_1^2 y_2 x_2^2 + y_2 z_2^2 y_1 x_1^2) + (z_1 x_1^2 z_2 y_2^2 + z_2 x_2^2 z_1 y_1^2) + 2 x_1 y_1 z_1 x_2 y_2 z_2.\text{*)}$$

Ferner

$$a^3 = x_1^3 x_2^3, \text{ etc.}$$
$$b^2 c = y_1^2 z_1 y_2^2 z_2, \text{ etc.}$$
$$bc^2 = y_1 z_1^2 y_2 z_2^2, \text{ etc.}$$
$$2\,a^2 d = x_1^2 y_1 z_2 x_2^2 + x_2^2 y_2 z_1 x_1^2, \text{ etc.}$$
$$2\,a^2 e = x_1^3 z_2 x_2^2 + x_2^3 z_1 x_1^2, \text{ etc.}$$
$$2\,a^2 f = x_1^3 z_2^2 x_2 + x_2^3 z_1^2 x_1, \text{ etc.}$$
$$2\,bcd = y_1^2 z_1 y_2 z_2^2 + y_2^2 z_2 y_1 z_1^2, \text{ etc.}$$
$$2\,bce = y_1 z_1^2 x_2 y_2 z_2 + y_2 z_2^2 x_1 y_1 z_1, \text{ etc.}$$
$$2\,bcf = y_1^2 z_1 x_2 y_2 z_2 + y_2^2 z_2 x_1 y_1 z_1, \text{ etc.}$$
$$4\,ad^2 - 2\,abc = x_1 y_1^2 z_2^2 x_2 + x_2 y_2^2 z_1^2 x_1, \text{ etc.}$$
$$4\,bd^2 - 2\,b^2 c = y_1^3 y_2 z_2^2 + y_2^3 y_1 z_1^2, \text{ etc.}$$
$$4\,cd^2 - 2\,bc^2 = z_1^3 y_2^2 z_2 + z_2^3 y_1^2 z_1, \text{ etc.}$$
$$4\,aef - 2\,a^2 d = x_1^3 x_2 y_2 z_2 + x_2^3 x_1 y_1 z_1, \text{ etc.}$$
$$4\,bef - 2\,abd = y_1^2 z_1 x_2^2 y_2 + y_2^2 z_2 x_1^2 y_1, \text{ etc.}$$
$$4\,cef - 2\,acd = y_1 z_1^2 x_2^2 z_2 + y_2 z_2^2 x_1^2 z_1, \text{ etc.}$$
$$8\,d^2 e - 4\,cdf - 2\,bce = z_1^3 x_2 y_2^2 + z_2^3 x_1 y_1^2, \text{ etc.}$$
$$8\,de^2 - 4\,cef - 2\,acd = z_1^3 x_2^2 y_2 + z_2^3 x_1^2 y_1, \text{ etc.}$$
$$8\,d^3 - 6\,bcd = y_1^3 z_2^3 + y_2^3 z_1^3, \text{ etc.}$$

39. Ebenso liefert das System

$$Ax^3 + By^3 + Cz^3 + 3\,Dy^2 z + 3\,Ez^2 x + 3\,Fx^2 y + 3\,Gyz^2 + 3\,Hzx^2 + 3\,Kxy^2 + 6\,Lxyz = 0,$$
$$A'x + B'y + C'z = 0$$

von den Wurzelsystemen

$$x_1,\ y_1,\ z_1;\ x_2,\ y_2,\ z_2;\ x_3,\ y_3,\ z_3$$

durch Verbindung mit der linearen Gleichung

$$\xi x + \eta y + \zeta z = 0$$
$$x : y : z = (B'\zeta - C'\eta) : (C'\xi - A'\zeta) : (A'\eta - B'\xi),$$

---

*) Zwischen ihnen besteht, weil sie nur vier symmetrische Functionen der Wurzeln enthalten, die identische Relation

$$abc - ad^2 - be^2 - cf^2 + 2def = 0.$$

wie vorher, und die Resultante

$$A(B'\zeta - C'\eta)^3 + B(C'\xi - A'\zeta)^3 + C(A'\eta - B'\xi)^3$$
$$+ 3D(C'\xi - A'\zeta)^2 (A'\eta - B'\xi) + \ldots = 0$$

oder

$$a\xi^3 + b\eta^3 + c\zeta^3 + 3d\eta^2\zeta + 3e\zeta^2\xi + 3f\xi^2\eta + 3g\eta\zeta^2$$
$$+ 3h\zeta\xi^2 + 3k\xi\eta^2 + 6l\xi\eta\zeta = 0,$$

wenn man setzt:

$$\begin{aligned}
a &= BC'^3 - CB'^3 - 3DB'C'^2 + 3GB'^2C',\\
b &= CA'^3 - AC'^3 - 3EC'A'^2 + 3HC'^2A',\\
c &= AB'^3 - BA'^3 - 3FA'B'^2 + 3KA'^2B';\\
d &= AB'C'^2 + EA'^2B' - FC'^2A' - GA'^3 - 2HA'B'C' + 2LC'A'^2,\\
e &= BC'A'^2 + FB'^2C' - DA'^2B' - HB'^3 - 2KA'B'C' + 2LA'B'^2,\\
f &= CA'B'^2 + DC'^2A' - EB'^2C' - KC'^3 - 2GA'B'C' + 2LB'C'^2,\\
g &= - AB'^2C' + DA'^3 + 2FA'B'C' + HA'B'^2 - KC'A'^2 - 2LA'^2B',\\
h &= - BC'^2A' + EB'^3 + 2DB'C'A' + FB'C'^2 - GA'B'^2 - 2LB'^2C',\\
k &= - CA'^2B' + FC'^3 + 2EC'A'B' + GC'A'^2 - HB'C'^2 - 2LC'^2A',\\
l &= - DC'A'^2 - EA'B'^2 - FB'C'^2 + GA'^2B' + HB'^2C' + KC'^2A'.
\end{aligned}$$

Dann giebt der zweite Ausdruck der Resultante

$$(x_1\xi + y_1\eta + z_1\zeta)(x_2\xi + y_2\eta + z_2\zeta)(x_3\xi + y_3\eta + z_3\zeta)$$

durch Vergleichung entsprechender Glieder die fundamentalen symmetrischen Functionen, wie folgt

$$\begin{aligned}
a &= x_1x_2x_3, \quad b = y_1y_2y_3, \quad c = z_1z_2z_3;\\
3d &= y_1y_2z_3 + y_2y_3z_1 + y_3y_1z_2 = \Sigma y_1y_2z_3,\\
3e &= z_1z_2x_3 + \ldots = \Sigma z_1z_2x_3,\\
3f &= x_1x_2y_3 + \ldots = \Sigma x_1x_2y_3;\\
3g &= y_1z_2z_3 + y_2z_3z_1 + y_3z_1z_2 = \Sigma y_1z_2z_3, \text{ etc.}\\
6l &= x_1y_2z_3 + x_2y_3z_1 + x_3y_1z_2 + x_1y_3z_2 + x_2y_1z_3\\
&\quad + x_3y_2z_1 = \Sigma x_1y_2z_3.\text{*)}
\end{aligned}$$

*) Wegen

$$\begin{aligned}
A'x_1 + B'y_1 + C'z_1 &= 0,\\
A'x_2 + B'y_2 + C'z_2 &= 0,\\
A'x_3 + B'y_3 + C'z_3 &= 0
\end{aligned}$$

hat man zugleich

$$D = \begin{vmatrix} x_1, & y_1, & z_1 \\ x_2, & y_2, & z_2 \\ x_3, & y_3, & z_3 \end{vmatrix} = 0;$$

und daher

$$D^2 = 0$$

unter den symmetrischen Functionen des zweiten Grades.

Von den zusammengesetzten hieraus ableitbaren symmetrischen Functionen führen wir beispielsweise an:

$$\begin{aligned}
3ad &= \Sigma x_1 y_1 x_2 y_2 x_3 z_3, \\
3bd &= \Sigma y_1^2 y_2^2 y_3 z_3, \\
3cd &= \Sigma y_1 z_1 y_2 z_2 z_3^2, \\
3ag &= \Sigma x_1 y_1 z_2 x_2 z_3 x_3, \\
3bg &= \Sigma y_1^2 y_2 z_2 y_3 z_3, \\
3cg &= \Sigma y_1 z_1 z_2^2 z_3^2, \\
6al &= \Sigma x_1^2 x_2 y_2 z_3 x_3; \\
9d^2 - 6bg &= \Sigma y_1^2 y_2^2 z_3^2, \\
9g^2 - 6cd &= \Sigma y_1^2 z_2^2 z_3^2, \\
9de - 3ck &= \Sigma x_1 y_1 y_2 z_2 z_3^2, \\
9hk - 3ad &= \Sigma x_1^2 x_2 y_2 y_3 z_3, \\
9dg - 3bc &= \Sigma y_1^2 y_2 z_2 z_3^2; \\
3(dh + ek + fg - l^2) &= \Sigma x_1 y_1 z_2 x_2 y_3 z_3; \\
3(2dh - ek - fg + l^2) &= \Sigma x_1 y_1 x_2 y_2 z_3^2, \\
3(6dl - 3kg - be) &= \Sigma x_1 y_1 y_2^2 z_3^2, \\
3(6gl - 3de - ck) &= \Sigma z_1 x_1 y_2^2 z_3^2, \\
6(-dh - ek - fg + 4l^2) &= \Sigma x_1^2 y_2^2 z_3^2.
\end{aligned}$$

40. Mit Hilfe dieser symmetrischen Functionen kann man dann Eliminationen ausführen, wie z. B. die der Veränderlichen aus

$$\begin{aligned}
&Ax^3 + By^3 + Cz^3 + 3Dy^2z + 3Ez^2x + 3Fx^2y + 3Gyz^2 \\
&\qquad + 3Hzx^2 + 3Kxy^2 + 6Lxyz = 0, \\
&A'x^2 + B'y^2 + C'z^2 + 2D'yz + 2E'zx + 2F'xy = 0, \\
&A''x + B''y + C''z = 0;
\end{aligned}$$

und zwar auf zwei verschiedenen Wegen, indem man entweder die Wurzelsysteme der quadratischen und linearen, oder der cubischen und linearen Gleichung einführt und die vorigen Ergebnisse benutzt.

Da aber drittens die Wurzeln der cubischen und quadratischen Gleichung einen Ausdruck der Resultante geben, so wird man dadurch zu den Ausdrücken der fundamentalen symmetrischen Functionen der Gleichungen zweiten und dritten Grades weiter geführt.

Sechste Vorlesung.

Von der Bestimmung der gemeinschaftlichen Wurzeln.

41. Wenn die Resultante einer Anzahl von Gleichungen verschwindet, so kann denselben durch ein gemeinschaftliches System von Werthen der Veränderlichen genugt werden, und wir beabsichtigen in dieser Vorlesung, zu zeigen, wie das System dieser Werthe ohne wirkliche Auflösung der Gleichungen gefunden werden kann.

Sind

$$\varphi = 0, \quad \psi = 0, \quad \chi = 0, \text{ etc.}$$

die Gleichungen, wo

$$\varphi = ax^m + bx^{m-1}y + cx^{m-1}z + \text{etc.},$$

sei das System

$$x_1, \; y_1, \; z_1, \; \ldots$$

dasjenige, welches allen zugleich genügt, so dass also ihre Resultante R als mit Null identisch gedacht wird.

Wenn wir nun die Coefficienten in φ transformieren wie folgt,

$$a \text{ in } a + \delta a, \quad b \text{ in } b + \delta b, \text{ etc.},$$

so wird die transformierte Gleichung

$$ax^m + bx^{m-1}y + cx^{m-1}z + \text{etc.} + (\delta a)x^m + (\delta b)x^{m-1}y$$
$$+ (\delta c)x^{m-1}z + \text{etc.} = 0$$

durch die Werthe x_1, y_1, z_1, ... ebenfalls erfüllt, wenn die Variationen

$$\delta a, \; \delta b, \; \delta c, \text{ etc.}$$

durch die Relation

$$(\delta a)x_1^m + (\delta b)x_1^{m-1}y_1 + (\delta c)x_1^{m-1}z_1 + \text{etc.} = 0$$

verbunden sind.

Alsdann hat die transformierte Gleichung ein System von Werthen gemeinschaftlich mit den Gleichungen

$$\psi = 0, \quad \chi = 0, \text{ etc.}$$

und die Resultante zwischen ihr und diesen muss mit Null identisch sein. Sie wird aber aus der Resultante R gebildet, indem man in dieser die

$$a, \; b, \text{ etc. in } a + \delta a, \quad b + \delta b, \text{ etc.}$$

überführt, d. h. sie wird durch

$$R + \left\{\frac{dR}{da}\,\delta a + \frac{dR}{db}\,\delta b + \frac{dR}{dc}\,\delta c + \text{etc.}\right\} + \text{etc.} = 0$$

dargestellt. Da nun die Voraussetzung

$$R = 0$$

bedingt und die Variationen der Coefficienten beliebig klein vorausgesetzt werden dürfen, so müssen die die ersten Potenzen der Variationen enthaltenden Glieder dieser Entwickelung für sich verschwinden, d. h. wir haben

$$\frac{dR}{da}\,\delta a + \frac{dR}{db}\,\delta b + \text{etc.} = 0,$$

eine Relation, welche mit der vorher erhaltenen identisch sein muss, weil diese für sich allein die Variationen bedingt. In Folge dessen müssen die verschiedenen Coefficienten

$$\frac{dR}{da}, \; \frac{dR}{db}, \; \text{etc.}$$

respective proportional zu

$$x_1^m, \; x_1^{m-1} y_1, \text{ etc.}$$

sein, oder wir erhalten die Relation

$$x_1 : y_1 = \frac{dR}{da} : \frac{dR}{db}.$$

Ein äquivalenter Ausdruck würde erhalten worden sein, wenn man statt a und b die Coefficienten irgend zweier anderer Glieder mit einander verglichen hätte, welche in dem Verhältnisse $x : y$ zu einander stehen. Durch die nämliche Schlussfolgerung fände man ebenso

$$x_1 : y_1 = \frac{dR}{da'} : \frac{dR}{db'},$$

wenn a' und b' die Coefficienten von x^n, $x^{n-1}y$ in einer der anderen Gleichungen bezeichnen.

42. Wir werden diess Ergebniss durch eine directe Untersuchung der Werthe von

$$\frac{dR}{da}, \quad \frac{dR}{db}, \quad \text{etc.}$$

bestätigen und dazu bezeichnen wir die Resultate der Substitution der gemeinschaftlichen Wurzeln von

$$\psi = 0, \quad \chi = 0, \text{ etc.}$$

in das Polynom φ mit

$$\varphi_1, \varphi_2, \varphi_3, \text{ etc.}$$

und erinnern, dass

$$R = \varphi_1 \varphi_2 \varphi_3 \ldots$$

ist, oder

$$R = (ax_1^m + bx_1^{m-1}y_1 + \text{etc.})\,(ax_2^m + bx_2^{m-1}y_2 + \text{etc.}) \text{ etc.}$$

Daraus ergiebt sich

$$\frac{dR}{da} = x_1^m (\varphi_2 \varphi_3 \ldots) + x_2^m (\varphi_1 \varphi_3 \ldots) + x_3^m (\varphi_1 \varphi_2 \ldots) + \text{etc.}$$

und für $x_1, y_1, z_1, \ldots,$ als ein die Gleichung

$$\varphi = 0$$

erfüllendes Werthsystem,

$$\varphi_1 = 0,$$

und somit

$$\frac{dR}{da} = x_1^m \varphi_2 \varphi_3 \ldots$$

Man erhält in derselben Art

$$\frac{dR}{db} = x_1^{m-1} y_1 \varphi_2 \varphi_3 \ldots, \text{ etc.},$$

so dass die verschiedenen Resultate den Gliedern proportional sind, welche die Coefficienten a, b, etc., multiplicieren.

Wenn a, b, etc., anstatt die Coefficienten selbst zu sein, beliebige Grössen bezeichnen, als deren Functionen die Coefficienten von φ erscheinen, ohne dass sie in die Gleichungen

$$\psi = 0, \quad \chi = 0, \text{ etc.},$$

eingehen, so wird noch ebenso durch die Methode des letzten Artikels bewiesen, dass die Relation

$$\frac{d\varphi}{da} : \frac{d\varphi}{db} = \frac{dR}{da} : \frac{dR}{db}$$

besteht. Denn wir erhalten wie im letzten Artikel direct

$$\frac{dR}{da} = \frac{d\varphi_1}{da} \varphi_2 \varphi_3 \ldots,$$

und ähnliche Formeln für die übrigen Differentiale der Resultante.

Wenn aber nach der Methode des Artikel 41 a, b, etc. so variiert werden, dass dasselbe System der Wurzeln nach wie vor die Gleichung

$$\varphi = 0$$

befriedigt, so haben wir

$$\frac{d\varphi}{da}\,\delta a + \frac{d\varphi}{db}\,\delta b + \frac{d\varphi}{dc}\,\delta c + \text{etc.} = 0,$$

während zugleich nach dem hierdurch bedingten Verschwinden der Resultante der transformierten Gleichung

$$\varphi = 0$$

und der andern Gleichungen die Relation

$$\frac{dR}{da}\,\delta a + \frac{dR}{db}\,\delta b + \frac{dR}{dc}\,\delta c + \text{etc.} = 0$$

besteht. Die Identität dieser beiden Bedingungen liefert das ausgesprochene Gesetz.

43. Wenn die gegebenen Gleichungen durch zwei gemeinschaftliche Systeme von Werthen gleichmässig erfüllt werden, so dass nicht nur

$$\varphi_1 = 0,$$

sondern auch

$$\varphi_2 = 0$$

ist, so verschwindet, wie sehr deutlich Artikel 42 beweist, jedes der Differentiale der Resultante

$$\frac{dR}{da},\ \frac{dR}{db},\ \text{etc.}$$

Wenn umgekehrt die Bedingung

$$R = 0$$

allein beweist, dass ein System von Gleichungen ein gemeinschaftliches System von Wurzelwerthen besitzt, so haben wir, um die Bedingungen zu finden, unter welchen sie solcher Systeme von gemeinschaftlichen Wurzelwerthen zwei hat, die Differentiale von R in Bezug auf jeden der Coefficienten mit Null zu vergleichen.*)

*) Es ist diess einer von den in der Praxis häufig begegnenden Fällen, wo ein System von zwei Bedingungen nicht einfacher als durch ein System mehrerer Gleichungen ausgedrückt werden kann, die zweien unabhängigen Gleichungen gleichwerthig sind.

Zur Bestimmung der wirklichen Werthe der gemeinschaftlichen Wurzeln bemerken wir, dass

$$\frac{d^2R}{da^2} = x_1^m x_2^m (\varphi_3 \varphi_4 \ldots) + x_1^m x_3^m (\varphi_2 \varphi_4 \ldots) + x_2^m x_3^m (\varphi_1 \varphi_4 \ldots) + \ldots$$

für die Voraussetzung

$$\varphi_1 = 0, \quad \varphi_2 = 0$$

sich auf

$$x_1^m x_2^m \varphi_3 \varphi_4 \ldots$$

reduciert, und dass man ebenso erhält

$$\frac{d^2R}{da\, db} = \left\{x_1^m x_2^{m-1} y_2 + x_2^m x_1^{m-1} y_1\right\} \varphi_3 \varphi_4 \ldots,$$

$$\frac{d^2R}{db^2} = x_1^{m-1} y_1 x_2^{m-1} y_2 \varphi_3 \varphi_4 \ldots$$

Wenn wir daher die quadratische Gleichung in $\xi : \eta$

$$\xi^2 \frac{d^2R}{da^2} - \xi\eta \frac{d^2R}{da\, db} + \eta^2 \frac{d^2R}{db^2} = 0$$

für die Unbekannte $\xi : \eta$ auflösen, so geben die beiden Wurzeln die Verhältnisse der Glieder, welche die Coefficienten a und b multiplicieren, d. h.

$$x_1^m : x_1^{m-1} y_1 \quad \text{und} \quad x_2^m : x_2^{m-1} y_2.$$

Wenn die Gleichungen drei Systeme gemeinschaftlicher Wurzelwerthe besitzen, so verschwinden alle zweiten Differentiale von R und die gemeinschaftlichen Wurzeln werden gefunden, indem man zu den dritten Differentialquotienten verschreitet und eine cubische Gleichung auflöst.

Die Methode des Artikel 41 kann auf die Differentiale der Resultante nach Grössen a, b, c, etc. angewendet werden, welche in alle Gleichungen eingehen.

Wir geben, wie vorher, diesen Grössen Variationen, welche mit der Voraussetzung einer immer noch verschwindenden Resultante verträglich sind, d. h. so dass man hat

$$\frac{dR}{da} \delta a + \frac{dR}{db} \delta b + \text{etc.} = 0.$$

In dem vorigen Falle brachte, weil a, b, c, etc. nur in eine der Gleichungen eingingen, weil folglich die Coefficienten der übrigen Gleichungen und somit das System ihrer gemeinschaftlichen Wurzeln unverändert blieb, eine Veränderung dieser Grössen keine Veränderung der gemeinschaftlichen Wurzel hervor.

In dem gegenwärtigen Falle können die gemeinschaftlichen Wurzeln der transformierten Gleichungen von den gemeinschaftlichen Wurzeln des Originalsystems verschieden sein und wir wollen annehmen, das neue System dieser gemeinschaftlichen Wurzeln sei

$$x + \delta x, \quad y + \delta y, \quad z + \delta z, \text{ etc.};$$

dann sind die Variationen derselben durch die Relationen

$$\frac{d\varphi}{da}\delta a + \frac{d\varphi}{db}\delta b + \frac{d\varphi}{dc}\delta c + \text{etc.}$$
$$+ \frac{d\varphi}{dx}\delta x + \frac{d\varphi}{dy}\delta y + \frac{d\varphi}{dz}\delta z + \text{etc.} = 0,$$
$$\frac{d\psi}{da}\delta a + \frac{d\psi}{db}\delta b + \frac{d\psi}{dc}\delta c + \text{etc.}$$
$$+ \frac{d\psi}{dx}\delta x + \frac{d\psi}{dy}\delta y + \frac{d\psi}{dz}\delta z + \text{etc.} = 0,$$
$$\frac{d\chi}{da}\delta a + \frac{d\chi}{db}\delta b + \frac{d\chi}{dc}\delta c + \text{etc.}$$
$$+ \frac{d\chi}{dx}\delta x + \frac{d\chi}{dy}\delta y + \frac{d\chi}{dz}\delta z + \text{etc.} = 0,$$

etc. mit einander verbunden.

In Folge des Gebrauchs homogener Gleichungen, als bei denen nur die Verhältnisse der Veränderlichen das zu bestimmende sind, können wir eine der Veränderlichen z als übereinstimmend in allen Gleichungen voraussetzen und daher

$$\delta z = 0$$

machen. Aus den so entspringenden n Gleichungen können wir alsdann die $(n-1)$ Variationen δx, δy, etc. eliminieren und so zu einer Relation gelangen, welche zwischen den Variationen δa, δb, etc. ebenso wohl bestehen muss, wie die schon erhaltene. Man hat so in dem Falle von drei Veränderlichen

$$\begin{vmatrix} \frac{d\varphi}{da}, & \frac{d\varphi}{dx}, & \frac{d\varphi}{dy} \\ \frac{d\psi}{da}, & \frac{d\psi}{dx}, & \frac{d\psi}{dy} \\ \frac{d\chi}{da}, & \frac{d\chi}{dx}, & \frac{d\chi}{dy} \end{vmatrix} \delta a + \begin{vmatrix} \frac{d\varphi}{db}, & \frac{d\varphi}{dx}, & \frac{d\varphi}{dy} \\ \frac{d\psi}{db}, & \frac{d\psi}{dx}, & \frac{d\psi}{dy} \\ \frac{d\chi}{db}, & \frac{d\chi}{dx}, & \frac{d\chi}{dy} \end{vmatrix} \delta b + \text{etc.} = 0.$$

Die Vergleichung derselben mit jener ersten Relation zeigt, dass die als Coefficienten von δa, δb, etc. auftretenden Determinanten den Grössen

$$\frac{dR}{da}, \quad \frac{dR}{db}, \text{ etc.}$$

respective proportional sind.

Siebente Vorlesung.

Von der Determinantenform der Resultanten.

---

44. Die Methode der Elimination durch symmetrische Functionen ist vielleicht vom theoretischen Gesichtspunkte aus jeder andern vorzuziehen, weil sie ganz allgemein auf Gleichungen mit jeder Anzahl der Veränderlichen anwendbar ist; aber da sie in dem Gebrauch nicht rasch fördernd ist und die Resultate nicht in der passendsten Form giebt, so werden wir in dieser Vorlesung eine kurze Darstellung von einigen anderen Methoden geben; wir werden dabei insbesondere zeigen, dass die Resultante zweier Gleichungen immer als eine Determinante ausgedrückt werden kann.

Die Resultante zweier Gleichungen von den respectiven Graden m und n wird nach Euler wie folgt, erhalten: Wenn die beiden Gleichungen einen gemeinschaftlichen Factor haben, so müssen wir identische Resultate erhalten, ob wir die erste mit den übrigen $(n-1)$ linearen Factoren der zweiten oder die zweite mit den übrigen $(m-1)$ linearen Factoren der ersten multiplicieren. Wenn wir also die erste Gleichung mit einer n willkürliche Constanten einschliessenden Function $(n-1)^{\text{ten}}$ Grades, und die zweite mit einer m willkürliche Constanten enthaltenden Function $(m-1)^{\text{ten}}$ Grades multiplicieren und wenn wir dann Glied für Glied die beiden so gebildeten Gleichungen vom $(m+n-1)^{\text{ten}}$ Grade vergleichen, so erhalten wir $(m+n)$ Gleichungen, zwischen denen wir die $(m+n)$ eingeführten Constanten, welche nur im ersten

Grade in ihnen enthalten sind, eliminieren können. Dadurch erhalten wir in Form einer Determinante die Resultante der beiden gegebenen Gleichungen.

Beispiel. Man soll zwischen

$$ax^2 + bxy + cy^2 = 0 \quad \text{und} \quad a'x^2 + b'xy + c'y^2 = 0$$

eliminieren.

Wir vergleichen Glied für Glied

$$(Ax + By)\,(ax^2 + bxy + cy^2) \quad \text{und} \quad (A'x + B'y)\,(a'x^2 + b'xy + c'y^2)$$

und erhalten die vier Gleichungen

$$\begin{aligned} Aa \qquad\quad - A'a' \qquad\quad &= 0, \\ Ab + Ba - A'b' - B'a' &= 0, \\ Ac + Bb - A'c' - B'b' &= 0, \\ Bc \qquad\quad - B'c' &= 0; \end{aligned}$$

aus ihnen aber durch Elimination von A, B, A', B' die Determinante

$$\begin{vmatrix} a, & 0, & a', & 0 \\ b, & a, & b', & a' \\ c, & b, & c', & b' \\ 0, & c, & 0, & c' \end{vmatrix}.$$

45. **Diese Methode kann zur Auffindung der Bedingungen benutzt werden, unter denen die Gleichungen zwei gemeinschaftliche Factoren besitzen.**

Denn es ist nach Analogie des Vorigen in diesem Falle offenbar, dass wir das nämliche Resultat erhalten, wenn wir das Polynom der ersten Gleichung mit den $(n-2)$ übrigen Factoren der zweiten und wenn wir das der zweiten mit den $(m-2)$ übrigen Factoren der ersten multiplicieren. Wir multiplicieren daher die erste Gleichung mit einer willkürlichen Function $(n-2)^{\text{ten}}$ Grades, durch welche wir $(n-1)$ Constanten einführen, und die zweite mit einer solchen Function $(m-2)^{\text{ten}}$ Grades, d. i. mit $(m-1)$ Constanten; indem wir dann Glied für Glied die beiden so gefundenen Gleichungen $(m+n-2)^{\text{ten}}$ Grades mit einander vergleichen, erhalten wir $(m+n-1)$ Gleichungen und können aus irgend $(m+n-2)$ derselben die eingeführten Constanten linear eliminieren; wir erhalten so $(m+n-1)$ Bedingungen, welche aber mit zwei unabhängigen Bedingungen äquivalent sind. Diese Bedingungen sind einfacher als die in Artikel 44 gefundenen

$$\frac{dR}{da} = 0, \text{ etc.},$$

denn diese enthalten die Coefficienten der Gleichungen in einem nur um Eins geringeren Grade als die Resultante, während der Grad der durch das Verfahren dieses Artikels erhaltenen Bedingungen um zwei Einheiten unter dem der Resultante zurückbleibt.

Beispiel. Man soll die Bedingungen finden, unter denen

$$ax^3 + bx^2y + cxy^2 + dy^3 = 0,$$
$$a'x^3 + b'x^2y + c'xy^2 + d'y^3 = 0$$

zwei gemeinschaftliche Wurzeln haben.

Die Vergleichung

$$(Ax + By)(ax^3 + bx^2y + cxy^2 + dy^3)$$
$$= (A'x + B'y)(a'x^3 + b'x^2y + c'xy^2 + d'y^3)$$

giebt die Relationen

$$\begin{array}{lllll} Aa & & - A'a' & & = 0, \\ Ab & + Ba & - A'b' & - B'a' & = 0, \\ Ac & + Bb & - A'c' & - B'b' & = 0, \\ Ad & + Bc & - A'd' & - B'c' & = 0, \\ & Bd & & - B'd' & = 0, \end{array}$$

und die Elimination von A, B, A', B' liefert das System der Determinanten (Artikel 2)

$$\left\| \begin{array}{ccccc} a, & b, & c, & d, & 0 \\ 0, & a, & b, & c, & d \\ a', & b', & c', & d', & 0 \\ 0, & a', & b', & c', & d' \end{array} \right\| = 0.$$

46. Sylvester hat unter dem Namen der dialytischen eine Eliminationsmethode gegeben, welche, in ihren Resultaten mit der von Euler übereinstimmend, einfacher in der Anwendung und der Erweiterung fähiger ist als diese. Man multipliciert die Gleichung des m^{ten} Grades mit x^{n-1}, $x^{n-2}y$, $x^{n-3}y^2$, etc. und die Gleichung vom n^{ten} Grade mit x^{m-1}, $x^{m-2}y$, $x^{m-3}y^2$, etc., so erhält man $(m + n)$ Gleichungen, zwischen welchen die Grössen

$$x^{m+n-1}, \quad x^{m+n-2}y, \quad x^{m+n-3}y^2, \text{ etc.}$$

als unabhängige Unbekannte betrachtet und linear eliminiert werden können.

So liefert die Multiplication zweier quadratischen Gleichungen mit x und y die Gleichungen

$$\begin{array}{llll} ax^3 + bx^2y + cxy^2 & & = 0, \\ & ax^2y + bxy^2 + cy^3 & = 0, \\ a'x^3 + b'x^2y + c'xy^2 & & = 0, \\ & a'x^2y + b'xy^2 + c'y^3 & = 0, \end{array}$$

und man erhält aus diesen durch Elimination von x^3, x^2y, xy^2, y^3 die nämliche Resultante wie im Artikel 44

$$\begin{vmatrix} a, & b, & c, & 0 \\ 0, & a, & b, & c \\ a', & b', & c', & 0 \\ 0, & a', & b', & c' \end{vmatrix}.$$

Die durch diese Methode erhaltenen Determinanten sind weniger einfach als die durch die Methode des Artikel 30 erhaltenen. Die folgende von Bézout herrührende Methode drückt die Resultante auch in der Form einer rasch zu berechnenden Determinante aus.

Die allgemeine Methode wird vielleicht besser verstanden, wenn wir sie zuerst auf den speciellen Fall zweier Gleichungen vom vierten Grade anwenden

$$ax^4 + bx^3y + cx^2y^2 + dxy^3 + ey^4 = 0,$$
$$a'x^4 + b'x^3y + c'x^2y^2 + d'xy^3 + e'y^4 = 0.$$

Wir multiplicieren die erste mit a' und die zweite mit a und subtrahieren, die ersten Glieder verschwinden und der durch y theilbare Rest giebt

$$(ab')\,x^3 + (ac')\,x^2y + (ad')\,xy^2 + (ae')\,y^3 = 0.$$

Wir multiplicieren sodann die erste Gleichung mit $(a'x + b'y)$ und die zweite mit $(ax + by)$ und subtrahieren; dadurch verschwinden die beiden ersten Glieder und der durch y^2 theilbare Rest giebt

$$(ac')\,x^3 + \{(ad') + (bc')\}\,x^2y + \{(ae') + (bd')\}\,xy^2 + (be')\,y^3 = 0.$$

Wir multiplicieren die Gleichungen respective mit

$$(a'x^2 + b'xy + c'y^2) \quad \text{und} \quad (ax^2 + bxy + cy^2),$$

subtrahieren, dividieren durch y^3 und erhalten

$$(ad')\,x^3 + \{(ae') + (bd')\}\,x^2y + \{(be') + (cd')\}\,xy^2 + (ce')\,y^3 = 0;$$

und endlich, wir multiplicieren mit

$$(a'x^3 + b'x^2y + c'xy^2 + d'y^3) \quad \text{und} \quad (ax^3 + bx^2y + cxy^2 + dy^3)$$

respective, subtrahieren, dividieren mit y^4 und erhalten

$$(ae')\,x^3 + (be')\,x^2y + (ce')\,xy^2 + (de')\,y^3 = 0.$$

Aus den vier so gefundenen Gleichungen können wir die vier Grössen x^3, x^2y, xy^2, y^3 linear eliminieren und erhalten die Resultante in der Determinantenform

$$\begin{vmatrix} (ab'), & (ac') & , (ad') & , (ae') \\ (ac'), & (ad') + (bc'), & (ae') + (bd') & , (be') \\ (ad'), & (ae') + (bd'), & (be') + (cd'), & (ce') \\ (ae'), & (be'), & (ce'), & (de') \end{vmatrix}.$$

Das hier angewendete Verfahren ist so offenbar auf irgend zwei Gleichungen vom n^{ten} Grade anwendbar, dass es unnöthig scheint, einen allgemeinen Beweis zu formulieren. Die Betrachtung der zuletzt erhaltenen Determinante zeigt deutlich das Gesetz ihrer Bildung, und die Resultante zweier Gleichungen vom fünften Grade wird durch einfache Fortsetzung der Gliederreihen erhalten wie folgt

$$\begin{vmatrix} (ab'), & (ac') & , (ad') & , (ae') & , (af') \\ (ac'), & (ad')+(bc'), & (ae')+(bd') & , (af')+(be') & , (bf') \\ (ad'), & (ae')+(bd'), & (af')+(be')+(cd'), & (bf')+(ce') & , (cf') \\ (ae'), & (af')+(be'), & (bf')+(ce'), & (cf')+(de'), & (df') \\ (af'), & (bf'), & (cf'), & (df'), & (ef') \end{vmatrix}.$$

Diese Form zeigt auch, dass jedes Glied der Resultante das Element a oder das a' enthält, wie im voraus evident ist, weil, wenn diese beiden gleich Null wären, die Gleichungen den gemeinschaftlichen Factor $y = 0$ hätten.

Sie zeigt ferner, dass die Glieder der Resultante, welche a oder a' nur im ersten Grade enthalten — (ab'), etc. —, durch die Resultante der Gleichungen multipliciert sind, welche man erhält, indem man die Substitutionen $a = 0$, $a' = 0$ in den Originalgleichungen vollzogen denkt. Denn jedes Glied in der oben geschriebenen Determinante muss ein Element der ersten Reihe und eins der ersten Columne enthalten; und da alle diese Elemente a oder a' enthalten, so sind die einzigen Glieder, welche a und a' nur im ersten Grade enthalten, durch das Product von (ab') mit dem ihm entsprechenden Minor repräsentiert, dieser aber wird für $a = a' = 0$ mit der Resultante der Gleichungen vom nächst niedrigern Grade identisch.

47. Es bleibt nur übrig zu zeigen, dass das hier angewendete Verfahren auf Gleichungen von verschiedenen Graden anwendbar bleibt. Wir beginnen wie vorher mit einem Beispiel, nämlich den Gleichungen

$$ax^4 + bx^3y + cx^2y^2 + dxy^3 + ey^4 = 0, \quad a'x^2 + b'xy + c'y^2 = 0.$$

Multiplicieren wir die erste mit a' und die zweite mit ax^2 und subtrahieren, so erhalten wir

$$(ba')\, x^3 + (ca')\, x^2y + (da')\, xy^2 + (ea')\, y^3 = 0.$$

Ebenso multiplicieren wir die erste Gleichung mit $(a'x + b'y)$ und die zweite mit $(ax + by)\, x^2$ und erhalten durch Subtraction

$$(ca')\, x^3 + \{(cb') + (da')\}\, x^2y + \{(db') + (ea')\}\, xy^2 + (eb')\, y^3 = 0.$$

Wenn wir mit den beiden so erhaltenen Gleichungen diejenigen verbinden, welche aus der zweiten der Originalgleichungen durch Multiplication mit x und y respective erhalten werden, so können wir aus diesen vier Gleichungen wie oben die Grössen x^3, x^2y, xy^2, y^3 linear eliminieren und erhalten die Resultante in der Form

$$\begin{vmatrix} (ba'), & (ca') & , (da') & , (ea') \\ (ca'), & (cb') + (da'), & (db') + (ea'), & (eb') \\ a', & b' & , c' & , 0 \\ 0, & a' & , b' & , c' \end{vmatrix}.$$

Und allgemein wird, wenn die Grade der Gleichungen verschieden sind, oder für

$$m > n,$$

gefunden, dass das Verfahren des Artikel 46 n Gleichungen vom $(m - 1)^{\text{ten}}$ Grade giebt, deren jede vom ersten Grade in den Coefficienten jeder der beiden Originalgleichungen ist; zu welchen wir hinzufügen die $(m - n)$ Gleichungen, die durch Multiplication der zweiten Gleichung mit x^{m-n-1}, $x^{m-n-2}y$, $x^{m-n-3}y^2$, etc. erhalten werden. Wir eliminieren dann zwischen diesen m Gleichungen die m Grössen x^{m-1}, $x^{m-2}y$, etc. und erhalten die Resultante in der Form einer Determinante, in welcher jede horizontale Reihe die Coefficienten der zweiten Gleichung enthält, indess nur n Reihen zugleich auch die der ersten enthalten. Die Resultante wird daher als vom Grade n in den Coefficienten der ersten und vom Grade m in denen der zweiten Gleichung erkannt.

48. Cayley hat eine abweichende Darstellungsweise der im letzten Artikel dargelegten Bezout'schen Eliminationsmethode gegeben. Wenn zwei Gleichungen

$$\varphi\,(x, y), \quad \psi\,(x, y)$$

eine gemeinschaftliche Wurzel haben, so muss es möglich sein, die Gleichung

$$\varphi + \lambda . \psi = 0$$

unabhängig von λ zu erfüllen; so mit der durch

$$\lambda = - \frac{\varphi(x_1, y_1)}{\psi(x_1, y_1)}$$

erhaltenen Gleichung

$$\varphi(x, y)\, \psi(x_1, y_1) - \varphi(x_1, y_1)\, \psi(x, y) = 0.$$

Wir können dieselbe zuerst mit

$$xy_1 - x_1 y$$

dividieren, welches nothwendig unter ihren Factoren ist, und die Coefficienten der verschiedenen Potenzen von x_1, y_1 mit Null vergleichen, aus den so erhaltenen Gleichungen aber die Potenzen von x und y wie als unabhängige Veränderliche eliminieren und erhalten so das Resultat in derselben Form wie durch die Methode des Artikel 46.

Beispiel. Man soll zwischen

$$ax^2 + bxy + cy^2 = 0, \quad a'x^2 + b'xy + c'y^2 = 0$$

eliminieren.

Die Division von

$$(ax^2 + bxy + cy^2)(a'x_1^2 + b'x_1y_1 + c'y_1^2)$$
$$- (a'x^2 + b'xy + c'y^2)(ax_1^2 + bx_1y_1 + cy_1^2)$$

durch

$$xy_1 - x_1 y$$

giebt

$$\{(ab')x + (ac')y\}x_1 + \{(ac')x + (bc')y\}y_1 = 0$$

und die Vergleichung der Coefficienten von x_1 und y_1 mit Null und daran schliessende Elimination von x und y giebt die Resultante in der Form

$$\begin{vmatrix} (ab'), & (ac') \\ (ac'), & (bc') \end{vmatrix} = 0.*)$$

49. Wir gehen nun zur Theorie der Functionen mit drei Veränderlichen weiter, deren Resultante jedoch, specielle Fälle ausgenommen, nicht in Determinantenform ausgedrückt wor-

---

*) Für einige weitere Ausführungen, namentlich auch für den Nachweis der Identität der Ergebnisse der Methode von Euler, der dialytischen von Sylvester und der Bézout-Cayley'schen, so wie für die Darstellung der Resultanten in entwickelter Form verweisen wir auf die Artikel 13—15 der oben citierten „Elemente" (p. 102—123). Dort ist auch die Unterscheidung der verschiedenen Coefficienten mittelst Indices statt mittelst anderer Buchstaben durchgeführt, von der hier nach dem Vorgange des Originals Umgang genommen worden ist.

den ist, die man aber doch in der Form eines Quotienten zweier Determinanten dargestellt hat.

Wir bezeichnen zuerst die Bildungsweise einer Function, welche für die Theorie der Elimination von grosser Wichtigkeit ist. Für n Gleichungen mit n Veränderlichen

$$u = 0, \quad v = 0, \quad w = 0, \text{ etc.}$$

wird die Determinante

$$\begin{vmatrix} \frac{du}{dx}, & \frac{du}{dy}, & \frac{du}{dz}, & \dots \\ \frac{dv}{dx}, & \frac{dv}{dy}, & \frac{dv}{dz}, & \dots \\ \frac{dw}{dx}, & \frac{dw}{dy}, & \frac{dw}{dz}, & \dots \\ \vdots & \vdots & \vdots & \end{vmatrix},$$

als die Jacobi'sche Determinante bezeichnet, und wir wollen sie im Folgenden consequent durch den Buchstaben J vertreten.

Für die allgemeine Betrachtung der Jacobi'schen Functionaldeterminante ziehen wir es vor, die n Functionen der n Veränderlichen

$$x_1, x_2, x_3, \dots, x_n$$

durch

$$f_1, f_2, f_3, \dots, f_n$$

zu bezeichnen und für sie selbst, als die aus den nach den einzelnen Veränderlichen x genommenen Differentialen gebildete Determinante, das Symbol

$$f_x$$

zu gebrauchen, so dass

$$f_x = \begin{vmatrix} \frac{df_1}{dx_1}, & \frac{df_2}{dx_1}, & \dots, & \frac{df_n}{dx_1} \\ \frac{df_1}{dx_2}, & \frac{df_2}{dx_2}, & \dots, & \frac{df_n}{dx_2} \\ \vdots & & & \\ \frac{df_1}{dx_n}, & \frac{df_2}{dx_n}, & \dots, & \frac{df_n}{dx_n} \end{vmatrix}$$

ist. Wir vereinfachen die Ausdrucksweise überdiess durch die symbolische Bezeichnung der Differentiale

$$f_{i,j} = \frac{df_j}{dx_i},$$

so dass

$$f_x = \begin{vmatrix} f_{1,1}, & f_{1,2}, & f_{1,3}, & \dots, & f_{1,n} \\ f_{2,1}, & f_{2,2}, & f_{2,3}, & \dots, & f_{2,n} \\ \vdots \\ f_{n,1}, & f_{n,2}, & f_{n,3}, & \dots, & f_{n,n} \end{vmatrix}$$

ist. Offenbar geht dieselbe für ein System linearer Functionen in die Determinante eines Systems linearer Gleichungen über, wie wir sie in den Artikeln 12 und 16 definierten; in ihren Eigenschaften erkennt man diesen Zusammenhang wieder.

Wenn die Functionen $f_1, f_2, \dots, f_n$ durch eine Relation

$$\varphi\,(f_1, f_2, \dots, f_n) = 0$$

verbunden sind, so hat man die Identitäten

$$\frac{d\varphi}{df_1}\,\frac{df_1}{dx_1} + \frac{d\varphi}{df_2}\,\frac{df_2}{dx_1} + \dots + \frac{d\varphi}{df_n}\,\frac{df_n}{dx_1} = 0,$$
$$\vdots$$
$$\frac{d\varphi}{df_1}\,\frac{df_1}{dx_n} + \frac{d\varphi}{df_2}\,\frac{df_2}{dx_n} + \dots + \frac{d\varphi}{df_n}\,\frac{df_n}{dx_n} = 0,$$

und die Functionaldeterminante des Systems $f_1, f_2, \dots, f_n$ ist somit gleich Null. Umgekehrt bedingt dies identische Verschwinden der Functionaldeterminante die Existenz einer die Functionen $f_1, f_2, \dots, f_n$ verbindenden Relation.

Denn aus der dann geltenden Gleichung

$$f_i = F_i\,(f_1, f_2, \dots, f_{i-1}, x_i, x_{i+1}, \dots, x_n), \quad (i = 1, 2, \dots, n),$$

speciell

$$f_n = F_n\,(f_1, f_2, \dots, f_{n-1}, x_n)$$

folgt, wenn wir die Differentiale der Transformierten durch Parenthesen unterscheiden,

$$\frac{df_i}{dx_j} = \left(\frac{df_i}{df_1}\right)\left(\frac{df_1}{dx_j}\right) + \left(\frac{df_i}{df_2}\right)\left(\frac{df_2}{dx_j}\right) + \dots$$
$$+ \left(\frac{df_i}{df_{i-1}}\right)\left(\frac{df_{i-1}}{dx_j}\right) + \left(\frac{df_i}{dx_j}\right),$$

welches wir abkürzend schreiben

$$= b_{i,1}\,a_{1,j} + b_{i,2}\,a_{2,j} + \dots + b_{i,i-1}\,a_{i-1,j} + a_{i,j};$$

d. i. beispielsweise

$$\frac{df_1}{dx_1} = f_{1,1} = a_{1,1}, \quad \frac{df_2}{dx_1} = f_{1,2} = a_{1,2}, \text{ etc.}$$

und also durch Substitution in die Functionaldeterminante

$$f_x = \begin{vmatrix} a_{1,1}, & b_{2,1}a_{1,1} & , b_{3,1}a_{1,1} & , \dots \\ a_{1,2}, & b_{2,1}a_{1,2} + a_{2,2}, & b_{3,1}a_{1,2} + b_{3,2}a_{2,2} & , \\ a_{1,3}, & b_{2,1}a_{1,3} + a_{2,3}, & b_{3,1}a_{1,3} + b_{3,2}a_{2,3} + a_{3,3}, & \\ \vdots & & & \\ a_{1,n}, & b_{2,1}a_{1,n} + a_{2,n}, & b_{3,1}a_{1,n} + b_{3,2}a_{2,n} + a_{3,n}, & \end{vmatrix}$$

$$= \begin{vmatrix} 1, & 0, & 0, & \dots 0 \\ b_{2,1}, & 1, & 0, & 0 \\ b_{3,1}, & b_{3,2}, & 1, & 0 \\ \vdots & \vdots & & \vdots \\ b_{n,1}, & b_{n,2}, & b_{n,3}, & 1 \end{vmatrix} \times \begin{vmatrix} a_{1,1}, & 0, & 0, & \dots 0 \\ a_{1,2}, & a_{2,2}, & 0, & 0 \\ a_{1,3}, & a_{2,3}, & a_{3,3}, & 0 \\ \vdots & \vdots & \vdots & \vdots \\ a_{1,n}, & a_{2,n}, & a_{3,n}, & a_{n,n} \end{vmatrix}$$

$$= a_{1,1}a_{2,2}a_{3,3}, \dots, a_{n,n} = \left(\frac{df_1}{dx_1}\right) \cdot \left(\frac{df_2}{dx_2}\right) \dots \left(\frac{df_n}{dx_n}\right).$$

Soll also die Functionaldeterminante Null sein, so muss eines der Differentiale den Werth Null haben oder die Functionen müssen durch eine Relation verbunden sein, welche gestattet, dass man aus ihr und $(n-1)$ der Functionen alle Veränderlichen bestimme und die letzte der Functionen zu einer Constanten mache.

50. Sind

$$f_1, f_2, \dots, f_n$$

als Functionen von

$$y_1, y_2, \dots, y_m$$

gegeben, welche selbst Functionen der unabhängigen Veränderlichen

$$x_1, x_2, \dots, x_n$$

sind, so ist

$$\frac{df_i}{dx_j} = \frac{df_i}{dy_1}\frac{dy_1}{dx_j} + \frac{df_i}{dy_2}\frac{dy_2}{dx_j} + \dots + \frac{df_i}{dy_m}\frac{dy_m}{dx_j}$$

und man erhält

$$f_x = \begin{Vmatrix} \frac{df_1}{dy_1}, & \frac{df_1}{dy_2}, & \dots & \frac{df_1}{dy_m} \\ \frac{df_2}{dy_1}, & \frac{df_2}{dy_2}, & \dots & \frac{df_2}{dy_m} \\ \vdots & \vdots & & \vdots \\ \frac{df_n}{dy_1}, & \frac{df_n}{dy_2}, & \dots & \frac{df_n}{dy_m} \end{Vmatrix} \times \begin{Vmatrix} \frac{dy_1}{dx_1}, & \frac{dy_2}{dx_1}, & \dots & \frac{dy_m}{dx_1} \\ \frac{dy_1}{dx_2}, & \frac{dy_2}{dx_2}, & \dots & \frac{dy_m}{dx_2} \\ \vdots & \vdots & & \vdots \\ \frac{dy_1}{dx_n}, & \frac{dy_2}{dx_n}, & \dots & \frac{dy_m}{dx_n} \end{Vmatrix}$$

(Vergl. Artikel 13);

man hat also für

$$m < n,$$

als in welchem Falle die Functionen nicht unabhängig von einander sind,

$$f_x = 0;$$

für

$$m = n$$

aber

$$f_x = f_y \cdot y_x,$$

und für

$$m > n$$

endlich

$$f_x = \Sigma f_y y_x.$$

Sind endlich die n Functionen $f_1, f_2, \ldots, f_n$ und die n Veränderlichen $x_1, x_2, \ldots, x_n$ durch die n Gleichungen

$$\varphi_1 = 0, \varphi_2 = 0, \ldots, \varphi_n = 0$$

verbunden, so hat man allgemein

$$\frac{d\varphi_i}{df_1}\frac{df_1}{dx_j} + \frac{d\varphi_i}{df_2}\frac{df_2}{dx_j} + \ldots + \frac{d\varphi_i}{df_n}\frac{df_n}{dx_j} = -\frac{d\varphi_i}{dx_j}.$$

Setzen wir nun

$$\varphi_f = \begin{vmatrix} \frac{d\varphi_1}{df_1}, & \ldots & \frac{d\varphi_1}{df_n} \\ \vdots & & \vdots \\ \frac{d\varphi_n}{df_1}, & & \frac{d\varphi_n}{df_n} \end{vmatrix}, \quad \varphi_x = \begin{vmatrix} \frac{d\varphi_1}{dx_1}, & \ldots & \frac{d\varphi_n}{dx_1} \\ \vdots & & \\ \frac{d\varphi_1}{dx_n}, & \ldots & \frac{d\varphi_n}{dx_n} \end{vmatrix},$$

so hat man die Relation

$$\varphi_f \cdot f_x = (-1)^n \cdot \varphi_x,$$

und wenn man die x als Functionen der f betrachtet, ebenso

$$\varphi_x x_f = (-1)^n \varphi_f;$$

aus beiden aber durch Multiplication

$$f_x \cdot x_f = 1.$$

Nach diesen allgemeinen Betrachtungen wenden wir uns zu der im Anfange des Artikels gewählten Form der Darstellung zurück und beweisen den folgenden für die Anwendungen auf die Theorie der Elimination wichtigen Satz.

51. Wenn eine beliebige Zahl von Gleichungen durch ein gemeinschaftliches System von Werthen erfüllt ist, so genügt dasselbe System auch der Jacobi'schen Determinante dieser Gleichungen, und wenn diese Gleichungen von demselben Grade sind, auch den

Differentialen dieser Determinante in Bezug auf die einzelnen Veränderlichen.

Der Beweis, den wir für diesen Satz für Gleichungen mit drei Veränderlichen geben, ist allgemein anwendbar.

Setzen wir

$$\frac{du}{dx} = a_1, \quad \frac{du}{dy} = b_1, \quad \frac{du}{dz} = c_1, \text{ etc.}$$

$$\frac{dv}{dx} = a_2, \quad \frac{dv}{dy} = b_2, \text{ etc.},$$

so ist nach dem Theorem von den homogenen Functionen

$$\begin{aligned} a_1 x + b_1 y + c_1 z &= nu, \\ a_2 x + b_2 y + c_2 z &= nv, \\ a_3 x + b_3 y + c_3 z &= nw, \end{aligned}$$

und man erhält durch Auflösung dieser Gleichungen in der Ausdrucksweise des Artikel 16

$$Jx = A_1 nu + A_2 nv + A_3 nw;$$

daraus erkennt man, dass das gleichzeitige Verschwinden von u, v, w auch das Verschwinden von J bedingt.

Ferner erhält man durch Differentiation der eben gefundenen Gleichungen

$$\begin{aligned} J + x\frac{dJ}{dx} &= nu\frac{dA_1}{dx} + nv\frac{dA_2}{dx} + nw\frac{dA_3}{dx} \\ &\quad + n(a_1 A_1 + a_2 A_2 + a_3 A_3), \\ x\frac{dJ}{dy} &= nu\frac{dA_1}{dy} + nv\frac{dA_2}{dy} + nw\frac{dA_3}{dy} \\ &\quad + n(b_1 A_1 + b_2 A_2 + b_3 A_3). \end{aligned}$$

Daraus folgt aber wegen

$$\begin{aligned} a_1 A_1 + a_2 A_2 + a_3 A_3 &= J, \\ b_1 A_1 + b_2 A_2 + b_3 A_3 &= 0 \quad \text{(Artikel 15. 16)}, \end{aligned}$$

dass die Voraussetzung

$$u = 0, \quad v = 0, \quad w = 0$$

ausser

$$J = 0$$

auch

$$\frac{dJ}{dx} = 0, \quad \frac{dJ}{dy} = 0$$

zur Folge hat.

Ebenso gilt der Satz: Wenn $(n + 1)$ ganze homogene Functionen, von denen n von demselben Grade sind, für das nämliche System der Werthe der Veränderlichen verschwinden, so sind für diess System die partiellen Differentiale der Functionaldeterminante der $(n + 1)$ Functionen den entsprechenden partiellen Differentialen der im Grade abweichenden Function proportional.

52. Wir können mit Hülfe dieser Ergebnisse die Resultante von drei Gleichungen zweiten Grades in Determinantenform darstellen.

Die Jacobi'sche Determinante derselben ist vom dritten und ihre Differentiale sind daher vom zweiten Grade; sie bilden drei neue Gleichungen zweiten Grades, welche durch jedes System gemeinschaftlicher Wurzelwerthe der gegebenen Gleichungen ebenfalls befriedigt werden. Man kann aus diesen sechs Gleichungen

$$u, \; v, \; w, \; \frac{dJ}{dx}, \; \frac{dJ}{dy}, \; \frac{dJ}{dz}$$

die sechs Grössen

$$x^2, \; y^2, \; z^2, \; yz, \; zx, \; xy$$

linear eliminieren und so die geforderte Determinante bilden.*)

Wenn ferner die gegebenen Gleichungen vom dritten Grade sind, so ist die Jacobi'sche Determinante J vom sechsten und ihre Differentiale sind vom fünften Grade; wenn wir sodann die drei gegebenen Gleichungen mit

$$x^2, \; y^2, \; z^2, \; yz, \; zx, \; xy$$

respective multiplicieren, so erhalten wir achtzehn Gleichungen, welche mit den drei Differentialen der Jacobi'schen Determinante die einundzwanzig Grössen

$$x^5, \; x^4y, \; \text{etc.}$$

dialytisch zu eliminieren gestatten, welche in eine Gleichung fünften Grades eingehen.

Dieses Verfahren kann ohne Modificationen nicht weiter ausgedehnt werden.

---

*) Für die geometrische Bedeutung dieser Betrachtungen in der Theorie der Kegelschnitte kann man vergleichen: „Analytische Geometrie der Kegelschnitte.“ Art. 353—359; Art. 400, Aufg. 4; etc.

Sylvester hat gezeigt, dass die Resultante immer als eine Determinante ausgedrückt werden kann, wenn die drei Gleichungen von dem nämlichen Grade sind.

Denken wir beispielsweis drei Gleichungen vierten Grades. So multiplicieren wir jede derselben mit den sechs Gliedern

$$x^2, \; xy, \; y^2, \text{ etc.}$$

einer Gleichung zweiten Grades — allgemein für den Fall von drei Gleichungen n^{ten} Grades mit den $\frac{n(n-1)}{2}$ Gliedern einer Gleichung $(n-2)^{\text{ten}}$ Grades — und erhalten so achtzehn — im allgemeinen Falle $\frac{3n(n-1)}{1 \cdot 2}$ — Gleichungen. Weil aber diese Gleichungen, als vom sechsten — $(2n-2)^{\text{ten}}$ — Grade acht und zwanzig — $n(2n-1)$ — Glieder enthalten, so bedürfen wir einer Reihe von zehn — allgemein $\frac{n(n+1)}{2}$ — ferneren Gleichungen, um die Potenzen der Veränderlichen dialytisch zwischen allen Gleichungen der Gruppe zu eliminieren. Diese Gleichungen werden wie folgt gebildet.

Die erste der drei gegebenen Gleichungen kann in der Form

$$Ax^4 + By + Cz,$$

die zweite und dritte können in der Form

$$A'x^4 + B'y + C'z, \quad A''x^4 + B''y + C''z$$

geschrieben werden und die Determinante $(AB'C'')$, welche vom sechsten Grade in den Veränderlichen ist, muss offenbar durch alle die Werthe, welche den gegebenen Gleichungen genügen, gleichfalls mit Null identisch werden.

Wir bilden zwei ähnliche Determinanten durch Zerlegung der gegebenen Gleichungen in die Formen

$$Ay^4 + Bx + Cz,$$
$$Az^4 + Bx + Cy$$

respective.

Wir können ferner die Gleichungen in den Formen

$$Ax^3 + By^2 + Cz, \quad A'x^3 + B'y^2 + C'z, \quad A''x^3 + B''y^2 + C''z$$

darstellen, weil jedes Glied, das nicht durch x^3 oder y^2 theilbar ist, z enthalten muss; und erhalten dadurch eine andere Determinante $(AB'C'')$, welche auch mit den Gleichungen gleichzeitig verschwindet. Es entspringen sechs Determinanten dieser Form durch die möglichen Vertauschungen von x, y, z bei der Zerlegung der Gleichungen.

Wir bringen endlich die Gleichungen in die Form

$$Ax^2 + By^2 + Cz^2, \text{ etc.}$$

und erhalten eine Determinante einziger Art, welche mit den neun schon gebildeten die zehn Gleichungen giebt, welche wir brauchen.

Im allgemeinen Falle zerlegen wir die Gleichungen nach der Form

$$Ax^\alpha + By^\beta + Cz^\gamma,$$

so dass

$$\alpha + \beta + \gamma = n + 2$$

ist, und bilden die Determinante $(AB'C'')$; man kann leicht zeigen, dass die Zahl der ganzen Auflösungen der Gleichung

$$\alpha + \beta + \gamma = n + 2$$

$$= \frac{n(n+1)}{2}$$

ist, die verlangte Anzahl von Gleichungen.

53. Wenn die Grade der Gleichungen verschieden sind, so ist in diesem Wege die Bildung einer Determinante nicht möglich, welche die Resultante frei von fremden Factoren darstellte. Der Ursprung dieser fremden Factoren und die Methode, durch welche man das Resultat von ihnen frei macht, werden aus der folgenden von Cayley herrührenden Theorie erhellen.

Wir nehmen der Einfachheit wegen drei Gleichungen, welche sämmtlich vom zweiten Grade sind;

$$u = 0, \quad v = 0, \quad w = 0.$$

Machen wir den Versuch dialytischer Elimination, indem wir jede von ihnen mit x, y, z multiplicieren, so erhalten wir neun Gleichungen, nicht hinreichend, um die zehn Grössen

$$x^3, \; x^2y, \text{ etc.}$$

zu eliminieren.

Wenn wir sodann jede der Gleichungen mit den sechs Grössen x^2, xy, y^2, etc. multiplicieren, so erhalten wir achtzehn Gleichungen, mehr als hinreichend zur Elimination von fünfzehn Grössen

$$x^4, \; x^3y, \text{ etc.}$$

Nehmen wir willkürlich funfzehn von diesen Gleichungen und bilden ihre Determinante, so haben wir in ihr die Resultante, aber mit einem fremden Factor multipliciert; denn sie ist vom fünfzehnten Grade in den Coefficienten, während die Resultante nur vom zwölften sein kann. (Artikel 34, $mn + np + pm = 12$ für $m = n = p = 2$.) Die Ursache davon ist, dass die achtzehn gebildeten Gleichungen nicht von einander unabhängig, sondern durch drei lineare Relationen vereinigt sind; in der That giebt die Identität

$$uv = vu$$

durch Ersetzung des ersten u und des zweiten v durch ihre respectiven Werthe

$$ax^2 + by^2 + \text{etc.}, \quad a'x^2 + b'y^2 + \text{etc.}$$

die Relation

$$ax^2v + by^2v + cz^2v + dyzv + \text{etc.} = a'x^2u + b'y^2u + \text{etc.}$$

und wir bilden in derselben Art aus den Identitäten

$$vw = wv, \quad wu = uw$$

zwei andere identische Relationen zwischen den Grössen

$$x^2u, \ y^2u, \ x^2v, \ x^2w, \ \text{etc.}$$

Mit diesen Ueberlegungen nimmt die Aufgabe die folgende Form an: Wenn $m + p$ lineare Gleichungen in m Veränderlichen gegeben sind, vereinigt aber — diese Gleichungen — durch p lineare Relationen, so dass sie nur m unabhängigen Gleichungen äquivalent sind, so soll man auf die einfachste Weise die Bedingung ausdrücken, unter welcher alle diese Gleichungen durch dieselben Werthe der Veränderlichen identisch erfüllt werden.

Man hat in dem gegenwärtigen Falle

$$m = 15, \quad p = 3.$$

54. Nehmen wir zur Vereinfachung ein Beispiel mit kleineren Zahlen, etwa $m = 3$, $p = 1$; d. h. betrachten wir vier Gleichungen

$$s, \ t, \ u, \ v$$

$$s = a_1x + b_1y + c_1z, \quad t = a_2x + b_2y + c_2z, \ \text{etc.},$$

welche aber nicht von einander unabhängig, sondern durch die Relation

$$D_1s + D_2t + D_3u + D_4v = 0$$

mit einander verbunden sind.

Dann muss zuerst die Determinante $(a_1b_2c_3)$ von irgend dreien dieser Gleichungen s, t, u die Grösse D_4 als einen Factor enthalten.

Denn wenn $D_4 = 0$ ist, so sind s, t, u durch eine lineare Relation vereinigt, so dass alle Werthe, welche den Gleichungen s und t zugleich genügen, auch u erfüllen; dass also die Voraussetzung $D_4 = 0$ das Verschwinden der Determinante $(a_1 b_2 c_3)$ bedingt.

Wir erhalten zweitens dasselbe Resultat, oder doch ein nur im Vorzeichen verschiedenes, ob wir $(a_1 b_2 c_3)$ durch D_4 oder $(a_1 b_2 c_4)$ durch D_3 dividieren; denn (Artikel 8)

$$D_4\ (a_1 b_2 c_4) = \begin{vmatrix} a_1 & , b_1 & , c_1 \\ a_2 & , b_2 & , c_2 \\ D_4 a_4, & D_4 b_4, & D_4 c_4 \end{vmatrix}$$

und man hat

$$D_4 a_4 = -\ D_1 a_1 - D_2 a_2 - D_3 a_3,$$
$$D_4 b_4 = \text{etc.}, \qquad D_4 c_4 = \text{etc.};$$

dadurch wird jene Determinante in die Summe von drei andern Determinanten zerlegbar und da zwei von ihnen, als zwei identische Reihen enthaltend, verschwinden, so erhält man, was behauptet ward,

$$D_4\ (a_1 b_2 c_4) = -\ D_3\ (a_1 b_2 c_3).$$

Man erkennt daraus, dass die Resultante in jeder der äquivalenten Formen erhalten wird, die man bildet, indem man die Determinante $(a_1 b_2 c_3)$ von irgend drei der Gleichungen durch die ihnen nicht angehörige Constante D_4 dividiert.

Setzen wir voraus, dass fünf Gleichungen

$$s,\ t,\ u,\ v,\ w$$

vereinigt durch zwei lineare Relationen

$$D_1 s + D_2 t + D_3 u + D_4 v + D_5 w = 0,$$
$$E_1 s + E_2 t + E_3 u + E_4 v + E_5 w = 0$$

gegeben seien. Durch Elimination von w aus diesen Relationen erhalten wir

$$(D_1 E_5)\ s + (D_2 E_5)\ t + (D_3 E_5)\ u + (D_4 E_5)\ v = 0,$$

und erkennen wie vorher, dass die Voraussetzung

$$(D_4 E_5) = 0$$

das Verschwinden der Determinante $(a_1 b_2 c_3)$ zur Folge hat; und dass wir dasselbe Resultat erhalten, ob wir

$$(a_1 b_2 c_3) \quad \text{durch} \quad (D_4 E_5)$$

oder die Determinante von irgend drei andern der Gleichungen durch die complementäre der $(D_1 E_5)$ entsprechende Determinante dividieren.

Diese Schlussfolgerung kann auf eine beliebige Zahl von Gleichungen ausgedehnt werden, die durch irgend eine Anzahl von Relationen verbunden sind und wir erhalten so die folgende **Regel zur Darstellung der Resultante des Systems in ihrer einfachsten Form.**

Man schreibe die Constanten der $(m + p)$ Gleichungen neben und unter einander und vervollständige ihr System zum Quadrat durch Hinzufügung der Constanten der p Relationen — also für das letztbetrachtete Beispiel

$$\begin{array}{ccc|c} s & : & a_1, b_1, c_1 & D_1, E_1 \\ t & : & a_2, b_2, c_2 & D_2, E_2 \\ u & : & a_3, b_3, c_3 & D_3, E_3 \\ v & : & a_4, b_4, c_4 & D_4, E_4 \\ w & : & a_5, b_5, c_5 & D_5, E_5 \end{array};$$

Die Resultante in ihrer einfachsten Form wird dann gebildet, indem man die Determinante von irgend m Reihen der linken Seite oder der Gleichungen durch die Determinante der p übrigen Reihen der rechten Seite oder der Relationen dividiert.

So nehmen wir in dem Beispiel des letzten Artikels die Determinante von irgend fünfzehn der Gleichungen und dividieren sie durch eine Determinante, welche aus dreien der Relationsreihen gebildet ist, um die Resultante als Quotient zu erhalten; man erkennt, dass sie vom zwölften Grade ist, wie sie es sein muss.

55. Und wenn allgemein drei Gleichungen von den respectiven Graden m, n, p gegeben sind, so bilden wir eine Anzahl Gleichungen von dem Grade $(m + n + p - 2)$, indem wir die erste Gleichung mit allen den Gliedern

$$x^{n+p-2}, \quad x^{n+p-3}y, \text{ etc.,}$$

die zweite mit den

$$x^{p+m-2}, \quad x^{p+m-3}y, \text{ etc. etc.}$$

multiplicieren. Wir erhalten so

$$\frac{(n+p-1)(n+p)}{2} + \frac{(p+m-1)(p+m)}{2} + \frac{(m+n-1)(m+n)}{2}$$

Gleichungen. Aber die Zahl der Glieder

$$x^{m+n+p-2}, \text{ etc.,}$$

welche aus den gebildeten Gleichungen eliminiert werden sollen, ist

$$\frac{(m+n+p-1)\,(m+n+p)}{2},$$

oder im Allgemeinen kleiner als die Anzahl der Gleichungen.

Wenn wir aber die Identität

$$uv = vu$$

betrachten, welche vom Grade $(m+n)$ ist, und sie durch die verschiedenen Glieder

$$x^{p-2}, \text{ etc.}$$

multiplicieren, so erhalten wir $\frac{(p-1)\,p}{2}$ identische Relationen zwischen den Gleichungen des vorher gebildeten Systems; in derselben Art liefern die Identitäten

$$vw = wv, \quad wu = uw$$

und die Factorenreihen

$$x^{m-2}, \text{ etc.}, \quad x^{n-2}, \text{ etc.}$$

$$\frac{(n-1)\,n}{2} + \frac{(m-1)\,m}{2}$$

andere Identitäten; die Gesammtzahl dieser Letzteren lässt von der Zahl der Gleichungen abgezogen genau die Zahl der zu eliminierenden Veränderlichen übrig und man erhält so die Resultante in reiner Form und vom richtigen Grade.

56. Wenn wir vier Gleichungen in vier Veränderlichen hätten, so würden wir in gleicher Weise verfahren; wir würden finden, dass $(m+n)$ lineare Gleichungen zwischen m Veränderlichen erhalten werden, welche nicht unabhängig, sondern durch $(n+p)$ Relationen verbunden sind, die ihrerseits wieder durch p andere Relationen bedingt werden.

Um nun die reducierte Resultante eines solchen Systems zu finden, wäre die Determinante eines Systems von m Gleichungen durch eine Grösse zu dividieren, welche selbst der Quotient von zwei Determinanten ist.

Es scheint nicht nöthig, in weitere Details einzugehen, während doch die dargelegte Theorie, als die unseres Wissens einzige allgemeine Theorie von der Darstellung der Resultanten in Determinantenform, so weit wie geschehen, entwickelt werden musste; so oft in der Anwendung der dialytischen Methode irgend eine der

Gleichungen mit Gliedern zu multiplicieren ist, deren Grad ihren eigenen Grad überschreitet, so oft erhalten wir auch eine Anzahl von Gleichungen, welche die Anzahl der zu eliminierenden Grössen übertrifft, und die Grundsätze der vorgetragenen Methode kommen zur Anwendung.

Wir wollen nur noch erwähnen, dass der wichtige specielle Fall von vier homogenen Gleichungen zweiten Grades zwischen vier Veränderlichen

$$\varphi = 0, \quad \psi = 0, \quad \chi = 0, \quad \omega = 0$$

mittelst der Jacobi'schen Determinante eine einfache und allgemeine Lösung zulässt. Die partiellen Differentiale derselben

$$J = \begin{vmatrix} \frac{d\varphi}{dx}, & \frac{d\varphi}{dy}, & \frac{d\varphi}{dz}, & \frac{d\varphi}{dw} \\ \frac{d\psi}{dx}, & \frac{d\psi}{dy}, & \frac{d\psi}{dz}, & \frac{d\psi}{dw} \\ \frac{d\chi}{dx}, & \frac{d\chi}{dy}, & \frac{d\chi}{dz}, & \frac{d\chi}{dw} \\ \frac{d\omega}{dx}, & \frac{d\omega}{dy}, & \frac{d\omega}{dz}, & \frac{d\omega}{dw} \end{vmatrix}$$

$$\frac{dJ}{dx}, \quad \frac{dJ}{dy}, \quad \frac{dJ}{dz}, \quad \frac{dJ}{dw}$$

sind vom dritten Grade im Verhältniss zu den Veränderlichen und vom vierten nach den Coefficienten des Systems. Wenn man zu ihnen die Producte der Originalgleichungen mit den Factoren x, y, z, w hinzufügt, so erhält man überhaupt zwanzig Gleichungen des dritten Grades, welche die ebenfalls zwanzig darin enthaltenen Grössen

$$x^3, \; xy^2, \; \text{etc.}$$

dialytisch zu eliminieren gestatten; die Resultante ergiebt sich dadurch als vom zwei und dreissigsten Grade, wie sie es sein muss.

57. Wir gehen aber noch einmal auf die Theorie der Functionaldeterminante in dem Artikel 49 f. zurück, um eine andere wichtige Function und eine ganz andere Reihe von Betrachtungen daran zu knüpfen.

Wenn wir die

$$f_1, f_2, \ldots, f_n$$

als die ersten Derivierten einer einzigen Function f nach ihren respectiven Veränderlichen betrachten, so ist

$$x_1, x_2, \ldots, x_n$$

$$f_{i,j} = \frac{d^2 f}{dx_i dx_j}$$

und daher

$$f_{i,j} = f_{j,i},$$

d. h. die Functionaldeterminante erhält die Form einer symmetrischen Determinante; man bezeichnet sie als die Hesse'sche Determinante der Function. Sie ist die Determinante der zweiten Differentiale der Function ebensowohl als die Functionaldeterminante ihrer ersten Differentiale. In Folge dieser doppelten Natur besitzt sie zu den Eigenschaften der Functionaldeterminante noch andere von nicht geringerer Wichtigkeit, welche wir erörtern, nachem eine besonders einfache Haupteigenschaft dargethan sein wird.

Sie drückt aus, dass die Hesse'sche Determinante einer beliebigen Function von n Veränderlichen in Bezug auf eine lineare Substitution sich ganz eben so verhält, wie die Determinante eines Systems von linearen Gleichungen:

Die Hesse'sche Determinante der transformierten Function unterscheidet sich von der der Originalfunction nur um einen mit dem Quadrat des Modulus der Transformation übereinstimmenden Factor; d. i., indem wir auf die einschlagenden Bezeichnungen des Artikel 12 zurückgehen und die Hesse'sche Determinante durch H bezeichnen,

$$H(f_y) = H(f_x) \cdot B^2.$$

Denn es ist

$$\frac{d^2 f}{dy_i dy_j} = \frac{d^2 f}{dy_i dx_1} \frac{dx_1}{dy_j} + \frac{d^2 f}{dy_i dx_2} \frac{dx_2}{dy_j} + \ldots + \frac{d^2 f}{dy_i dx_n} \frac{dx_n}{dy_j},$$

d. h. nach Beachtung der Substitution

$$= \frac{d^2 f}{dy_i dx_1} b_{1,j} + \frac{d^2 f}{dy_i dx_2} b_{2,j} + \ldots + \frac{d^2 f}{dy_i dx_n} b_{n,j};$$

somit

$$H(f_y) = \begin{vmatrix} \frac{d^2 f}{dy_1 dx_1}, & \frac{d^2 f}{dy_1 dx_2}, & \ldots & \frac{d^2 f}{dy_1 dx_n} \\ \vdots & & & \\ \frac{d^2 f}{dy_n dx_1}, & \frac{d^2 f}{dy_n dx_2}, & \ldots & \frac{d^2 f}{dy_n dx_n} \end{vmatrix} \cdot B$$

oder abkürzend

$$= D \,.\, B.$$

Aber ebenso ist

$$\frac{df}{dy_i} = \frac{df}{dx_1}\,\frac{dx_1}{dy_i} + \frac{df}{dx_2}\,\frac{dx_2}{dy_i} + \ldots + \frac{df}{dx_n}\,\frac{dx_n}{dy_i}$$

$$= \frac{df}{dx_1}\,b_{1,i} + \frac{df}{dx_2}\,b_{2,i} + \ldots + \frac{df}{dx_n}\,b_{n,i},$$

und

$$\frac{d^2f}{dy_i\,dx_j} = \frac{d^2f}{dx_1\,dx_j}\,b_{1,i} + \frac{d^2f}{dx_2\,dx_j}\,b_{2,i} + \ldots + \frac{d^2f}{dx_n\,dx_j}\,b_{n,i};$$

also auch

$$D = H\,(f_x)\,.\,B$$

und somit

$$H\,(f_y) = H\,(f_x)\,.\,B^2.$$

58. Zu andern Eigenschaften der Hesse'schen Determinante führen Betrachtungen, die von dem Euler'schen Fundamentalsatz von den homogenen Functionen ausgehen. Wir bezeichnen durch f eine homogene Function der n Veränderlichen $x_1, x_2, \ldots, x_n$, sowie durch $f_1, f_2, \ldots, f_i$ ihre ersten und durch $f_{1,1}, f_{1,2}, f_{2,2}, \ldots, f_{i,j}$ ihre zweiten nach diesen Veränderlichen genommenen partiellen Differentiale, so giebt für m als den Grad der Function der Euler'sche Satz die Relation

$$mf = f_1 x_1 + f_2 x_2 + \ldots + f_n x_n,$$

und durch die wiederholte Anwendung desselben Satzes auf die Functionen $f_1, f_2, \ldots, f_n$, welche homogen und vom Grade $(m-1)$ sind, erhalten wir die Gruppe der n Gleichungen

$$\begin{aligned}
(m-1)\,f_1 &= f_{1,1}x_1 + f_{1,2}x_2 + \ldots + f_{1,n}x_n,\\
(m-1)\,f_2 &= f_{2,1}x_1 + f_{2,2}x_2 + \ldots + f_{2,n}x_n,\\
&\;\vdots\\
(m-1)\,f_n &= f_{n,1}x_1 + f_{n,2}x_2 + \ldots + f_{n,n}x_n,
\end{aligned}$$

deren Determinante zugleich die Hesse'sche Determinante der Function f ist.

Ihre Verbindung mit der ersten Relation des Euler'schen Satzes giebt eine bemerkenswerthe Beziehung zwischen der Function und ihren ersten und zweiten Differentialen durch das Verschwinden ihrer Resultante

$$R = \begin{vmatrix} \frac{m}{m-1} f, & f_1, & f_2, & \dots & f_n \\ f_1, & f_{1,1}, & f_{1,2}, & \dots & f_{1,n} \\ f_2, & f_{2,1}, & f_{2,2}, & \dots & f_{2,n} \\ \vdots & & & & \\ f_n, & f_{n,1}, & f_{n,2}, & \dots & f_{n,n} \end{vmatrix},$$

welche zerlegt wird in

$$\begin{vmatrix} \frac{m}{m-1} f, & f_1, & \dots & f_n \\ 0, & f_{1,1}, & \dots & f_{1,n} \\ \vdots & & & \\ 0, & f_{n,1}, & \dots & f_{n,n} \end{vmatrix} + \begin{vmatrix} 0, & f_1, & \dots & f_n \\ f_1, & f_{1,1}, & \dots & f_{1,n} \\ \vdots & & & \\ f_n, & f_{n,1}, & \dots & f_{n,n} \end{vmatrix}$$

$$= \frac{m}{m-1} f \,.\, H - \sum_{i,j} f_i f_j H_{i,j} = 0,$$

wenn wir durch $H_{i,j}$ den Coefficienten von $f_{i,j}$ in der Entwickelung der Hesse'schen Determinante H bezeichnen.

Da die Determinante R symmetrisch ist und den Werth Null hat, so wird die ihr entsprechende Reciprokaldeterminante

$$\mathbf{R} = \begin{vmatrix} H, & F_1, & F_2, & \dots & F_n \\ F_1, & F_{1,1}, & F_{1,2}, & \dots & F_{1,n} \\ F_2, & F_{2,1}, & F_{2,2}, & \dots & F_{2,n} \\ \vdots & \vdots & & & \\ F_n, & F_{n,1}, & F_{n,2}, & \dots & F_{n,n} \end{vmatrix} = 0$$

gleichfalls symmetrisch

$$F_{i,j} = F_{j,i}$$

und vom Werthe Null, und man hat

$$F_{i,j}^2 = F_{i,i} \,.\, F_{j,j}.$$

Das lineare System

$$\begin{aligned} -\frac{mf}{m-1}(m-1) &+ f_1\, x_1 + \dots + f_n\, x_n = 0, \\ - f_1\,(m-1) &+ f_{1,1} x_1 + \dots + f_{1,n} x_n = 0, \\ - f_2\,(m-1) &+ f_{2,1} x_1 + \dots + f_{2,n} x_n = 0, \\ &\vdots \\ - f_n\,(m-1) &+ f_{n,1} x_1 + \dots + f_{n,n} x_n = 0 \end{aligned}$$

giebt dann nach dem Schluss des Artikel 16 die stetige Proportion

$$
\begin{aligned}
-(m-1) : x_1 : x_2 : \ldots : x_n &= \sqrt{H} : \sqrt{F_{1,1}} : \sqrt{F_{2,2}} : \ldots : \sqrt{F_{n,n}} \\
&= F_n : F_{i,1} : F_{i,2} : \ldots : F_{i,n} \\
&= H : F_1 : F_2 : \ldots : F_n ,
\end{aligned}
$$

so dass man erhält

$$F_i = -\frac{x_i}{(m-1)} H, \quad F_{i,j} = \frac{x_i x_j}{(m-1)^2} H,$$

von welcher letzteren Relation einige wichtige Anwendungen zu erwähnen sind.

Da die Hesse'sche Determinante symmetrisch und jedes ihrer Elemente $f_{i,j}$ eine homogene Function vom Grade $(m-2)$ ist, so ist ihre Reciprocaldeterminante auch symmetrisch und jedes ihrer Elemente $H_{i,j}$ eine homogene Function vom Grade $(m-1)(m-2)$.

Jene Anwendungen beziehen sich auf die Theorie der Krümmung der Curven und Flächen. Wenn

$$f(x, y) = 0$$

die Gleichung einer Curve und f_1, f_2 die ersten, $f_{1,1}$, $f_{1,2} = f_{2,1}$, $f_{2,2}$ die zweiten Differentiale der Function f nach den Veränderlichen x, y bedeuten, so findet man die Krümmung der Curve

$$\frac{1}{\varrho} = -\frac{1}{(f_1^2 + f_2^2)^{\frac{3}{2}}} \begin{vmatrix} 0, & f_1, & f_2 \\ f_1, & f_{1,1}, & f_{1,2} \\ f_2, & f_{2,1}, & f_{2,2} \end{vmatrix},$$

und reduciert für f als eine homogene Function von x_1, x_2, x_3 die letztere Determinante auf den Werth

$$\frac{1}{(m-1)^2} \begin{vmatrix} f_{1,1}, & f_{1,2}, & f_{1,3} \\ f_{2,1}, & f_{2,2}, & f_{2,3} \\ f_{3,1}, & f_{3,2}, & f_{3,3} \end{vmatrix}$$

d. i.

$$\frac{H}{(m-1)^2},$$

wo nach der Differentiation $x_3 = 1$ zu setzen ist.

In den Inflexionspunkten der Curve ist die Krümmung Null und daher

$$H = 0;$$

diese Punkte liegen also für eine Curve m^{ten} Grades auf einer durch diese letztere Gleichung dargestellten Curve vom Grade $3(m-2)$ und ihre Anzahl ist daher

$$= 3m\,(m-2)$$

Ebenso erhält man für eine Fläche m^{ten} Grades

$$f\,(x,\,y,\,z) = 0$$

und bei Anwendung analoger Bezeichnungen das Product der Hauptkrümmungen

$$\frac{1}{\varrho_1\,\varrho_2} = -\frac{1}{(f_1^2+f_2^2+f_3^2)^2}\begin{vmatrix} 0, & f_1, & f_2, & f_3 \\ f_1, & f_{1.1}, & f_{1.2}, & f_{1.3} \\ f_2, & f_{2.1}, & f_{2.2}, & f_{2.3} \\ f_3, & f_{3.1}, & f_{3.2}, & f_{3.3} \end{vmatrix}$$

und durch Uebergang zur homogenen Form mit vier Veränderlichen

$$\frac{1}{\varrho_1\,\varrho_2} = -\frac{1}{(m-1)^2\,(f_1^2+f_2^2+f_3^2)^2}\begin{vmatrix} f_{1.1}, & f_{1.2}, & f_{1.3}, & f_{1.4} \\ f_{2.1}, & f_{2.2}, & f_{2.3}, & f_{2.4} \\ f_{3.1}, & f_{3.2}, & f_{3.3}, & f_{3.4} \\ f_{4.1}, & f_{4.2}, & f_{4.3}, & f_{4.4} \end{vmatrix}.$$

Die Punkte der Krümmung Null einer Fläche m^{ten} Grades, d. i. die Inflexionspunkte oder die parabolischen Punkte derselben, liegen somit zugleich auf einer durch das Verschwinden der Hesse'schen Determinante repräsentierten Fläche vom Grade $4\,(m-2)$.

In Folge dieser ihrer Anwendung hat man die Hesse'sche Determinante der homogenen Functionen von drei und vier Veränderlichen auch als die Inflexionsdeterminante bezeichnet.*)

Auf analoge Weise bedingt das Verschwinden des reciproken Werthes der Hesse'schen Determinante die Existenz von $3r\,(r-2)$ Rückkehr- oder Cuspidalpunkten in einer Curve r^{ter} Klasse, als welche diejenigen Punkte sind, denen eine unendlich grosse Krümmung entspricht; und die Existenz einer Cuspidalcurve auf einer Fläche r^{ter} Klasse, welche ihr Durchschnitt mit einer Fläche $4\,(r-2)^{ter}$ Klasse ist.

59. Mit diesen Anwendungen in einem engen Zusammenhang, was ihren geometrischen Sinn anbetrifft, steht eine andere wichtige durch das Verschwinden der Hesse'schen Determinante be-

---

*) Vgl. Hesse, „Crelle's Journ." Bd. 28, p. 103; Bd. 38, p. 242.

dingte Eigenschaft der homogenen Functionen, welche wir gleichfalls hier darlegen wollen.*)

Wenn die Hesse'sche Determinante der Function f den Werth Null hat, so gehen die Relationen

$$H_{i,1}f_{i,1} + H_{i,2}f_{i,2} + \dots + H_{i,n}f_{i,n} = H,$$
$$H_{i,1}f_{j,1} + H_{i,2}f_{j,2} + \dots + H_{i,n}f_{j,n} = 0 \text{ (Art. 16)}$$
$$\text{für} \quad \frac{dH}{df_{i,j}} = H_{i,j}$$

in die eine Identität über

$$H_{i,1}f_{j,1} + H_{i,2}f_{j,2} + \dots + H_{i,n}f_{j,n} = 0,$$

die für alle j von 1 bis n und auch für $j = i$ gilt. Ihr entspringt ein System von Gleichungen, die in Bezug auf die Differentialquotienten $H_{i,1}$, etc. linear sind und zur Bestimmung der Verhältnisse derselben dienen können. Dieselben können einen gemeinschaftlichen Factor M vom Grade μ in den Veränderlichen besitzen, so dass man hat

$$H_{i,1} = a_1 M, \; H_{i,2} = a_2 M, \; \dots, \; H_{i,n} = a_n M,$$

wenn $a_1, \dots, a_n$ ganze homogene Functionen vom Grade

$$(n-1)\,(m-2) - \mu$$

bezeichnen, die keinen gemeinschaftlichen Factor mehr enthalten. Die Substitution in die vorige Identität giebt

$$a_1 f_{j,1} + a_2 f_{j,2} + \dots + a_n f_{j,n} = 0,$$

die durch die Substitution

$$1, 2, \dots, n \text{ für } j$$

ein System von Gleichungen derselben Form ergiebt. Multipliciert man diese Gleichung mit x_j und substituiert nach einander die vorigen Werthe für j, so erhält man durch Addition unter Berücksichtigung der Identität

$$f_{1,k}x_1 + f_{2,k}x_2 + \dots + f_{n,k}x_n = (m-1)\,f_k$$

die identische Gleichung

$$a_1 f_1 + a_2 f_2 + \dots + a_n f_n = 0,$$

und daraus durch Differentiation

$$\frac{da_1}{dx_j} f_1 + \frac{da_2}{dx_j} f_2 + \dots + \frac{da_n}{dx_j} f_n = 0$$

---

*) Vgl. Hesse, „Crelle's Journ." Bd. 56, p. 263 und zuerst ibid. Bd. 42, p. 119.

für $j = 1, 2, \ldots, n;$

die Determinante dieses Systems

$$\begin{vmatrix} \frac{da_1}{dx_1}, & \frac{da_2}{dx_1}, & \ldots \\ \frac{da_1}{dx_2}, & \frac{da_2}{dx_2}, & \ldots \\ \vdots & \vdots & \end{vmatrix} = D,$$

hat nothwendig den Werth Null und durch die Bezeichnung

$$\frac{dD}{d\left(\frac{da_l}{dx_k}\right)} = D_{l,k}$$

erhält man die für alle Werthe von k und l von 1 bis n gültige Identität

$$D_{k,1}\frac{da_l}{dx_1} + D_{k,2}\frac{da_l}{dx_2} + \ldots + D_{k,n}\frac{da_l}{dx_n} = 0;$$

aus ihr entspringt für $k = 1, 2, \ldots, n$ ein System linearer Gleichungen, welches wir als das System der D bezeichnen wollen.

Anderseits entsteht durch Differentiation der oben gewonnenen Gleichung

$$a_1 f_{j,1} + a_2 f_{j,2} + \ldots + a_n f_{j,n} = 0$$

nach x_l die Gleichung

$$\left(\frac{da_1}{dx_l} f_{j,1} + \frac{da_2}{dx_l} f_{j,2} + \ldots + \frac{da_n}{dx_l} f_{j,n}\right)$$

$$= -(a_1 f_{j,1,l} + a_2 f_{j,2,l} + \ldots + a_k f_{j,k,l})$$

d. i. abkürzend

$$= w_{j,l},$$

indem $f_{j,k,l}$ den dritten Differentialquotienten der Function f nach x_j, x_k, x_l bezeichnet.

Wenn man diese Gleichung mit $D_{k,l}$ multipliciert, und für l nach einander die Zahlen 1, 2, ..., n nimmt, so verschwindet nach der Grundgleichung des Systems der D die linke Seite der Summe aller Gleichungen und man erhält

$$D_{k,1} w_{j,1} + D_{k,2} w_{j,2} + \ldots + D_{k,n} w_{j,n} = 0,$$

für $k = 1, 2, \ldots, n$ die Quelle eines Systems von linearen Gleichungen. Ihre Coefficienten stimmen mit denen des Systems der D überein und die Werthe ihrer Unbekannten w sind somit den Werthen der $\frac{da_l}{dx_1}$, etc. in jenem System proportional, d. i. man hat

$$\varrho\,\frac{da_l}{dx_1} = w_{j,1},\ \varrho\,\frac{da_l}{dx_2} = w_{j,2},\ \ldots,\ \varrho\,\frac{da_l}{dx_n} = w_{j,n},$$

Gleichungen, welche gültig sind, wenn nicht alle Differentialquotienten von a_l verschwinden, und wenn es ein j giebt, für welches nicht alle w gleich Null sind.

Wenn man sie der Reihe nach mit $x_1, x_2, \ldots, x_n$ multipliciert, so giebt die Summe der Producte, weil a_l vom Grade $(n-1)(m-2)-\mu$ ist, die Gleichung

$$\{(n-1)(m-2)-\mu\}\,.\,\varrho\,.\,a_l = w_{j,1}x_1 + w_{j,2}x_2 + \cdots + w_{j,n}x_n,$$

in welcher die rechte Seite durch Substitution der Werthe von $w_{j,l}$ verschwindet, weil sie auf den Werth

$$(m-2)(a_1 f_{j,1} + a_2 f_{j,2} + \cdots + a_n f_{j,n})$$

zurückkommt, dessen polynomischer Factor gleich Null ist. Da nun weder ϱ noch a_l den Werth Null haben, so muss

$$\mu = (n-1)(m-2)$$

sein, d. i. gleich dem Grade der Functionen $H_{i,j}$, und die Functionen $a_1, a_2, \ldots, a_n$ sind folglich sämmtlich Constanten.

Wenn aber alle w verschwinden, so nimmt die Identität

$$\frac{da_1}{dx_l} f_{j,1} + \frac{da_2}{dx_l} f_{j,2} + \cdots + \frac{da_n}{dx_l} f_{j,n} = w_{j,l}$$

die Form

$$\frac{da_1}{dx_l} f_{j,1} + \frac{da_2}{dx_l} f_{j,2} + \cdots + \frac{da_n}{dx_l} f_{j,n} = 0$$

an, welche für

$$j = 1, 2, \ldots, n$$

ein System linearer Gleichungen erzeugt, die mit den Gleichungen des Systems

$$a_1 f_{j,1} + a_2 f_{j,2} + \cdots + a_n f_{j,n} = 0 \quad (\text{für } j = 1, 2, \ldots, n)$$

die nämlichen Coefficienten haben, und daher beweist, dass

$$p a_1 = \frac{da_1}{dx_l},\quad p a_2 = \frac{da_2}{dx_l},\ \ldots,\ p a_n = \frac{da_n}{dx_l}$$

sind, wenn p eine noch zu bestimmende Function der Veränderlichen $x_1, x_2, \ldots, x_n$ bezeichnet.

Durch Integration folgt

$$a_1 = e^{\int p dx_l} . C_1, \; a_2 = e^{\int p dx_l} . C_2, \ldots, \; a_n = e^{\int p dx_l} . C_n,$$

wo die Constanten die Veränderliche x_l im Allgemeinen nicht enthalten; und die Functionen $a_1, \ldots, a_n$ hätten somit, der Voraussetzung widersprechend, den gemeinschaftlichen Factor

$$e^{\int p dx_l};$$

somit muss

$$p = 0$$

sein. Mithin verschwinden die nach x_l genommenen Differentiale der Functionen $a_1, a_2, \ldots, a_n$ und dieselben sind somit sämmtlich Constanten.

Daraus entspringt bei Anschauung der Gleichung

$$a_1 f_1 + a_2 f_2 + \ldots + a_n f_n = 0$$

der Satz: **Wenn die Hesse'sche Determinante einer homogenen ganzen Function von n Veränderlichen identisch verschwindet, so existieren stets n Constanten, mit denen die ersten partiellen Differentiale der Function zu multiplicieren sind, damit die Summe der Producte identisch verschwindet; oder, wenn die Hesse'sche Determinante einer Function verschwindet, so besteht zwischen ihren ersten partiellen Differentialen eine bestimmte lineare Relation.** (Vergl. Artikel 49.)

Die Bestimmung der fraglichen Constanten ist eine unmittelbare Folge ihrer definierenden Gleichungen

$$H_{i,1} = a_1 M, \; H_{i,2} = a_2 M, \; \ldots, \; H_{i,n} = a_n M.$$

Durch die linearen Substitutionen

$$\begin{aligned} x_1 &= a_1 y_1 + a_{1,2} y_2 + a_{1,3} y_3 + \ldots + a_{1,n} y_n, \\ x_2 &= a_2 y_1 + a_{2,2} y_2 + a_{2,3} y_3 + \ldots + a_{2,n} y_n, \\ &\vdots \\ x_n &= a_n y_1 + a_{n,2} y_2 + a_{n,3} y_3 + \ldots + a_{n,n} y_n, \end{aligned}$$

als in welchen eine der neuen Veränderlichen y_1 die so bestimmten Constanten $a_1, \ldots, a_n$ zu ihren Coefficienten hat, verschwindet dann diese Veränderliche y_1 aus der Function, und dieselbe reduciert sich somit auf eine homogene Function von $(n-1)$ Veränderlichen.

Denn man hat

$$\frac{df}{dy_1} = \frac{df}{dx_1}\frac{dx_1}{dy_1} + \frac{df}{dx_2}\frac{dx_2}{dy_1} + \ldots + \frac{df}{dx_n}\frac{dx_n}{dy_1},$$

und daraus wegen

$$\frac{df}{dx_i} = f_i,$$

und in Folge der Substitution

$$\frac{dx_i}{dy_1} = a_i$$

$$\frac{df}{dy_1} = a_1 f_1 + a_2 f_2 + \ldots + a_n f_n,$$

d. i.

$$= 0,$$

wodurch die Abwesenheit der Veränderlichen y_1 in der transformierten Function erwiesen ist.

60. Das identische Verschwinden der Hesse'schen Determinante einer Function von n Veränderlichen zeigt somit an, dass dieselbe durch eine lineare Substitution auf eine homogene Function von $(n-1)$ Veränderlichen reduciert werden kann, und umgekehrt beweist die Möglichkeit einer derartigen Transformation das identische Verschwinden der Hesse'schen Determinante.

Eine besondere Erwähnung widmen wir dem Falle, in welchem einer der n Differentialquotienten $H_{i,j}$ den Werth Null hat. Wir vergleichen das System der Gleichungen

$$H_{i,1}f_{j,1} + H_{i,2}f_{j,2} + \ldots + H_{i,n}f_{j,n} = 0, \quad (j = 1, 2, \ldots, i, \ldots n)$$

mit dem gleichgeltenden System

$$H_{l,1}f_{j,1} + H_{l,2}f_{j,2} + \ldots + H_{l,n}f_{j,n} = 0, \quad (j = 1, 2, \ldots, l, \ldots n)$$

und erkennen daraus die Proportionalität

$$H_{i,1} : H_{i,1} : \ldots : H_{i,k} : \ldots = H_{l,1} : H_{l,2} : \ldots : H_{l,k} : \ldots,$$

nach welcher für

$$H_{i,k} = 0 \quad \text{auch} \quad H_{l,k} = 0 \text{ ist.}$$

Somit gilt der Satz: Wenn die Hesse'sche Determinante einer homogenen ganzen Function von n Veränderlichen identisch verschwindet, und wenn ausserdem der partielle Differentialquotient derselben nach einem ihrer Elemente identisch verschwindet, so verschwinden auch alle übrigen partiellen Differentiale derselben nach ihren Elementen; also auch die Hesse'sche Determinante der Hesse'schen Determinante. In diesem Falle kann die Function f von n Veränderlichen durch lineare Substitutionen auf eine Function von $(n-2)$ Veränderlichen reduciert werden.

Wir schliessen diese Entwickelung mit der Darlegung der geometrischen Bedeutung der erkannten Reduction in dem Falle homogener Functionen von drei und vier Veränderlichen. Diese Bedeutung hängt mit dem Gebrauche der Hesse'schen Determinante in der Theorie der Krümmung eng zusammen, den wir oben darlegten. Wenn sie gleich Null ist, so entspricht dem die Krümmung Null und ein Inflexionspunkt in der Curve, ein parabolischer Punkt in der Fläche. Ihr identisches Verschwinden characterisiert die Curve als aus lauter Inflexionspunkten bestehend und die Fläche als Ort von parabolischen Punkten. Diess und die bewiesene Möglichkeit der Reduction auf eine homogene Function von respective zwei und drei Veränderlichen zeigen gleich bestimmt die folgenden geometrischen Sätze an: Wenn $f=0$ eine homogene Gleichung n^{ten} Grades zwischen drei Veränderlichen d. h. die Gleichung einer ebenen Curve ist, so ist das identische Verschwinden ihrer Hesse'schen Determinante die nothwendige und hinreichende Bedingung dafür, dass jene Curve sich auf ein Büschel von n Graden reduciert.

Wenn $f=0$ eine homogene Gleichung n^{ten} Grades zwischen vier Veränderlichen, d. h. die Gleichung einer algebraischen Fläche ist, so ist das identische Verschwinden ihrer Hesse'schen Determinante die nothwendige und hinreichende Bedingung dafür, dass jene Fläche sich auf eine Kegelfläche reduciert.

Die Möglichkeit der Reduction der allgemeinen Gleichungen auf homogene Gleichungen von zwei respective drei Veränderlichen durch lineare Substitutionen, bedeutet die geometrische Möglichkeit einer Coordinatentransformation, bei welcher einer der Fundamentalpunkte des Coordinatensystems in den Scheitel des Strahlbüschels respective der Kegelfläche verlegt wird.

Dem Verschwinden eines der partiellen Differentiale der Hesse'schen Determinante nach ihren Elementen oder dem ersten Satze der vorigen Seite entspricht geometrisch das Büschel von parallelen Linien und die cylindrische Fläche.

Und wenn man dieselben Entwickelungen auf die Tangentialcoordinaten, d. h. auf Liniencoordinaten in der Ebene und auf Plancoordinaten im Raume bezogen denkt, so erhält man die entsprechenden Sätze:

Wenn $\varphi = 0$, eine homogene Gleichung n^{ten} Grades mit drei Veränderlichen die Gleichung einer ebenen Curve in Tangentialcoordinaten ist, so reduciert sich diese Curve auf eine geradlinige Punktreihe, sobald die Hesse'sche Determinante der Function φ identisch verschwindet. Die Letztere reduciert sich auf eine homogene Function von zwei Veränderlichen durch eine Coordinatentransformation, bei welcher eine der Fundamentallinien in den geradlinigen Träger der Punktreihe gelegt wird.

Wenn $\varphi = 0$, eine homogene Gleichung n^{ten} Grades mit vier Veränderlichen, die Gleichung einer algebraischen Fläche in Plancoordinaten ist, so reduciert sich diese Fläche auf eine ebene Curve, sobald die Hesse'sche Determinante der Function φ identisch verschwindet. Die Letztere reduciert sich auf eine homogene Function von drei Veränderlichen durch eine Coordinatentransformation, bei welcher eine der Fundamentalebenen in die Ebene der Curve verlegt wird.

Wir sind damit schon zu Ergebnissen gelangt und haben eine Methode angewendet, welche mit der Betrachtungsweise, der wir uns nun ausschliesslich zuwenden, in engster Verbindung stehen: Mit der Untersuchung der algebraischen homogenen Functionen durch die Methode der linearen Substitutionen.

Achte Vorlesung.

Von den Discriminanten.

61. Wir erklären zuerst einige Ausdrücke und Symbole, welche wir im Folgenden häufig mit Vortheil gebrauchen werden.

Die elementare Algebra beschäftigt sich mit Gleichungen um die Werthe von x zu finden, welche einer gegebenen Function den Werth Null geben.

Die algebraischen Untersuchungen, in welche wir hier einführen, haben es nur seltener mit Gleichungen zu thun; vielmehr ist der Hauptgegenstand dieser Untersuchungen die Entdeckung derjenigen Eigenschaften einer Function, welche durch lineare Transformationen ungestört bleiben.

Es ist dafür wünschenswerth, ein Wort zu haben, welches die Function selbst bezeichnet, ohne die durch Gleichsetzung derselben mit Null entstehende Gleichung zu treffen, also z. B. die Function

$$ax^2 + bxy + cy^2$$

ohne die Gleichung

$$ax^2 + bxy + cy^2 = 0.$$

Wir gebrauchen das Wort Form in diesem Sinne, d. i. zur Bezeichnung einer homogenen algebraischen Function im Allgemeinen, und unterscheiden die algebraischen Formen nach den Graden der Veränderlichen als quadratische, cubische, biquadratische etc.*), nach der Zahl der Veränderlichen aber als binäre, ternäre, quaternäre etc. Darnach ist dann

---

*) Das Original hat die von Cayley gegebene Bezeichnung als Quantic angenommen und unterscheidet Quadric, Cubic, Quartic, Quintic, etc.

Wir weichen davon ab, um einen älteren Ausdruck vorzuziehen, der hier zuständig ist. Wir werden überhaupt in der Terminologie weiterhin mehr vereinfachende Aenderungen im Texte vornehmen, halten es aber für passend, die englische Terminologie des Originals in Anmerkungen klar anzugeben; sie bildet eine der Schwierigkeiten, welche in der Vermittelung englischer algebraischer Arbeiten begegnen.

$$ax^3 + bx^2y + cxy^2 + dy^3$$

eine binäre cubische Form,

$$ax^2 + by^2 + cz^2 + 2dyz + 2ezx + 2fxy$$

eine ternäre quadratische Form, etc.

Wir gebrauchen zuweilen mit Cayley die Abkürzung

$$(a, b, c, d \between x, y)^3$$

für die Form

$$ax^3 + 3bx^2y + 3cxy^2 + dy^3,$$

und ebenso die

$$(a, b, c, d, e, f \between x, y, z)^2$$

für

$$ax^2 + by^2 + cz^2 + 2dyz + 2ezx + 2fxy;$$

die entwickelten Ausdrücke enthalten die numerischen Coefficienten von

$$(x + y)^3, (x + y + z)^2$$

respective. Die ohne diese numerischen Coefficienten gedachten Ausdrücke unterscheiden wir durch Beifügung einer Pfeilspitze, wie

$$(a, b, c, d \grave{\between} x, y)^3$$

für

$$ax^3 + bx^2y + cxy^2 + dy^3, \text{ etc.}$$

Und wenn eine nähere Bezeichnung der Coefficienten überflüssig ist, bedienen wir uns der Bezeichnung

$$(x, y)^n, \quad (x, y, z)^n, \text{ etc.}$$

für die binäre, ternäre, etc. Form des n^{ten} Grades.

Wir erwähnen dabei einer anderen Ausbildung der Bezeichnungsweise, welche consequent auf das System der Indices gegründet ist und deren Ergebnisse wir weiterhin neben der nach dem Vorigen ausgedrückten zuweilen hervorheben werden.

Sie benutzt für die Veränderlichen ausschliesslich den Buchstaben x, für die Coefficienten ebenso ausschliesslich den Buchstaben a und unterscheidet die verschiedenen Veränderlichen derselben Form oder desselben Systems von Formen durch Beifügung von Indices

$$x_1, x_2, x_3, \ldots, x_i, \text{ etc.};$$

ebenso auch die Coefficienten derselben Form, jedoch so, dass man durch die Combination ihrer Indices ihre Zusammengehörigkeit mit den bestimmten Combinationen der Veränderlichen anzeigt, denen sie vorstehen, also

a_{11} Coefficient von x_1^2,

a_{13} „ „ $x_1 x_3$,

a_{124} „ „ $x_1 x_2 x_4$, etc.

endlich die Coefficienten der verschiedenen Formen eines Systems, indem man ihnen noch an Exponentenstelle etwa die Ordnungsindices dieser Formen beifügt

$$\overset{(1)}{a}_{i,j},\quad \overset{(2)}{a}_{i,j},\quad \overset{(3)}{a}_{i,j},\ \text{etc.}$$

Darnach ist

$$\Sigma_i \Sigma_j a_{ij} x_i x_j$$

der Ausdruck einer algebraischen homogenen Form vom zweiten Grade; die Summen beziehen sich auf alle Combinationen der Indices mit Wiederholungen und die Indices selbst sind

1, 2 bei binären,

1, 2, 3 bei ternären,

1, 2, 3, 4 bei quaternären

Formen etc.

Die algebraischen homogenen Formen dritten und vierten Grades sind durch

$$\Sigma_i \Sigma_j \Sigma_k a_{ijk} x_i x_j x_k,$$

$$\Sigma_i \Sigma_j \Sigma_k \Sigma_l a_{ijkl} x_i x_j x_k x_l,$$

und man kann die Zahl der Veränderlichen leicht bezeichnen, indem man den Indices der Summenzeichen ihre Grenzen beifügt, z. B.

$$\Sigma_{i=3}^{i=1} \Sigma_{j=3}^{j=1} \Sigma_{k=3}^{k=1} a_{ijk} x_i x_j x_k,$$

oder

$${}_3^1\Sigma_i \Sigma_j \Sigma_k a_{ijk} x_i x_j x_k$$

für die ternäre Form dritten Grades, etc.

Auch die Vereinfachung

$$\Sigma_{i,j,k} a_{ijk} x_i x_j x_k$$

u. s. w. kann ohne Missverständniss gebraucht werden.

62. **Wenn eine Form in p Veränderlichen nach jeder derselben differentiiert wird, so heisst die Resultante der gleich Null gesetzten p Differentiale die Discriminante der gegebenen Form.**

Für die Form vom n^{ten} Grade ist die Discriminante eine homogene Function der Coefficienten vom Grade $p(n-1)^{p-1}$.

Denn sie ist die Resultante von p Gleichungen vom $(n-1)^{\text{ten}}$ Grade und muss daher (Artikel 36) die Coefficienten von jeder derselben in einem Grade enthalten, der dem Product der Grade aller übrigen gleich ist, also im $(n-1)^{p-1\text{ten}}$; und da jede dieser Gleichungen die Coefficienten der Originalform im ersten Grade enthält, so enthält sie die Discriminante in dem Grade

$$p\,(n-1)^{p-1}.$$

So sind die Grade der Discriminanten binärer, ternärer und quaternärer Formen vom n^{ten} Grade respective durch

$$2\,(n-1),\quad 3\,(n-1)^2,\quad 4\,(n-1)^3$$

ausgedrückt; etc.

63. Wenn in der Originalform jeder die k^{te} Potenz einer bestimmten Veränderlichen z. B. x multiplicierende Coefficient den Index k erhält, so ist die Summe der Indices in jedem Gliede der Discriminante constant und $= n\,(n-1)^{p-1}$.

Es ward im Artikel 36 bewiesen, dass wenn jeder Coefficient in einem System von Gleichungen den seiner Veränderlichen-Combination entsprechenden Exponenten von x zum Index hat, die Summe der Indices in jedem Gliede der Resultante gleich dem Producte der Grade dieser Gleichungen sei.

Setzen wir aber voraus, dass in der ersten dieser Gleichungen der Index des Coefficienten von x^0 statt 0 durch k bezeichnet sei, der von x^1 durch $(k+1)$ statt durch 1, etc., so wächst die Summe der Indices um k für jeden Coefficienten der ersten Gleichung, welcher in die Resultante eingeht; und da nach Artikel 36 jedes Glied derselben np etc. Coefficienten dieser ersten Gleichung enthält, so ist die Summe der Indices nach dieser Veränderung statt $= nmp$ etc.

$$= mnp \text{ etc.} + knp \text{ etc.}$$
$$= (m+k)\,np \text{ etc.*)}$$

In dem gegenwärtigen Beispiel multipliciert aber in den $(p-1)$ Differentialen

$$\frac{dU}{dy},\quad \frac{dU}{dz},\ \text{etc.}$$

*) Und sie wird unter der Voraussetzung entsprechender Wachsthümer der Indices in der zweiten, dritten, etc. Gleichung des Systems

$$= (m+k)\,(n+k')\,(p+k'')\ \text{etc.}$$

dieselbe Potenz von x, wie in der Originalform U und nur in dem Differential

$$\frac{dU}{dx}$$

eine Potenz von einem um Eins niedrigeren Exponenten, so dass der Coefficient des Gliedes x^k in ihm durch $(k+1)$ bezeichnet ist, weil dasselbe aus dem Gliede x^{k+1} der Originalform entspringt. Somit ist die Summe der Indices in jedem Gliede der Determinante

$$= (n-1)^p + (n-1)^{p-1} = n\,(n-1)^{p-1}.$$

Wir drücken die Ergebnisse dieses und des letzten Artikels kurz aus, indem wir sagen, dass die Ordnung der Discriminante

$$= p\,(n-1)^{p-1}$$

und ihr Gewicht

$$= n\,(n-1)^{p-1}$$

sei.

Das Gewicht der Discriminanten ist somit für binäre, ternäre, quaternäre Formen n^{ten} Grades respective

$$= n\,(n-1), \quad n\,(n-1)^2, \quad n\,(n-1)^3.$$

64. Die Discriminante einer binären Form verschwindet identisch, wenn dieselbe einen quadratischen Factor enthält.

Denn sie ist als die Resultante der beiden Differentiale die Resultante zweier Formen, die einen gemeinschaftlichen linearen Factor enthalten.

Die Discriminante verschwindet ebenso für eine ternäre Form, wenn dieselbe in der Gestalt

$$X^2\varphi + XY\psi + Y^2\chi$$

geschrieben werden kann, wo

$$X = ax + by + cz, \quad Y = a'x + b'y + c'z$$

sind; denn die Discriminante muss verschwinden, da jedes Glied eines jeden der Differentiale entweder X oder Y enthält und daher die aus diesen Differentialen gebildeten Gleichungen das System der aus

$$X = 0, \quad Y = 0$$

entspringenden Wurzeln gemeinsam besitzen.

Auf analoge Art verschwindet die Discriminante einer quaternären Form, wenn man dieselbe als eine Function zweiten Grades von X, Y, Z als beliebiger linearer Functionen der Veränderlichen ausdrücken kann.*) Wir wollen diese Werthe, für welche alle Differentiale verschwinden, die singulären Wurzeln der durch Gleichsetzung der Form mit Null gebildeten Gleichung oder kürzer der Form selbst nennen.

65. Wir discutieren hiernach die speciellen Eigenschaften der Discriminante der binären Form

$$U = a_0 x^n + n a_1 x^{n-1} y + \frac{n(n-1)}{1.2} a_2 x^{n-2} y^2 + \text{etc.}$$
$$= (a_0, a_1, \ldots, a_n \between x, y)^n.$$

Die Resultante von U und $\frac{dU}{dx}$ ist das $a_0$fache der Discriminante und die Resultante von U und $\frac{dU}{dy}$ das $a_n$fache derselben.**)

Denn wegen

$$nU = x \frac{dU}{dx} + y \frac{dU}{dy}$$

ist das Resultat der Substitution irgend einer Wurzel von $\frac{dU}{dx}$ in nU

$$y_1 \left(\frac{dU}{dy}\right)_1;$$

und das Product der sämmtlichen Substitutionsresultate giebt daher das

$$y_1 y_2 y_3 \ldots$$

oder $a_0$fache des Products der Resultate der Substitution in das Differential $\frac{dU}{dy}$, welches die Discriminante ist.

66. Man soll die Discriminante in Function der Werthe

$$x_1, y_1, x_2, y_2, \text{etc.}$$

darstellen, für welche die Form den Werth Null annimmt.

---

*) Das Verschwinden der Discriminante einer algebraischen Gleichung drückt daher die Bedingung aus, unter welcher dieselbe gleiche Wurzeln hat; und das Verschwinden der Discriminante der Gleichung einer Curve oder Fläche bezeichnet das Vorhandensein eines Doppelpunktes in derselben.

**) Abgesehen von rein numerischen Factoren.

Sei

$$U = (xy_1 - x_1y)(xy_2 - x_2y)(xy_3 - x_3y) \text{ etc.},$$

so ist

$$\frac{dU}{dx} = y_1(xy_2 - x_2y)(xy_3 - x_3y) \text{ etc.}$$
$$+ y_2(xy_1 - x_1y)(xy_3 - x_3y) \text{ etc. } + \text{ etc.}$$

und das Resultat der Substitution einer Wurzel x_1y_1 von U in diesen Ausdruck ist

$$= y_1(x_1y_2 - x_2y_1)(x_1y_3 - x_3y_1) \text{ etc.}$$

Ebenso ist das Resultat der Substitution x_2y_2 in denselben

$$= y_2(x_2y_1 - x_1y_2)(x_2y_3 - x_3y_2) \text{ etc.}$$

und das Product aller dieser Substitutionsresultate oder die Resultante von

$$U \text{ und } \frac{dU}{dx}$$

daher

$$= \pm\, y_1y_2y_3 \text{ etc. } (x_1y_2 - x_2y_1)^2 (x_1y_3 - x_3y_1)^2 (x_2y_3 - x_3y_2)^2 \text{ etc.},$$

die Discriminante somit nach dem vorigen Artikel

$$= (x_1y_2 - x_2y_1)^2 (x_1y_3 - x_3y_1)^2 (x_2y_3 - x_3y_2)^2 \text{ etc.}$$

Für $y = 1$ erscheint die Discriminante als das Product der Quadrate aller Differenzen irgend zweier Wurzeln der Gleichung, und wir wollen uns der Einfachheit wegen auf das Theorem immer in dieser letzteren Form beziehen.

67. Die Discriminante des Products zweier Formen ist dem Product ihrer Discriminanten in das Quadrat ihrer Resultante gleich.

Denn das Product der Quadrate aller Differenzen der Wurzeln zweier Formen besteht offenbar aus dem Product der Quadrate der Differenzen der Wurzeln jeder einzelnen Form in das Product der Quadrate aller Differenzen zwischen je einer Wurzel der einen und einer der andern Form, und diess letztere Product ist nach Artikel 30 die Resultante.

In Folge dessen ist speciell die Discriminante von

$$(x - \alpha)\, \varphi(x)$$
$$= \{\varphi(\alpha)\}^2 \times \text{Discriminante von } \varphi(x);$$

denn wenn α_1, α_2, α_3, etc. die Wurzeln von $\varphi(x)$ sind, so ist

$$(\alpha-\alpha_1)^2\,(\alpha-\alpha_2)^2\,(\alpha_1-\alpha_2)^2 \text{ etc.}$$
$$=(\alpha-\alpha_1)^2\,(\alpha-\alpha_2)^2\,(\alpha-\alpha_3)^2 \text{ etc.}$$
$$\times\,(\alpha_1-\alpha_2)^2\,(\alpha_1-\alpha_3)^2\,(\alpha_2-\alpha_3)^2 \text{ etc.}$$
$$=\{\varphi(\alpha)\}^2\times(\alpha_1-\alpha_2)^2\,(\alpha_1-\alpha_3)^2\,(\alpha_2-\alpha_3)^2 \text{ etc.}$$

68. Die Discriminante von

$$(a_0,\ a_1,\ \ldots,\ a_n \between x_1 y)^n$$

ist von der Form

$$a_n\varphi + a^2_{n-1}\psi,$$

wenn ψ die Discriminante der Gleichung $(n-1)^{\text{ten}}$ Grades

$$(a_0,\ a_1,\ \ldots,\ a_{n-1} \between x,\ y)^{n-1}$$

bezeichnet.

Denn wir erhalten nothwendig dasselbe Resultat, wenn wir irgend ein Glied der Discriminante $a_n = 0$ setzen, als wenn wir in der Form selbst $a_n = 0$ setzen und dann die Discriminante bilden. Die letztere Voraussetzung reduciert aber die Form auf

$$x\,(a_0,\ a_1,\ \ldots,\ a_{n-1} \between x,\ y)^{n-1}$$

und nach dem vorigen Artikel ist die Discriminante dieses Ausdrucks das Product von der Determinante der Form vom $(n-1)^{\text{ten}}$ Grade in das Quadrat des Resultats der Substitution $x = 0$ in dieselbe, d. i. in a^2_{n-1}.

Auf dieselbe Art würden wir zeigen, dass die Discriminante von der Form

$$a_0\varphi + a_1{}^2\psi$$

ist.

69. Wenn die Discriminante einer binären Form verschwindet, so werden die gleichen Wurzeln derselben mittelst des Satzes bestimmt, dass die verschiedenen Differentialquotienten der Discriminante nach a_0, a_1, etc. den Differentialquotienten der Form in Bezug auf dieselben Grössen proportional sind.

Denn sei

$$U = a_0x^n + a_1x^{n-1} + a_2x^{n-2} + \text{etc.}$$

und sei α eine der gleichen Wurzeln, so ist dieselbe auch eine Wurzel der Form

$$(a_0 + \lambda\,A_0)x^n + (a_1 + \lambda A_1)\,x^{n-1} + \text{etc.},$$

wenn nur die A_0, A_1, etc. durch die Relation

$$V = A_0\alpha^n + A_1\alpha^{n-1} + A_2\alpha^{n-2} + \text{etc.} = 0$$

verbunden sind.

Die Discriminante von $(U + \lambda V)$ muss aber durch λ^2 theilbar sein, denn wenn

$$U + \lambda V = (x - \alpha) \left\{\varphi(x) + \lambda \psi(x)\right\}$$

ist, so ist nach Artikel 67 die Discriminante von $(U + \lambda V)$ durch das Quadrat von

$$\varphi(\alpha) + \lambda \psi(\alpha)$$

theilbar, und also, da

$$\varphi(\alpha) = 0$$

ist, durch λ^2. Ist aber Δ die Discriminante von U, so wird die von $(U + \lambda V)$ aus ihr gebildet, indem man a_0, a_1, etc. in $a_0 + \lambda A_0$, $a_1 + \lambda A_1$, etc. überführt, sie ist daher

$$= \Delta + \lambda \left(A_0 \frac{d\Delta}{da_0} + A_1 \frac{d\Delta}{da_1} + A_2 \frac{d\Delta}{da_2} + \text{etc.}\right) + \lambda^2 (\text{etc.}).$$

Aus

$$\Delta = 0$$

und den Voraussetzungen folgt das Verschwinden des Coefficienten von λ und die dadurch erhaltene Relation muss mit der vorher für A_0, A_1, etc. erhaltenen einzigen Bedingung übereinstimmen; durch Vergleichung irgend zweier entsprechenden Coefficienten finden wir daher den Werth von α.

Dieser Beweis bleibt gültig, wenn a_0, a_1, anstatt die Coefficienten selbst zu sein, Grössen darstellen, als deren lineare Functionen die Coefficienten erscheinen.*)

---

*) Man bestätigt diese Resultate, indem man die wirklichen Werthe von $\frac{d\Delta}{da_1}$, etc. in Function der Wurzeln bildet, wie durch Auflösung der n Gleichungen

$$\frac{d\Delta}{d\alpha_1} = \frac{d\Delta}{da_1} \frac{da_1}{d\alpha_1} + \frac{d\Delta}{da_2} \frac{da_2}{d\alpha_1} + \text{etc., etc.}$$

geschehen kann; denn wir kennen die Werthe von Δ_1, a_1, a_2, etc. in Function der Wurzeln und können daher aus diesen n Gleichungen die n Grössen

$$\frac{d\Delta}{da_1}, \text{ etc.}$$

bestimmen. Wir finden

$$\frac{d\Delta}{da_n} = \Sigma (\alpha_2 - \alpha_3)^2 (\alpha_3 - \alpha_4)^2 (\alpha_4 - \alpha_2)^2 \text{ etc.}$$

$$\times \left\{(\alpha_1 - \alpha_2)(\alpha_1 - \alpha_3) + (\alpha_1 - \alpha_2)(\alpha_1 - \alpha_4) + (\alpha_1 - \alpha_3)(\alpha_1 - \alpha_4) + \text{etc.}\right\},$$

in welchem Ausdruck das Product aller Differenzen, welche α_1 nicht ent-

70. Wir geben von dem Satze des vorigen Artikels einen auf Formen mit beliebig vielen Veränderlichen anwendbaren Beweis, beschränken uns jedoch der Einfachheit wegen auf Functionen mit drei Veränderlichen.

In Artikel 43 ward bewiesen, dass wenn a und b zwei in die Formen φ, ψ, χ eingehende Constanten sind, die nach ihnen genommenen Differentialquotienten der Resultante gewissen Determinanten proportional sind.

Wenn aber speciell φ, ψ, χ die Differentiale derselben Form sind, so hat man

$$\frac{d\psi}{dx} = \frac{d\varphi}{dy}, \quad \frac{d\chi}{dx} = \frac{d\varphi}{dz}, \quad \frac{d\chi}{dy} = \frac{d\psi}{dz}$$

und man findet $\frac{d\Delta}{da}$ und $\frac{d\Delta}{db}$ den zwei folgenden Determinanten proportional

---

halten, mit der Summe der Producte aller Differenzen zwischen α_1 und $(n-2)$ der übrigen Wurzeln gebildet ist; ferner

$$\frac{d\Delta}{da_{n-1}} = \Sigma\alpha_1 (\alpha_2 - \alpha_3)^2 (\alpha_3 - \alpha_4)^2 (\alpha_4 - \alpha_2)^2 \text{ etc.}$$
$$\times \left\{(\alpha_1 - \alpha_2)(\alpha_1 - \alpha_3) + \text{etc.}\right\},$$
$$\frac{d\Delta}{da_{n-2}} = \Sigma\alpha_1^2 (\alpha_2 - \alpha_3)^2 (\alpha_3 - \alpha_4)^2 (\alpha_4 - \alpha_2)^2 \text{ etc.}$$
$$\times \left\{(\alpha_1 - \alpha_2)(\alpha_1 - \alpha_3) + \text{etc.}\right\}, \text{ etc.}$$

Die Voraussetzung

$$\alpha_1 = \alpha_2$$

reduciert aber diese Summen auf Producte, die im Verhältniss

$$1 : \alpha_1 : \alpha_1^2 : \alpha_1^3 \text{ etc.}$$

zu einander stehen.

Wenn sodann mehr als zwei der Wurzeln einander gleich sind, so verschwinden alle diese Differentiale identisch, und wir finden die gleichen Wurzeln, indem wir zu den zweiten Differentialen der Discriminante weiter gehen.

Man kann jedoch so wie im Artikel 45 erörtert ist, eine noch einfachere Reihe symmetrischer Functionen der Wurzeln bilden, die dieselbe Eigenschaft besitzen, nämlich die Reihe

$$\Sigma (\alpha_2 - \alpha_3)^2 (\alpha_3 - \alpha_4)^2 (\alpha_4 - \alpha_2)^2, \ \Sigma\alpha_1 (\alpha_2 - \alpha_3)^2 (\alpha_3 - \alpha_4)^2 (\alpha_4 - \alpha_2)^2,$$
$$\Sigma\alpha_1^2 (\alpha_2 - \alpha_3)^2 (\alpha_3 - \alpha_4)^2 (\alpha_4 - \alpha_2)^2, \text{ etc.},$$

welche in den Coefficienten von einer um eine Einheit niedrigeren Ordnung ist.

$$\begin{vmatrix} \frac{d\varphi}{da}, & \frac{d\varphi}{dx}, & \frac{d\psi}{dx} \\ \frac{d\psi}{da}, & \frac{d\varphi}{dy}, & \frac{d\psi}{dy} \\ \frac{d\chi}{da}, & \frac{d\varphi}{dz}, & \frac{d\psi}{dz} \end{vmatrix} : \begin{vmatrix} \frac{d\varphi}{db}, & \frac{d\varphi}{dx}, & \frac{d\psi}{dx} \\ \frac{d\psi}{db}, & \frac{d\varphi}{dy}, & \frac{d\psi}{dy} \\ \frac{d\chi}{db}, & \frac{d\varphi}{dz}, & \frac{d\psi}{dz} \end{vmatrix},$$

vorausgesetzt nur, dass die darin auftretenden x, y, z einer singulären Wurzel entsprechen.

Weil aber x, y, z die Gleichungen

$$\varphi = 0, \quad \psi = 0$$

erfüllen, so ist

$$x\frac{d\varphi}{dx} + y\frac{d\varphi}{dy} + z\frac{d\varphi}{dz} = 0,$$

$$x\frac{d\psi}{dx} + y\frac{d\psi}{dy} + z\frac{d\psi}{dz} = 0,$$

und somit

$$x : y : z = \left(\frac{d\varphi}{dy}\frac{d\psi}{dz} - \frac{d\varphi}{dz}\frac{d\psi}{dy}\right) :$$

$$: \left(\frac{d\varphi}{dz}\frac{d\psi}{dx} - \frac{d\varphi}{dx}\frac{d\psi}{dz}\right) : \left(\frac{d\varphi}{dx}\frac{d\psi}{dy} - \frac{d\varphi}{dy}\frac{d\psi}{dx}\right).$$

Durch Entwickelung der beiden obigen Determinanten findet man ihr Verhältniss

$$x\frac{d\varphi}{da} + y\frac{d\psi}{da} + z\frac{d\chi}{da} : x\frac{d\varphi}{db} + y\frac{d\psi}{db} + z\frac{d\chi}{db};$$

und da U zu

$$x\varphi + y\psi + z\chi$$

proportional ist, so erhalten wir für die gesuchten der singulären Wurzel entsprechenden Werthe x, y, z die Proportion

$$\frac{d\Delta}{da} : \frac{d\Delta}{db} = \frac{dU}{da} : \frac{dU}{db}; \text{ q. e. d.}$$

71. Wir können nun durch Umkehrung des in Artikel 69 angewendeten Verfahrens den im Artikel 68 für binäre Formen bewiesenen Satz auf beliebige Formen erweitern: **Wenn** a **der Coefficient der höchsten Potenz einer der Veränderlichen ist, während** $b, c, d,$ **etc. die Coefficienten der nächst höhern Potenz derselben sind, so ist die Discriminante von der Form**

$$a\theta + (\varphi, \chi, \psi, \text{etc.} \between b, c, d, \text{etc.})^2.$$

Wenn z. B. für eine ternäre Form a der Coefficient von x^n ist, während b, c die Coefficienten von $x^{n-1}y$, $x^{n-1}z$ respective sind, so wird die Discriminante für $a = 0$ auf die Gestalt

$$b^2\varphi + bc\psi + c^2\chi$$

reduciert.*)

Um diess zu beweisen, sei zuerst U eine Form, deren Discriminante verschwindet, V eine durch die singulären Wurzeln befriedigte andere Form; dann ist die Discriminante von $(U + \lambda V)$ durch λ^2 theilbar; denn für

$$U = ax^n + bx^{n-1}y + cx^{n-1}z + \text{etc.}$$
$$V = Ax^n + Bx^{n-1}y + Cx^{n-1}z + \text{etc.}$$

ist der Coefficient von λ in der Discriminante von $(U + \lambda V)$

$$= A\frac{d\Delta}{da} + B\frac{d\Delta}{db} + C\frac{d\Delta}{dc} + \text{etc.},$$

somit ist, da nach Artikel 70

$$\frac{d\Delta}{da}, \frac{d\Delta}{db}, \frac{d\Delta}{dc}, \text{etc.}$$

zu

$$x^n, x^{n-1}y, \text{etc.}$$

respective proportional sind, der Coefficient von λ proportional dem Resultat der Substitution der singulären Wurzel in V, welches nach der Voraussetzung gleich Null ist.

Wenn nun — wir beschränken uns der Einfachheit wegen auf den Fall einer ternären Form — a der Coefficient der höchsten Potenz von z ist, während b und c die Coefficienten von $z^{n-1}x$, $z^{n-1}y$ sind, so muss die Voraussetzung $a = 0$, $b = 0$, $c = 0$ das Verschwinden der Discriminante nach sich ziehen, weil dann alle Differentiale für die singuläre Wurzel $x = 0$, $y = 0$ verschwinden. Damit eine andere Form V für die nämlichen Werthe

$$x = 0, \quad y = 0$$

sich auf Null reduciere, ist nur der Bedingung

$$A = 0$$

zu genügen.

Die allgemeine Form der Discriminante muss somit von der Art sein, dass die Substitution

*) Dieser Satz hat einige geometrische Anwendungen.

$$b + \lambda B, \; c + \lambda C \quad \text{für} \quad b, c$$

und die nachfolgende

$$a = b = c = 0$$

sie durch λ^2 theilbar macht; oder in andern Worten, wenn wir für b und c λB und λC einführen und dann $a = 0$ setzen, so muss das Resultat durch λ^2 theilbar sein. Diess war aber die Behauptung.

Neunte Vorlesung.

Von den Invarianten, Covarianten und Contravarianten.

---

72. Wir haben im Artikel 12 gesehen, dass das Fundamentaltheorem von der Multiplication der Determinanten in dieser Form ausgesprochen werden kann: Wenn in einem System von linearen Gleichungen die Veränderlichen x, y, z, etc. durch die nämlichen Substitutionen

$$\begin{array}{l} \alpha_1 x + \beta_1 y + \gamma_1 z + \text{etc.}, \\ \alpha_2 x + \beta_2 y + \gamma_2 z + \text{etc.}, \\ \alpha_3 x + \beta_3 y + \gamma_3 z + \text{etc.}, \\ \text{etc.} \end{array}$$

transformiert werden, so ist die Determinante eine Function der Coefficienten der Originalgleichungen, welche, mit der Substitutionsdeterminante oder dem Modulus der Transformation ($\alpha_1 \beta_2 \gamma_3$ etc.) multipliciert, dieselbe Function der Coefficienten der transformierten Gleichungen hervorbringt.

Dieselbe Eigenschaft haben wir in Artikel 57 der Hesse'schen Determinante angehörig gefunden und die übrigen Eigenschaften dieser Function lassen schon die geometrische Bedeutung derselben deutlich erkennen.

Für jede Gleichung und jedes System von Gleichungen von beliebigem Grade heisst eine Function der Coefficienten eine Invariante, wenn sie dieselbe Eigenschaft besitzt, d. h. wenn die gleichgebildete Function der Coefficienten der durch lineare Substitutionen für die Veränderlichen transformierten Gleichungen sich von ihr nur durch einen dem Modulus der Transformation oder einer Potenz desselben gleichen Factor unterscheidet.

Wir dürfen im Allgemeinen die Transformation als uni-modular voraussetzen, d. h. als eine solche, für welche der Modulus der Transformation ($\alpha_1 \beta_2 \gamma_3$ etc.) der Einheit gleich ist (Artikel 12); dann ist eine Invariante eine Function der Coefficienten, welche durch lineare Transformationen absolut unverändert bleibt.

Wir wählen als das einfachste Beispiel die quadratische Form

$$ax^2 + 2bxy + cy^2$$

und ihre Discriminante

$$ac - b^2;$$

sie ist eine Invariante, denn die Transformation der Veränderlichen bringt die Form auf

$$a(\alpha_1 x + \beta_1 y)^2 + 2b(\alpha_1 x + \beta_1 y)(\alpha_2 x + \beta_2 y) + c(\alpha_2 x + \beta_2 y)^2,$$

oder

$$Ax^2 + 2Bxy + Cy^2,$$

wenn man hat

$$\begin{aligned} A &= a\alpha_1^2 + 2b\alpha_1\alpha_2 + c\alpha_2^2, \\ B &= a\alpha_1\beta_1 + b(\alpha_1\beta_2 + \alpha_2\beta_1) + c\alpha_2\beta_2, \\ C &= a\beta_1^2 + 2b\beta_1\beta_2 + c\beta_2^2; \end{aligned}$$

und man bestätigt ohne Schwierigkeit, dass

$$AC - B^2 = (ac - b^2)(\alpha_1\beta_2 - \alpha_2\beta_1)^2$$

ist.

Als Beispiel eines Systems von zwei Gleichungen wählen wir die Formen

$$ax^2 + 2bxy + cy^2, \quad a'x^2 + 2b'xy + c'y^2;$$

dann bestätigt man leicht, dass für lineare Substitutionen die Relation

$$AC' + A'C - 2BB' = (ac' + a'c - 2bb')(\alpha_1\beta_2 - \alpha_2\beta_1)^2$$

besteht, so dass die Function

$$ac' + a'c - 2bb'$$

eine Invariante dieses Systems ist.

73. Nachdem wir die Bedeutung des Ausdrucks Invariante erklärt haben, gehen wir zur Erklärung des allgemeineren Ausdrucks Covariante über.

Wenn aus einer gegebenen Form nach bestimmtem Gesetze eine andere Form abgeleitet wird, so heisst diese letztere eine Covariante der ersteren, wenn bei der Transformation der Veränderlichen durch die nämlichen linearen Substitutionen aus der transformierten Form nach jenem Gesetze die nämliche abgeleitete Form hervorgeht, welche durch Transformation der ursprünglichen abgeleiteten Form erhalten wird (oder wenn diese beiden nur um einen einer Potenz des Modulus der Transformation gleichen Factor verschieden sind).

So ist die aus der Form U abgeleitete Form

$$\frac{dU}{dx}$$

keine Covariante, weil durch eine nach der Transformation von U vollzogene Differentiation nach x nicht dasselbe Resultat erhalten wird, wie durch die Transformation von $\frac{dU}{dx}$ mit denselben linearen Substitutionen.

Wir haben aber schon im Artikel 57 gefunden und werden noch auf verschiedenen Wegen zeigen, dass die abgeleitete Form

$$\frac{d^2U}{dx^2}\,\frac{d^2U}{dy^2} - \left(\frac{d^2U}{dx\,dy}\right)^2$$

eine Covariante ist, d. h. dass sie für V als Transformierte der Form U in

$$\frac{d^2V}{dx^2}\,\frac{d^2V}{dy^2} - \left(\frac{d^2V}{dx\,dy}\right)^2$$

übergeht.

Wir beabsichtigen im Folgenden Mittel zu bezeichnen, durch welche Invarianten und Covarianten einer gegebenen Form gefunden werden können, und wir beschränken uns dabei zunächst auf die Betrachtung binärer Formen.*)

---

*) In der analytischen Geometrie der Curven und Flächen werden alle Coordinatentransformationen durch lineare Substitutionen vollzogen; Invarianten sind daher Functionen der Coefficienten, welche gewisse von der Wahl des Achsensystems unabhängige Eigenschaften der Curven oder Flächen repräsentieren; wie z. B. die Bedingung, unter welcher eine Curve oder Fläche einen Doppelpunkt besitzt, etc. Covarianten repräsentieren andere Curven und Flächen, welche mit der gegebenen Curve oder

74. **Die Discriminante einer binären Form und die Resultante eines Systems von binären Formen sind Invarianten.**

Man kann diess a priori erkennen aus dem Umstande, dass ein quadratischer Factor einer Form auch nach jeder linearen Transformation noch ein quadratischer Factor sein muss, oder dass, wenn ein System von Formen einen gemeinschaftlichen Factor hat, die transformierten Formen ihn gleichfalls haben müssen. Somit muss die Discriminante oder die Resultante der transformierten Formen mit Null identisch sein, wenn die Discriminante oder Resultante des Originalsystems den Werth Null hat; jene muss daher diese als einen Factor enthalten.*)

Man kann unsern Satz aber auch aus dem Ausdruck der Discriminante in Function der Wurzeln beweisen.

Sind x_1, y_1 Werthe der Veränderlichen, für welche U verschwindet, so ist $(xy_1 - x_1y)$ ein Factor von U; durch Transformation der Veränderlichen wird derselbe zu

$$(\alpha_1 x + \beta_1 y)\, y_1 - (\alpha_2 x + \beta_2 y)\, x_1$$

und wir erkennen daraus, dass für

$$xY_1 - yX_1$$

als den correspondierenden Factor der transformierten Form U

$$X_1 = -(\beta_1 y_1 - \beta_2 x_1), \quad Y_1 = \alpha_1 y_1 - \alpha_2 x_1$$

sein muss. Nun ist der Ausdruck der Discriminante oder Resultante das Product einer Anzahl von Factoren der Form

$$x_1 y_2 - x_2 y_1;$$

da man aber aus den angegebenen Werthen für X_1, Y_1 und den

Fläche eine von der Wahl der Achsen unabhängige Beziehung besitzen; z. B. ist der Kegelschnitt, welcher durch die acht Berührungspunkte der gemeinschaftlichen Tangenten zweier fester Kegelschnitte geht, eine Covariante dieser Kegelschnitte, etc. Die Hesse'sche Covariante (Artikel 57) liefert ein ferneres ausgiebiges Beispiel dieser Art. Die Theorie der Entwickelung der Invarianten oder Covarianten einer Form leitet in Folge dessen zur Auflösung mancher wichtiger geometrischer Probleme. Man vergleiche die letzten beiden Kapitel der „Anal. Geom. d. Kegelsch." und die „Elemente der neueren Geom."

*) Dieselben Gründe zeigen, dass Discriminanten und Resultanten von Formen mit einer beliebigen Anzahl von Veränderlichen Invarianten sein müssen.

correspondierenden für X_2, Y_2 leicht zeigt, dass die Relation

$$(X_1 Y_2 - X_2 Y_1) = (x_1 y_2 - x_2 y_1)(\alpha_1 \beta_2 - \alpha_2 \beta_1)$$

besteht, so erkennt man, dass die Discriminante oder Resultante des transformierten Systems gleich dem Producte der Discriminante oder Resultante des Originalsystems in eine Potenz des Modulus $(\alpha_1 \beta_2 - \alpha_2 \beta_1)$ ist, welche die Anzahl der Factoren zum Exponenten hat, die den Ausdruck derselben in Function der Wurzeln bilden.

75. In gleicher Weise ist ersichtlich, dass jede symmetrische Function der Wurzeln einer Form dann eine Invariante ist, wenn sie als das Product einer Anzahl von Factoren $(x_1 y_2 - x_2 y_1)$ dargestellt werden kann. Wir erinnern, dass die Uebertragung einer algebraischen symmetrischen Function der Wurzeln in die Sprache der homogenen algebraischen Functionen durch Substitution von $\frac{x_1}{y_1}$, $\frac{x_2}{y_2}$, etc. für die Wurzeln α_1, α_2, etc. vollzogen wird; befreien wir dann von Brüchen durch Multiplication mit einer Potenz des Coefficienten von x^n, dessen Werth wir gleich $y_1 y_2 y_3 y_4$ etc. fanden, so zeigt sich z. B., dass für eine biquadratische binäre Form die symmetrische Function

$$\Sigma (\alpha_1 - \alpha_2)^2$$

sich in

$$\Sigma \left(\frac{x_1}{y_1} - \frac{x_2}{y_2}\right)^2$$

und nach Befreiung von Brüchen in

$$\Sigma y_3^2 y_4^2 (x_1 y_2 - x_2 y_1)^2$$

verwandelt, welches nicht die verlangte Form hat.

Aber jede symmetrische Function der Wurzeldifferenzen ist eine Invariante, deren Glieder jede Wurzel in der gleichen Anzahl von Malen enthalten.

So ist

$$\Sigma (\alpha_1 - \alpha_2)^2 (\alpha_3 - \alpha_4)^2$$

in dem Falle einer biquadratischen Form

$$= \Sigma (x_1 y_2 - x_2 y_1)^2 (x_3 y_4 - x_4 y_3)^2$$

und somit eine Invariante für eine solche Form; sie ist diess nicht in dem Falle einer Form vom sechsten Grade, denn sie erhält für diese den Ausdruck

$$\Sigma y_5^2 y_6^2 (x_1 y_2 - x_2 y_1)^2 (x_3 y_4 - x_4 y_3)^2.$$*)

Man zeigt in derselben Art, dass jede symmetrische Function von Differenzen der Wurzeln und Differenzen zwischen x und einer oder mehreren unter den Wurzeln eine Covariante ist, wenn jede Wurzel in der nämlichen Potenz in den Ausdruck der Function eingeht; so ist

$$\Sigma (x - \alpha_1)^2 (\alpha_2 - \alpha_3)^2$$

für eine cubische Form eine Covariante.

76. Wir wenden uns nun zur Untersuchung der Gesetze, nach welchen die Differentiale einer Form transformiert werden, wenn dieselbe linear transformiert ist.

Setzen wir

$$x = a_1 X + b_1 Y, \quad y = a_2 X + b_2 Y$$
$$M = a_1 b_2 - a_2 b_1,$$

so hat man

$$X = \frac{1}{M} (b_2 x - b_1 y), \quad Y = \frac{1}{M} (- a_2 x + a_1 y).$$

Wenn dann durch dieselben Substitutionen

$$\varphi (x, y) \quad \text{in} \quad \Phi (X, Y)$$

übergeht, so wollen wir

$$\frac{d\varphi}{dx}, \frac{d\varphi}{dy} \quad \text{in Function von} \quad \frac{d\Phi}{dX}, \frac{d\Phi}{dY}$$

ausdrücken. Nun ist

$$\frac{d}{dx} = \frac{d}{dX} \frac{dX}{dx} + \frac{d}{dY} \frac{dY}{dx}, \quad \frac{d}{dy} = \frac{d}{dX} \frac{dX}{dy} + \frac{d}{dY} \frac{dY}{dy},$$

oder nach den oben für x und y gegebenen Werthen

$$\frac{d}{dx} = \frac{1}{M} \left(b_2 \frac{d}{dX} - a_2 \frac{d}{dY} \right),$$
$$\frac{d}{dy} = \frac{1}{M} \left(- b_1 \frac{d}{dX} + a_1 \frac{d}{dY} \right);$$

alle Potenzen von $\frac{d}{dx}, \frac{d}{dy}$ transformiert man nach demselben Gesetze.

---

*) Für weitere Ausführungen dieser Methode, welche geeignet ist, alle Invarianten binärer Formen zu entwickeln, verweisen wir auf die Artikel 17, 22, 23. der „Elemente", da dieselbe der Ausdehnung auf ternäre und quaternäre Formen nicht fähig ist.

In der äquivalenten Gestalt

$$\frac{d}{dy} = \frac{1}{M}\left\{a_1 \frac{d}{dY} + b_1 \left(-\frac{d}{dX}\right)\right\},$$
$$-\frac{d}{dx} = \frac{1}{M}\left\{a_2 \frac{d}{dY} + b_2 \left(-\frac{d}{dX}\right)\right\}$$

erkennt man, dass abgesehen von dem constanten Divisor M die Differentiale $\frac{d}{dy}$ und $-\frac{d}{dx}$ nach denselben Gesetzen wie x und y transformiert werden; dass also, wenn durch lineare Substitution die Gleichung

$$\varphi(x, y) = \Phi(X, Y)$$

gebildet ist, ohne weitere Untersuchung die Gleichung

$$\varphi\left(\frac{d}{dy}, -\frac{d}{dx}\right) = \frac{1}{M^n}\,\Phi\left(\frac{d}{dY}, -\frac{d}{dX}\right)$$

gültig ist. (n bezeichnet den Grad der Function φ in x und y).

77. Um ein Beispiel zu haben, setzen wir

$$ax^2 + 2bxy + cy^2$$

durch Transformation in

$$AX^2 + 2BXY + CY^2$$

übergeführt voraus und können schreiben

$$a\frac{d^2}{dy^2} - 2b\frac{d^2}{dy\,dx} + c\frac{d^2}{dx^2} = \frac{1}{M^2}\left(A\frac{d^2}{dY^2} - 2B\frac{d^2}{dY\,dX} + C\frac{d^2}{dX^2}\right);$$

und wenn man dieses Operationssymbol auf die gegebene Form anwendet, so erkennt man, dass

$$\left(a\frac{d^2}{dy^2} - 2b\frac{d^2}{dy\,dx} + c\frac{d^2}{dx^2}\right)(ax^2 + 2bxy + cy^2)$$

von der correspondierenden Function der transformierten Form nur durch den Factor M^2 abweicht, man erhält nämlich

$$ac - b^2 = \frac{1}{M^2}(AC - B^2). \quad \text{(Artikel 72.)}$$

Wir erhalten in gleicher Weise bei zwei Formen

$$ax^2 + 2bxy + cy^2, \quad a'x^2 + 2b'xy + c'y^2$$

indem wir die Operationen des nach der ersten gebildeten Symbols

$$a\frac{d^2}{dy^2}-2b\frac{d^2}{dy\,dx}+c\frac{d^2}{dx^2}$$

an der zweiten Form vollziehen, die Function

$$ac'+a'c-2bb',$$

welche wir im Artikel 72 als eine Invariante erkannt haben.

Wir können aus jeder binären Form von geradem Grade auf diesem Wege eine Invariante ableiten, die von der zweiten Ordnung in den Coefficienten ist. So entspringt aus

$$ax^4+4bx^3y+6cx^2y^2+4dxy^3+ey^4$$

durch die Operation

$$a\frac{d^4}{dy^4}-4b\frac{d^4}{dy^3\,dx}+6c\frac{d^4}{dy^2\,dx^2}+4d\frac{d^4}{dy\,dx^3}+e\frac{d^4}{dx^4}$$

die Function

$$ae-4bd+3c^2,$$

welche daher eine Invariante der biquadratischen binären Form ist.

Die analoge Behandlung einer Form von ungeradem Grade erzeugt keine Invariante, weil das Resultat der Operation identisch verschwindet; so die Operation

$$a\frac{d^3}{dy^3}-3b\frac{d^3}{dy^2\,dx}+3c\frac{d^3}{dy\,dx^2}-d\frac{d^3}{dx^3}$$

an der Form

$$ax^3+3bx^2y+3cxy^2+dy^3.$$

78. Wir betrachten nun zwei Reihen von Veränderlichen

$$x,\ y,\ z;\ x',\ y',\ z'$$

unter der Voraussetzung, dass sie stets durch dieselben linearen Substitutionen transformiert werden, dass also, wenn für x, y, z respective

$$\alpha_1X+\beta_1Y+\gamma_1Z,\quad \alpha_2X+\beta_2Y+\gamma_2Z,\ \text{etc.}$$

eingesetzt werden, für x', y', z'

$$\alpha_1X'+\beta_1Y'+\gamma_1Z',\ \text{etc.}$$

zu substituieren sind.*) Um ein anschauliches Beispiel zu haben, denken wir x, y, z als laufende Coordinaten des Punktes einer Curve und x', y', z' als die Coordinaten eines festen Punktes in

*) Man hat solche Reihen von Veränderlichen als cogredient bezeichnet.

derselben; dann werden beide durch den Uebergang zu neuen Coordinatenachsen durch die nämlichen linearen Substitutionen transformiert.

Wenn unter dieser Voraussetzung die Substitution

$$x + \lambda x', \quad y + \lambda y', \quad z + \lambda z', \text{ etc.}$$

in irgend einer Form U vollzogen wird, so betrachten wir die Coefficienten der verschiedenen Potenzen von λ in der geordneten Entwickelung; sie sind von der allgemeinen Form

$$\left(x' \frac{d}{dx} + y' \frac{d}{dy} + z' \frac{d}{dz} + \text{etc.}\right)^p U\text{*)}.$$

---

*) Der geometrische Leser erkennt, dass die Polarcurven und Polarflächen eines Punktes in Bezug auf eine gegebene Curve oder Fläche dieser Form für respective drei und vier Veränderliche entsprechen.

Für $p = 1$ und die Form zweiten Grades mit drei Veränderlichen hat man die Polare eines Punktes in Bezug auf einen Kegelschnitt; vergl. „Anal. Geom. d. Kegelschnitte", Art. 331, etc. Für Curven höherer Ordnung mögen folgende Grundzüge der Entwickelung hier eingeschaltet werden. Sei x', y', z' ein fester Punkt in der Ebene der Curve und x, y, z ein Punkt der Curve, so sind

$$\frac{\mu x' + \lambda x}{\lambda + \mu}, \quad \frac{\mu y' + \lambda y}{\lambda + \mu}, \quad \frac{\mu z' + \lambda z}{\lambda + \mu}$$

die Coordinaten der Punkte, welche die Strecke zwischen jenen beiden im Verhältniss $\lambda : \mu$ theilen und ihre Substitution in die homogene Gleichung einer Curve

$$\varphi(x, y, z) = 0 \quad \text{oder} \quad U = 0$$

(mit Hinweglassung der Nenner auf Grund der Homogeneität) liefert eine Gleichung von der Form

$$\lambda^n U + \lambda^{n-1}\mu\,(\Delta_1 U) + \frac{\lambda^{n-2}\mu^2}{1.2}(\Delta_1^2 U) + \text{etc.}$$

$$+ \frac{\lambda^2\mu^{n-2}}{1.2}(\Delta^2 U_1) + \lambda\mu^{n-1}(\Delta U_1) + \mu^n U_1 = 0,$$

wenn das Symbol Δ_1 die Operation

$$x' \frac{d}{dx} + y' \frac{d}{dy} + z' \frac{d}{dz}$$

bezeichnet, für welche der Form U die nicht mit Indices versehenen Coordinaten angehören, indess Δ die Operation

$$x \frac{d}{dx'} + y \frac{d}{dy'} + z \frac{d}{dz'}$$

vertritt, bei welcher die in der Form U enthaltenen Veränderlichen den

79. Die Form

$$(x' \frac{d}{dx} + y' \frac{d}{dy} + z' \frac{d}{dz} + \text{etc.})^p \; U$$

ist stets eine Covariante der Originalform U.*)

Denn man erhält das nämliche Resultat durch die Substitution

$$x + \lambda x' \quad \text{für} \quad x, \text{ etc.}$$

in eine Form und nachmalige lineare Transformation von

$$x,\ x',\ y, \text{ etc.} \quad \text{in} \quad X,\ X',\ Y, \text{ etc.}$$

Index 1 haben, während endlich die Potenzen von Δ, Δ_1 nach der bekannten Symbolik

$$\left(x' \frac{d}{dx} + y' \frac{d}{dy} + z' \frac{d}{dz}\right)^2 = x'^2 \frac{d^2}{dx^2} + y'^2 \frac{d^2}{dy^2} + z'^2 \frac{d^2}{dz^2}$$

$$+ 2x'y' \frac{d^2}{dx\,dy} + 2y'z' \frac{d^2}{dy\,dz} + 2z'x' \frac{d^2}{dz\,dx},$$

etc.

zu entwickeln sind.

Die Wurzeln dieser Gleichung $\lambda_1 : \mu_1$, $\lambda_2 : \mu_2$, etc. geben die Coordinaten der n Punkte, in welchen die Grade (x, y, z) (x', y', z') oder RO die Curve schneidet und der Ort der harmonischen Mittel dieser Punkte auf der um O drehenden Graden, der nach den Fundamentaleigenschaften der algebraischen Gleichungen durch

$$x \frac{dU}{dx'} + y \frac{dU}{dy'} + z \frac{dU}{dz'} = \Delta U_1 = 0$$

ausgedrückt ist, giebt die gerade Polare des Punktes O in Bezug auf die Curve $\varphi\,(x, y, z)$. Dann geben die Gleichungen

$$\Delta^2 U_1 = 0,$$
$$\Delta^3 U_1 = 0,$$
etc.

oder die äquivalenten Formen

$$\Delta_1^{n-2} U = 0,$$
$$\Delta_1^{n-3} U = 0,$$
etc.

die quadratischen, cubischen, etc. überhaupt die höheren Polarcurven des Punktes O. Die analogen Entwickelungen gelten für den Raum von drei Dimensionen bei Einführung einer vierten Veränderlichen w und sind leicht ausführbar; ihre geometrischen Consequenzen sind gegeben in G. Salmon's „Analytic Geometry of three Dimensions" (Dublin, 1862), deren deutsche Ausgabe nahe bevorsteht.

*) Man hat diese Covarianten speciell durch den Namen Emananten bezeichnet und unterscheidet sie von einander als 1te, 2te, ..., p^{te} Emanante, ganz entsprechend der Unterscheidung der 1ten, 2ten, ..., p^{ten} Polare.

wie durch Vollzug derselben Transformation in der Originalform und nachmalige Substitution von

$$X + \lambda X' \quad \text{für} \quad X, \text{ etc.},$$

weil man hat

$$\alpha_1 X + \beta_1 Y + \gamma_1 Z + \lambda (\alpha_1 X' + \beta_1 Y' + \gamma_1 Z') = \alpha_1 (X + \lambda X') + \beta_1 (Y + \lambda Y') + \gamma_1 (Z + \lambda Z').$$

Wenn dann die Form φ durch lineare Transformation in Φ übergeht, so dass

$$\varphi(x, y) = \Phi(X, Y)$$

ist, so ist bewiesen, dass die Einführung von

$$x + \lambda x', \quad y + \lambda y', \text{ etc. für } x, y, \text{ etc.}$$

in φ das nämliche Resultat liefert, wie die Einführung von

$$X + \lambda X', \quad Y + \lambda Y', \text{ etc. für } X, Y, \text{ etc.}$$

in Φ; und da λ eine unbestimmte Grösse ist, so müssen die Coefficienten entsprechender Potenzen von λ auf beiden Seiten der Gleichung übereinstimmen, d. h. man muss haben

$$x' \frac{d\varphi}{dx} + y' \frac{d\varphi}{dy} + z' \frac{d\varphi}{dz} + \text{etc.} = X' \frac{d\Phi}{dX} + Y' \frac{d\Phi}{dY} + \text{etc.}$$

etc., q. e. d.

Für ternäre und quaternäre Formen zeigt die geometrische Betrachtung unmittelbar die covariante Natur dieser Formen nach den Festsetzungen des Artikel 73.

80. Wenn wir die covariante Form

$$\left(x' \frac{d}{dx} + y' \frac{d}{dy} + z' \frac{d}{dz} + \text{etc.}\right)^p U$$

als eine Function von x', y', etc. betrachten, in welcher x, y, etc. Constanten sind, so ist jede Invariante derselben eine Covariante der Originalform für x, y, etc. als die Veränderlichen dieser Letzteren.

Man wird den allgemeinen Beweis vielleicht besser verstehen, wenn wir ihn zuerst auf einen speciellen Fall anwenden.

Betrachten wir also die covariante Form

$$x'^2 \frac{d^2 U}{dx^2} + 2x'y' \frac{d^2 U}{dx\,dy} + y'^2 \frac{d^2 U}{dy^2},$$

so ist im Artikel 79 bewiesen worden, dass dieselbe durch lineare Substitutionen für x', y', x, y in

$$X'^2 \frac{d^2 U}{dX^2} + 2X'Y' \frac{d^2 U}{dX\,dY} + Y'^2 \frac{d^2 U}{dY^2}$$

übergeht; setzen wir nun voraus, dass sie bei alleiniger Transformation von x', y' in

$$aX'^2 + 2bX'Y' + cY'^2$$

transformiert werde, so müssen a, b, c solche Functionen von x und y sein, dass sie durch die lineare Transformation von x, y in

$$\frac{d^2 U}{dX^2}, \quad \frac{d^2 U}{dX\,dY}, \quad \frac{d^2 U}{dY^2}$$

respective übergehen. Für diese Transformation von x', y' allein ist aber nach Artikel 72

$$ac - b^2 = (\alpha_1 \beta_2 - \alpha_2 \beta_1)^2 \left\{ \frac{d^2 U}{dx^2} \frac{d^2 U}{dy^2} - \left(\frac{d^2 U}{dx\,dy}\right)^2 \right\}$$

und somit durch den der zweiten Transformation entsprechenden Uebergang von a, b, c in $\frac{d^2 U}{dX^2}$, etc.

$$\frac{d^2 U}{dX^2} \frac{d^2 U}{dY^2} - \left(\frac{d^2 U}{dX\,dY}\right)^2 = \left\{ \frac{d^2 U}{dx^2} \frac{d^2 U}{dy^2} - \left(\frac{d^2 U}{dx\,dy}\right)^2 \right\} (\alpha_1 \beta_2 - \alpha_2 \beta_1)^2,$$

d. h. die Function

$$\frac{d^2 U}{dx^2} \frac{d^2 U}{dy^2} - \left(\frac{d^2 U}{dx\,dy}\right)^2$$

ist eine Covariante.

Und wenn im Allgemeinen

$$\left(x' \frac{d}{dx} + y' \frac{d}{dy} + z' \frac{d}{dz} + \text{etc.}\right)^n U$$

durch die Transformation von x', y', etc. in

$$aX'^n + nbX'^{n-1} Y' + \text{etc.}$$

übergeht, so ist jede Invariante dieser Form nach ihrem Begriffe eine Function ihrer Coefficienten, welche nur durch eine Potenz des Modulus von einer gleichgebildeten Function von a, b, c, etc. abweicht. Nach Artikel 79 gehen aber a, b, c, etc. durch die Transformation von x, y, etc. in

$$\frac{d^n U}{dX^n}, \quad \frac{d^n U}{dX^{n-1} dY}, \quad \text{etc.}$$

über und es ist somit jede Invariante der Form

$$\left(x' \frac{d}{dx} + y' \frac{d}{dy} + \text{etc.}\right)^n U$$

eine Function der Differentiale der Originalform U, welche durch lineare Transformation in eine gleichgebildete Function der Differentiale der transformierten Form übergeht, d. h. eine Covariante der Originalform.

81. Es wurde im Artikel 77 bewiesen, dass jede binäre Form von geradem Grade eine Invariante besitzt, welche von der zweiten Ordnung in ihren Coefficienten ist. Jeder dieser Invarianten entspricht eine Covariante der binären Formen im Allgemeinen; wir erhalten so die Reihe der Covarianten

$$\frac{d^2 U}{dx^2}\,\frac{d^2 U}{dy^2} - \left(\frac{d^2 U}{dx\,dy}\right)^2,$$

$$\frac{d^4 U}{dx^4}\,\frac{d^4 U}{dy^4} - 4\,\frac{d^4 U}{dx^3 dy}\,\frac{d^4 U}{dx\,dy^3} + 3\left(\frac{d^4 U}{dx^2 dy^2}\right)^2,$$

$$\frac{d^6 U}{dx^6}\,\frac{d^6 U}{dy^6} - 6\,\frac{d^6 U}{dx^5 dy}\,\frac{d^6 U}{dx\,dy^5} + 15\,\frac{d^6 U}{dx^4 dy^2}\,\frac{d^6 U}{dx^2 dy^4} - 10\left(\frac{d^6 U}{dx^3 dy^3}\right)^2, \text{ etc.},$$

von denen die zweite nur auf Formen vom vierten Grade und von höheren Graden, die dritte auf Formen vom sechsten etc., etc. anwendbar ist. Jede von ihnen erzeugt für den niedrigsten der Grade, auf welche sie angewendet werden kann, eine Invariante, für alle höheren Grade aber Covarianten verschiedener Grade.

Die erste dieser Reihe wird, wie wir schon wissen, als die Hesse'sche Covariante bezeichnet; sie ist allgemein für eine Form von beliebig vielen Veränderlichen die Discriminante von

$$\left(x'\,\frac{d}{dx} + y'\,\frac{d}{dy} + \text{etc.}\right)^2 U$$

oder ihr Verschwinden ist die Bedingung, unter welcher die zweite Polare der Curve einen Doppelpunkt besitzt; für eine binäre Form insbesondere ist sie also vom Grade $2\,(n-2)$ in den Veränderlichen und vom zweiten Grade in den Coefficienten derselben.

Man kann sie auch als die Jacobi'sche Determinante der n Differentiale der Form bezeichnen und wir werden später zeigen (Artikel 95), dass die Jacobi'sche Determinante eines beliebigen Systems von Gleichungen eine Covariante dieses Systems ist.

82. Wir wollen vor weiterem Fortschreiten hier ein Beispiel der Anwendung geben, welche man von der Theorie der Covarianten machen kann.

Wir wählen das Problem der Auflösung der cubischen Gleichungen und setzen sie in der Form

$$ax^3 + 3bx^2y + 3cxy^2 + dy^3 = 0$$

voraus. Die Auflösung ist vollzogen, wenn dieselbe durch lineare Transformationen in die Form

$$AX^3 + DY^3 = 0$$

gebracht werden kann, weil in dieser die Zerlegung in lineare Factoren direct zu vollziehen ist.

Wenn aber durch lineare Transformation

$$ax^3 + 3bx^2y + 3cxy^2 + dy^3 = AX^3 + 3BX^2Y + 3CXY^2 + DY^3$$

wird, so ist nach der Definition einer Covariante und für die Hesse'sche Covariante insbesondere

$$(ax + by)(cx + dy) - (bx + cy)^2$$

oder

$$(ac - b^2)x^2 + (ad - bc)\ xy + (bd - c^2)y^2$$
$$= (AC - B^2)X^2 + (AD - BC)XY + (BD - C^2)Y^2.$$

Wir bemerken nur, dass für den Fall des Verschwindens von B und C in der transformierten Form diese Covariante die einfache Gestalt

$$ADXY$$

annimmt und erkennen sofort, dass für X und Y die beiden Factoren zu wählen sind, in welche die Hesse'sche Covariante zerlegt werden kann; vergleichen wir dann die gegebene cubische Gleichung mit

$$AX^3 + DY^3,$$

so bestimmen sich A und D durch einfache Coefficientenvergleichung.

Beispiel. Man soll

$$4x^3 + 9x^2 + 18x + 17$$

auf die Form

$$AX^3 + DY^3$$

reducieren.

Die Hesse'sche Covariante

$$(4x + 3)(6x + 17) - (3x + 6)^2,$$

d. i.

$$15x^2 + 50x + 15$$

giebt die linearen Factoren

$$x + 3, \quad 3x + 1$$

und die Coefficientenvergleichung in

$$A(x + 3)^3 + D(3x + 1)^3$$

und

$$4x^3 + 9x^2 + 18x + 17$$

giebt die Bedingungen

$$A + 27D = 4\,, \quad 27A + D = 17\,,$$
$$728D = 91, \quad 728A = 455,$$
$$A : D = 5 : 1\,,$$

oder die verlangte reducierte Form

$$5\,(x + 3)^3 + (3x + 1)^3.$$

83. Jede binäre Form von ungeradem Grade hat eine Covariante, welche sowohl in den Veränderlichen als in den Coefficienten vom zweiten Grade ist.

Denn für binäre Formen ist

$$\left(x' \frac{d}{dx} + y' \frac{d}{dy}\right)^{n-1}$$

von geradem Grade in x', y' und ihre Coefficienten sind vom ersten Grade in x, y. Ihre nach Artikel 81 gebildete Invariante giebt uns dann die verlangte Covariante. Für eine Form vom fünften, siebenten, etc. Grade entspringt dieselbe der zweiten, dritten, etc. symbolischen Form der dort gegebenen Reihe.

84. Alle Invarianten einer Covariante sind Invarianten der Originalform.

Diess folgt direct aus den Definitionen; denn nach einer Transformation der Veränderlichen ist der Ausdruck der Invariante einer Covariante in Function der Coefficienten dieser Letzteren unverändert, und da der Ausdruck dieser Coefficienten in Function der Coefficienten der Originalform gleichfalls unverändert geblieben sein muss, so ist auch der Ausdruck der Invariante in Function dieser letzteren Coefficienten nothwendig unverändert geblieben.

85. Jede binäre Form von ungeradem Grade hat eine Invariante vom vierten Grade.

Denn sie hat nach Artikel 83 eine quadratische Covariante, deren Coefficienten vom zweiten Grade in den Coefficienten der Originalform sind, und die Discriminante dieser Letzteren ist nothwendig vom vierten Grade.

Wir haben die Hesse'sche Covariante einer cubischen Form

$$(ac - b^2)\,x^2 + (ad - bc)\,xy + (bd - c^2)\,y^2$$

erhalten und finden ihre Discriminante

$$(ac - b^2)\,(bd - c^2) - 4\,(ad - bc)^2,$$

die zugehörige biquadratische Invariante. Sie ist zugleich die Discriminante der cubischen Form.

Man weiss, dass nicht jede cubische Form durch reelle Transformationen in die Gestalt

$$Ax^3 + Dy^3$$

gebracht werden kann; da diese Letztere einen reellen und zwei imaginäre Factoren hat, so kann eine aus drei reellen Factoren gebildete cubische Form nicht auf sie reduciert werden. Diese Verschiedenheiten werden durch das Vorzeichen der Discriminante der Hesse'schen Covariante angegeben; ist sie positiv, so hat die Covariante zwei reelle Factoren und die cubische Form eine reelle Wurzel neben zwei imaginären Wurzeln. Ist sie negativ, so hat die Covariante zwei imaginäre Factoren und die Form drei reelle Wurzeln. Hat sie den Werth Null, so hat sowohl die Covariante als die cubische Form zwei gleiche Factoren; man erkennt auch direct, dass die Hesse'sche Covariante der Form X^2Y durch X^2 ausgedrückt wird, welches gleichfalls die beiden gleichen Factoren besitzt.*)

86. Aus den Covarianten, welche nach den entwickelten Regeln gebildet werden, können wir ferner neue Invarianten nach der Methode des Artikel 76 bilden, welche ihrerseits nach Artikel 80 neuen Covarianten den Ursprung geben.

So ist, wie wir wissen, für die biquadratische Form

$$(a, b, c, d, e \between x, y)^4$$

das Symbol

$$\left(a, b, c, d \between \frac{d}{dy}, -\frac{d}{dx}\right)^4$$

ein Invariantensymbol; wenn wir mit demselben an der Hesse'schen Covariante der Form

$$(ax^2 + 2bxy + cy^2)(cx^2 + 2dxy + ey^2) - (bx^2 + 2cxy + dy^2)^2$$

---

*) Wenn allgemein eine binäre Form einen quadratischen Factor hat, so ist derselbe auch ein quadratischer Factor in ihrer Hesse'schen Covariante, wie man leicht durch Bildung derselben für $x^2\varphi$ zeigen kann.

Diess führt uns leicht zur Ableitung der Bedingung, unter welcher eine biquadratische Gleichung zwei quadratische Factoren hat.

Denn diese müssen dann auch quadratische Factoren ihrer gleichfalls biquadratischen Hesse'schen Covariante sein, d. h. die Letztere kann dann nur durch einen numerischen Factor von der Form selbst differieren. Die Vergleichung der entsprechenden Coefficienten in beiden giebt daher die geforderten Bedingungen.

oder

$$(ac - b^2,\ 2ad - 2bc,\ ae + 2bd - 3c^2,\ 2be - 2cd,\ ce - d^2 \between x, y)^4$$

operieren, so erhalten wir

$$ace + 2bcd - ad^2 - eb^2 - c^3,$$

eine Invariante der biquadratischen Form. Daraus folgt aber, dass

$$\frac{d^4U}{dx^4}\ \frac{d^4U}{dy^4}\ \frac{d^4U}{dx^2\,dy^2} + 2\ \frac{d^4U}{dx^3\,dy}\ \frac{d^4U}{dx\,dy^3}\ \frac{d^4U}{dx^2\,dy^2} - \text{etc.}$$

für alle Formen, deren Grad den vierten übersteigt, ein Covarianten erzeugendes Operationssymbol ist.

87. Am Schlusse dieser Entwickelungen wollen wir ein allgemeineres Princip entwickeln, dessen Consequenzen von grösster Wichtigkeit sind.

Zuerst, wenn wie im Artikel 78 x', y' mit x, y stets durch dieselben Substitutionen transformiert werden, so ist

$$xy' - x'y$$

eine Covariante einer beliebigen Form. Denn die lineare Transformation von x, y, x', y' giebt nach dem Theorem von der Multiplication der Determinanten

$$xy' - x'y = (\alpha_1\beta_2 - \alpha_2\beta_1)\ (XY' - X'Y).$$

88. Ist dann J eine Invariante der Form

$$(a_0,\ a_1,\ a_2,\ \ldots \between x,\ y)^n,$$

so ist

$$y^n \frac{dJ}{da_0} - y^{n-1}x \frac{dJ}{da_1} + y^{n-2}x^2 \frac{dJ}{da_2} - \text{etc.}$$

und allgemeiner

$$\left(y^n \frac{d}{da_0} - y^{n-1}x \frac{d}{da_1} + \text{etc.}\right)^p J$$

eine Covariante der Form.

Man hat diese Covariantenformen speciell als Evectanten bezeichnet und kann dann sagen, dass jede Evectante eine Covariante ist.

Unter der Voraussetzung, dass

$$(a_0,\ a_1,\ \ldots \between x,\ y)^n$$

durch Transformation in

$$(A_0,\ A_1,\ \ldots \between X,\ Y)^n$$

übergeht, folgt aus dem letzten Artikel, dass

sich in

$$(a_0, a_1, \ldots \between x, y)^n + \lambda (xy' - x'y)^n$$

$$(A_0, A_1, \ldots \between X, Y)^n + \lambda (XY' - X'Y)^n$$

verwandelt. Die Entwickelung des ersten Ausdrucks giebt aber

$$(a_0 + \lambda y'^n)\, x^n + n x^{n-1} y\, (a_1 - \lambda y'^{n-1} x')$$
$$+ \frac{n(n-1)}{1 \cdot 2} x^{n-2} y^2 \,(a_2 + \lambda y'^{n-2} x'^2) - \text{etc.},$$

und wenn wir eine Invariante dieses Ausdrucks bilden, so wird sie durch Transformation in eine gleiche Function der neuen Coefficienten übergeführt. Die Invariante dieser Form kann aber offenbar auch aus der entsprechenden Invariante der Originalform gebildet werden, indem man in dieselbe für

$$a_0, \; a_1, \; \text{etc.}$$
$$a_0 + \lambda y'^n, \quad a_1 - \lambda y'^{n-1} x', \; \text{etc.}$$

substituiert; d. h. sie wird durch

$$J + \lambda \left(y'^n \frac{d}{da_0} - y'^{n-1} x' \frac{d}{da_1} + \text{etc.}\right) J + \text{etc.}$$

ausgedrückt, welches der entsprechenden Function von A_0, A_1; etc. gleich ist. Die Vergleichung der Coefficienten gleicher Potenzen von λ zeigt also, dass jede Evectante von J durch lineare Transformation in eine gleichgebildete Function übergeführt wird, dass sie somit eine Covariante ist.

Beispiel. Eine cubische Form

$$(a, b, c, d \between x, y)^3$$

hat nach Artikel 85 eine Invariante

$$a^2 d^2 + 4ac^3 + 4db^3 - 3b^2c^2 - 6abcd;$$

man soll ihre Evectante ableiten.

Sie ist

$$(a^2 d + 2b^3 - 3abc, \; 3b^2 c + 3abd - 6ac^2, \; 6b^2 d - 3bc^2 - 3acd,$$
$$3bcd - 2c^3 - ad^2 \between x, y)^3.$$

89. Wenn eine binäre Form einen quadratischen Factor

$$(xy' - x'y)^2$$

enthält, so reduciert sich die erste Evectante ihrer Discriminante

$$\left(y^n \frac{d}{da_0} - y^{n-1} x \frac{d}{da_1} + \text{etc.}\right) D$$

selbst auf

$$(xy' - x'y)^n.$$

Indem man

$$xy' - x'y = Y$$

setzt, kann die Form in eine neue übergeführt werden, in welcher die Coefficienten A_0, A_1 verschwunden sind. Nun ist im Artikel 68 gezeigt worden, dass die Discriminante von der Gestalt

$$a_0\varphi + a_1^2\psi$$

ist. Daher sind die Differentiale derselben in Bezug auf irgend welche andere Coefficienten, z. B. a_2 von der Gestalt

$$a_0\varphi' + a_1^2\psi'$$

und verschwinden daher gleichzeitig mit a_0 und a_1. Auch das Differential nach a_1, welches durch

$$a_0\varphi' + a_1^2\psi' + 2a_1\psi$$

auszudrücken ist, verschwindet mit a_0 und a_1 zugleich, und das einzige dann nicht verschwindende Differential ist daher das nach a_0 gebildete, so dass sich die Evectante auf das einfache Glied

$$Y^n \frac{dD}{da_0}$$

reduciert.

Wenn z. B. die Discriminante einer cubischen Form verschwindet, so wird ihre im letzten Beispiel dargestellte erste Evectante ein vollständiger Cubus und bestimmt die singuläre Wurzel

$$xy' - x'y.$$

Man erkennt leicht die Identität der so gefundenen Wurzel mit der durch die Methode des Artikel 69 bestimmten.

Wenn mehr als zwei gleiche Wurzeln vorhanden sind, so verschwindet auch

$$\frac{dD}{da_0}$$

und man zeigt auf demselben Wege, dass die zweite Evectante der Discriminante

$$(y^n \frac{d}{da_0} - y^{n-1}x \frac{d}{da_1} + y^{n-2}x^2 \frac{d}{da_2} - \text{etc.})^2 D$$

eine vollständige n^{te} Potenz ist und

$$= (xy' - x'y)^n (xy'' - x''y)^n;$$

so dass beide gleiche Wurzeln gefunden werden, indem man die n^{te} Wurzel aus dieser Evectante entwickelt und darnach eine quadratische Gleichung auflöst.

90. Die allgemeine Theorie weicht in einigen Punkten von der Theorie binärer Formen ab und wir wollen hier insbesondere diejenigen Resultate der vorigen auf diese Letzteren bezüglichen Darstellung auf den allgemeinen Fall ausdehnen, bei welchen diess eintritt, während wir diejenigen nicht wiederholt erörtern, welche unverändert Geltung haben.

Es reicht dabei hin, den Fall von drei Veränderlichen zu untersuchen, da für alle höheren Formen die Theorie die nämliche ist.

Wir beginnen mit der Untersuchung über die Verallgemeinerung der Resultate des Artikel 76, d. h. wir suchen das Gesetz der Transformation der Differentiale der Form unter der Voraussetzung, dass ihre Veränderlichen durch die linearen Substitutionen

a) $x=\alpha_1 X+\beta_1 Y+\gamma_1 Z,\ y=\alpha_2 X+\beta_2 Y+\gamma_2 Z,\ z=\alpha_3 X+\beta_3 Y+\gamma_3 Z$

transformiert werden.

Wenn in der Bezeichnungsweise des Artikel 16

$$\varDelta = (\alpha_1\beta_2\gamma_3)$$

ist und A_1, B_2, etc. die den Elementen α_1, β_1, etc. entsprechenden Minoren dieser Determinante sind, so haben wir

$$\varDelta X = A_1 x + A_2 y + A_3 z,\quad \varDelta Y = B_1 x + B_2 y + B_3 z,$$
$$\varDelta Z = C_1 x + C_2 y + C_3 z.$$

Wir erhalten daher

$$\text{b)}\ \begin{cases} \dfrac{d}{dx} = \dfrac{d}{dX}\dfrac{dX}{dx} + \dfrac{d}{dY}\dfrac{dY}{dy} + \dfrac{d}{dZ}\dfrac{dZ}{dz} \\ \quad = \dfrac{1}{\varDelta}\left\{A_1\dfrac{d}{dX} + B_1\dfrac{d}{dY} + C_1\dfrac{d}{dZ}\right\} \end{cases}$$

und ebenso

$$\text{b*)}\ \begin{cases} \dfrac{d}{dy} = \dfrac{1}{\varDelta}\left\{A_2\dfrac{d}{dX} + B_2\dfrac{d}{dY} + C_2\dfrac{d}{dZ}\right\}, \\ \dfrac{d}{dz} = \dfrac{1}{\varDelta}\left\{A_3\dfrac{d}{dX} + B_3\dfrac{d}{dY} + C_3\dfrac{d}{dZ}\right\}. \end{cases}$$

Diess sind die verlangten Formeln.

91. Wir können diese Resultate auf einen kurzen und bestimmten Ausdruck bringen, wenn wir die Begriffe des citierten Artikels 16 u. d. f. zu Hülfe nehmen. Wenn die Veränderlichen x, y, z und die Differentiale der Form $\frac{d}{dx}$, $\frac{d}{dy}$, $\frac{d}{dz}$ zwei Reihen von Veränderlichen sind, welche gleichzeitig transformiert werden, so entspricht der Transformation jener durch die lineare Substitution a) die Transformation dieser nach den Formeln b), b*). Die bis hierher auf zwei Reihen von Veränderlichen gleichzeitig angewendeten Transformationen waren solche durch dieselben linearen Substitutionen, ausgenommen den Fall des Artikel 76, dessen Erweiterung diese Untersuchung gilt und der eben deshalb noch des kurzen Ausdrucks ermangelt.

Die gegenwärtige und damit auch jene einfachere und unvollständigere Transformation erhalten denselben, wenn wir an den Begriff der reciproken Substitutionen erinnern, welcher aus Artikel 16 hervorgeht, und nach welchem die beiden Gruppen von Veränderlichen

$$x, y, z; \xi, \eta, \zeta$$

reciprok transformiert sind, wenn die Substitutionen

$$\begin{aligned} x &= \alpha_1 x + \beta_1 y + \gamma_1 z, \\ y &= \alpha_2 x + \beta_2 y + \gamma_2 z, \\ z &= \alpha_3 x + \beta_3 y + \gamma_3 z; \\ \xi &= A_1 \xi + B_1 \eta + C_1 \zeta, \\ \eta &= A_2 \xi + B_2 \eta + C_3 \zeta, \\ \zeta &= A_3 \xi + B_3 \eta + C_3 \zeta \end{aligned}$$

gleichzeitig vollzogen werden, wo A_1, A_2, A_3, B_1, etc. die Elemente der Reciprocaldeterminante von $(\alpha_1 \beta_2 \gamma_3)$ sind.*)

Man darf dann einfach die Resultate des Vorigen dahin aussprechen, *dass die*

$$x, y, z \text{ und die } \frac{d}{dx}, \frac{d}{dy}, \frac{d}{dz}$$

durch reciproke Substitutionen transformiert werden.

Und diese Ausdrucksweise ist nicht minder zutreffend für binäre Formen.

---

*) Solche Reihen von Veränderlichen sind als *contragredient* bezeichnet worden.

Die Differentiale $\frac{d}{dx}$, $\frac{d}{dy}$ und die Veränderlichen x, y werden durch reciproke Substitutionen transformiert. Denn man hat für die Determinante der Substitution des Artikel 76

$$x = a_1X + b_1Y, \quad y = a_2X + b_2Y,$$

$$\varDelta \text{ oder } M = \begin{vmatrix} a_1, & b_1 \\ a_2, & b_2 \end{vmatrix}$$

die Elemente der Reciprokaldeterminante

$$A_1 = b_2, \quad A_2 = -a_2, \quad B_1 = -b_1, \quad B_2 = a_1,$$

so dass die vorigen Formeln in die Gestalt

$$\frac{d}{dx} = \frac{1}{M}\left\{b_2\frac{d}{dX} - a_2\frac{d}{dY}\right\}, \quad \frac{d}{dy} = \frac{1}{M}\left\{-b_1\frac{d}{dX} + a_1\frac{d}{dY}\right\}$$

übergehen, wie sie im Artikel 76 gegeben sind. Der dort gewählte Ausdruck des Gesetzes kommt auf den jetzigen zurück durch die Bemerkung, dass x und y und y und $-x$ bei binären Formen reciproke Substitutionen erfahren.

In dem Folgenden gedenken wir von der Gruppe der Veränderlichen x, y, z die durch die reciproken Substitutionen transformierten Veränderlichen einer zweiten Gruppe als ξ, η, ζ zu unterscheiden.

92. Die Function

$$x\xi + y\eta + z\zeta,$$

in welcher x, y, z und ξ, η, ζ durch reciproke Substitutionen transformiert werden, bleibt bei einer linearen Transformation unverändert.

Denn die neuen Coefficienten von $x\xi$, $y\eta$ und $z\zeta$ nach der Transformation sind respective

$$A_1a_1 + A_2a_2 + A_3a_3,$$
$$B_1b_1 + B_2b_2 + B_3b_3,$$
$$C_1c_1 + C_2c_2 + C_3c_3,$$

die nach Artikel 15 gleichmässig

$$= \varDelta$$

sind, und die Coefficienten aller andern Glieder verschwinden identisch, z. B. der Coefficient des Gliedes xy, weil er

$$= B_1a_1 + B_2a_2 + B_3a_3$$

ist (Artikel 16). In Folge dessen wird

$$x\xi + y\eta + z\zeta$$

in

$$\Delta(x\xi + y\eta + z\zeta)$$

transformiert.

Das Gesetz des Artikel 87 ist ein specieller Fall hiervon, denn ξ und η sind mit y' und $-x'$ durch dieselben linearen Substitutionen transformiert.

93. Wir haben eine Covariante als eine abgeleitete Form definiert, deren Relation zur Originalform unverändert bleibt, wenn die beiderseitigen Veränderlichen durch dieselben linearen Substitutionen transformiert werden.

Wir bezeichnen nun als Contravariante oder zugeordnete Form eine abgeleitete Function von ξ, η, ζ, welche ihre Beziehung zur primitiven Form behält, wenn die beiderseitigen Veränderlichen durch reciproke Substitutionen transformiert werden.

So ist für eine ternäre quadratische Function (oder für die Gleichung eines Kegelschnitts)

$$ax^2 + a'y^2 + a''z^2 + 2byz + 2b'zx + 2b''xy$$

der reciproke Kegelschnitt durch

$$(a'a'' - b^2)\xi^2 + (a''a - b'^2)\eta^2 + (aa' - b''^2)\zeta^2 + 2(b'b'' - ab)\eta\zeta$$
$$+ 2(b''b - a'b')\zeta\xi + 2(bb' - a''b'')\xi\eta$$

repräsentiert. (Vergl. „Analyt. Geom. d. Kegelschnitte“ Art. 378, 400 u. a.)

Derselbe ist keine Covariante, denn wenn der Kegelschnitt auf ein anderes Achsensystem bezogen wird, so ist die reciproke Curve desselben in Bezug auf den Anfangspunkt der Coordinaten nicht mehr dieselbe Curve wie vorher. Aber er ist eine Contravariante, denn die Bedingung, unter welcher die gerade Linie

$$x\xi + y\eta + z\zeta = 0$$

den Kegelschnitt berührt, ist durch seine Gleichung ausgedrückt und es ist eben bewiesen worden, dass

$$x\xi + y\eta + z\zeta$$

bei der Transformation von ξ, η, ζ durch die reciproken linearen Substitutionen ungeändert bleibt. Wir erhalten daher das nämliche Resultat, wenn wir ξ, η, ζ in der Form

$$(a'a'' - b^2)\xi^2 + (a''a - b'^2)\eta^2 + \text{etc.}$$

transformieren, als wenn wir die Bedingung bilden, unter welcher die Linie

$$x\xi + y\eta + z\zeta$$

den transformierten Kegelschnitt von

$$ax^2 + a'y^2 + a''z^2 + \text{etc.}$$

berührt.

In derselben Weise ist die Reciproke einer beliebigen Curve immer eine, doch im Allgemeinen nicht die einzige, Contravariante der Gleichung der Curve.*)

Man hat das Wort Concomitante gebraucht als einen Collectivnamen fur Covariante und Contravariante, und als eine gemischte Concomitante eine abgeleitete Function bezeichnet, die sowohl x, y, z als ξ, η, ζ enthält und ihre Relation zur Originalfunction behält, wenn die eine Reihe der Veränderlichen durch directe die andere durch reciproke Substitutionen transformiert werden. Wir ziehen es vor, den Ausdruck „Zwischenform“ auf eine solche abgeleitete Function anzuwenden.

94. Aus Artikel 90, 91 (vergl. auch Artikel 76) folgt, dass aus jeder Contravariante durch die Substitution

$$\frac{d}{dx}, \frac{d}{dy}, \frac{d}{dz} \quad \text{für} \quad \xi, \eta, \zeta$$

ein invariantes Operationssymbol hervorgeht.

Wenn z. B. die im Artikel 93 gegebene Function

$$(a'a'' - b^2)\,\xi^2 + (a''a - b'^2)\,\eta^2 + \text{etc.}$$

eine Contravariante von

$$ax^2 + a'y^2 + a''z^2 + \text{etc.}$$

ist, so ist durch die bezeichnete Substitution aus ihr ein Symbol gewonnen, welches auf die Originalform angewendet, die Function

$$aa'a'' + 2bb'b'' - ab^2 - a'b'^2 - a''b''^2$$

hervorbringt, die somit eine Invariante der ternären quadratischen Form sein muss.

---

*) Im Allgemeinen wird, wenn $\varphi(x, y, z)$ eine Curve darstellt, durch $\psi(\xi, \eta, \zeta)$ eine Relation zwischen den Coefficienten der Gleichung einer geraden Linie $x\xi + y\eta + z\zeta$ ausgedrückt, welche gewissen Bedingungen unterworfen ist. $\psi(\xi, \eta, \zeta)$ kann daher auch für die Darstellung der Enveloppe der fraglichen Linie gewählt werden, sie ist die Gleichung dieser Enveloppe in Linien-Coordinaten.

Man kann in derselben Art

$$\frac{d}{d\xi}, \frac{d}{d\eta}, \frac{d}{d\zeta} \quad \text{für} \quad x, y, z$$

substituieren.

95. Aus denselben Gründen ist das Resultat der Substitution von

$$\frac{dU}{dx}, \frac{dU}{dy}, \frac{dU}{dz} \quad \text{für} \quad \xi, \eta, \zeta$$

eine Covariante. Speciell für binäre Formen also das Resultat der Substitution

$$\frac{dU}{dx}, \frac{dU}{dy} \quad \text{für} \quad y \text{ und } -x;$$

z. B. für

$$U = ax^2 + 2bxy + cy^2$$

$$a\left(\frac{dU}{dy}\right)^2 - 2b\left(\frac{dU}{dx}\right)\left(\frac{dU}{dy}\right) + c\left(\frac{dU}{dx}\right)^2;$$

in der That ist diese Function proportional zu

$$(ac - b^2)\ U.$$

In derselben Art ist das Resultat der Substitution von

$$\frac{dU}{dx} \text{ für } \xi, \quad \frac{dU}{dy} \text{ für } \eta, \text{ etc.}$$

in

$$(a'a'' - b^2)\,\xi^2 + (a''a - b'^2)\,\eta^2 + \text{etc.}$$

eine Covariante; man findet es

$$= (aa'a'' + 2bb'b'' - ab^2 - a'b'^2 - a''b''^2)\ U.$$

Aus den entwickelten Grundsätzen ergiebt sich auch, dass die Jacobi'sche Determinante eine Covariante ist.

Denn der linearen Transformation von x, y, z entspricht die reciproke Substitution von $\frac{dU}{dx}, \frac{dV}{dx}$, etc. und nach dem Theorem von der Multiplication der Determinanten ist die mit dem transformierten $\frac{dU}{dx}$, etc. gebildete Determinante gleich dem Product der ursprünglichen Jacobi'schen Determinante in die aus den Elementen A_1, B_1, etc. gebildete Reciprocaldeterminante, welche nach Artikel 17 eine Potenz vom Modulus der Transformation ist.

96. Wir können die Ergebnisse der Artikel 88, 89 erweitern, wie folgt.

Wenn J eine Invariante der Form

$$a_0 x^n + n a_1 x^{n-1} y + n b_1 x^{n-1} z + \frac{n(n-1)}{1.2} a_2 x^{n-2} y^2 + \text{etc.}$$

ist, so ist

$$(\xi^n \frac{d}{da_0} + \xi^{n-1}\eta \frac{d}{da_1} + \xi^{n-1}\zeta \frac{d}{db_1} + \xi^{n-2}\eta^2 \frac{d}{da_2} + \text{etc.})^p J$$

eine Evectante derselben. Wir bemerken, dass die Originalform mit und die abgeleitete Form ohne Binomialcoefficienten geschrieben ist.

Man beweist, wie im Artikel 88, dass diese Letztere eine Contravariante der Originalform ist. Denn wenn

$$a_0 x^n + n a_1 x^{n-1} y + \text{etc.}$$

durch Transformation in

$$A_0 X^n + n A_1 X^{n-1} Y + \text{etc.}$$

übergeht, so ist im Artikel 92 bewiesen worden, dass

$$x\xi + y\eta + z\zeta$$

durch lineare Substitutionen für die eine und reciproke Substitutionen für die andere Gruppe der Veränderlichen unverändert bleibt; somit ist

$$a_0 x^n + n a_1 x^{n-1} y + \text{etc.} + \lambda (x\xi + y\eta + z\zeta)^n$$
$$= A_0 X^n + \text{etc.} + \lambda (X\Xi + YH + ZZ)^n$$

und jede Invariante der einen Seite der Gleichung wird in eine gleiche Function der Grössen der andern Seite derselben transformiert.

Aber eine Invariante von

$$a_0 x^n + \text{etc.} + \lambda (x\xi + \text{etc.})^n$$

wird aus der entsprechenden Invariante der Originalform gebildet, indem man

$a_0 + \lambda\xi^n$ für a_0, $a_1 + \lambda\xi^{n-1}\eta$ für a_1, $b_1 + \lambda\xi^{n-1}\zeta$ für b_1, etc.

substituiert, und die Invariante J verwandelt sich somit in

$$J + \lambda (\xi^n \frac{d}{da_0} + \text{etc.}) J + \text{etc.}$$

Die Coefficienten der Potenzen von λ werden in gleichgebildete Functionen der neuen Coefficienten transformiert und da überall ξ, η, ζ durch reciproke Substitutionen transformiert werden, so ist jeder der Coefficienten von λ eine Contravariante der Originalform.

So erhalten wir aus der Discriminante der quadratischen ternären Form

$$aa'a'' + 2bb'b'' - ab^2 - a'b'^2 - a''b''^2 \quad \text{(Artikel 94)}$$

die Evectante derselben

$$\xi^2 \frac{dD}{da} + \eta^2 \frac{dD}{da'} + \xi\eta \frac{dD}{db''} + \text{etc.}$$

als eine Contravariante, nämlich

$$= (a'a'' - b^2)\,\xi^2 + (a''a - b'^2)\,\eta^2 + \text{etc.},$$

übereinstimmend mit der Gleichung der Reciprocalcurve, welche schon angegeben worden ist.

Es liegt nahe zu fragen, ob in diesem Zusammenhange ein allgemeines Gesetz für die Reciproken algebraischer Curven enthalten ist; so dass für J als eine Invariante vom Grade $3\,(n-1)$ die Gleichung der Reciprokalcurve durch

$$\left(\xi^n \frac{d}{da} + \xi^{n-1}\eta \frac{d}{da'} + \ldots\right)^{n-1} J$$

darstellbar wäre.

97. Wenn die Discriminante einer ternären Form gleich Null wird, so hat dieselbe eine Reihe singulärer Wurzeln x_1, y_1, z_1 — geometrisch die Coordinaten des Doppelpunktes der durch die Form repräsentierten Curve; und in diesem Falle ist die erste Evectante der Discriminante eine vollkommene n^{te} Potenz von $(x_1\xi + y_1\eta + z_1\zeta)$. Denn wenn die Discriminante verschwindet, so kann die Form so transformiert werden, dass die neuen Coefficienten von z^n, $z^{n-1}x$, $z^{n-1}y$ verschwinden — in geometrischem Sinne so, dass der Anfangspunkt der Coordinaten mit dem Doppelpunkt zusammenfällt.

Wenn nun im Artikel 71 gezeigt ward, dass die Discriminante in der Gestalt

$$a_0\varrho + a_1^2\varphi + a_1 b_1 \psi + b_1^2\chi$$

darzustellen ist, so beweist man, wie im Artikel 89, dass für das Verschwinden von a_0, a_1, b_1 alle Differentialquotienten mit einziger Ausnahme von

$$\frac{dD}{da_0}$$

verschwinden. Auf diesen mit ξ^n, dem Substitutionsresultat von

$$x_1 = 0, \quad y_1 = 0, \quad z_1 = 1$$

in

$$(x_1\xi + y_1\eta + z_1\zeta)^n,$$

multiplicierten Differentialquotienten reduciert sich somit die erste Evectante.

Wenn also z. B. die Discriminante der ternären quadratischen Form verschwindet, d. i. wenn

$$aa'a'' + 2bb'b'' - ab^2 - a'b'^2 - a''b''^2 = 0$$

ist, so repräsentiert dieselbe zwei gerade Linien und die Coordinaten x_1, y_1, z_1 ihres Durchschnittspunktes werden durch die Identität

$$(x_1\xi + y_1\eta + z_1\zeta)^2 = (a'a'' - b^2)\,\xi^2 + (a''a - b'^2)\,\eta^2 + \text{etc.}$$

bestimmt.

Wenn die durch eine ternäre Form dargestellte Curve zwei Doppelpunkte hat, so verschwinden alle ersten Differentiale der Discriminante derselben und ihre zweite Evectante wird eine vollkommene n^{te} Potenz von

$$(x_1\xi + y_1\eta + z_1\zeta)\,(x_2\xi + y_2\eta + z_2\zeta),$$

wenn x_1, y_1, z_1; x_2, y_2, z_2 die Coordinaten jener Doppelpunkte bezeichnen.

Zehnte Vorlesung.

Differentialgleichungen der Invarianten.

---

98. Wenn n den Grad einer binären Form und ν den Grad einer Invariante derselben in den Coefficienten bezeichnen, so ist das Gewicht jedes Gliedes in dieser Invariante constant und $= \frac{1}{2}n\nu$ (Artikel 63).

Wenn wir x in ϱx transformieren, indess wir y ungeändert lassen, so muss die Invariante, als einer linearen Substitution unterworfen, ungeändert bleiben, abgesehen von einer als Factor hinzutretenden Potenz von ϱ als dem Modulus der Transformation. In Folge dessen erkennt man genau wie im Artikel 31, dass ihr Gewicht oder die Summe der Indices in jedem ihrer Glieder constant ist.

Die Invariante muss aber ebenso unverändert bleiben, wenn x in y und y in x verwandelt wird, denn diess ist eine lineare Substitution vom Modulus -1. Die Wirkung dieser Transformation ist gleichbedeutend mit der Vertauschung jedes Coefficienten a_i mit a_{n-i}. Daraus entspringt die Relation

$$i_1 + i_2 + i_3 + \text{etc.} = n - i_1 + n - i_2 + n - i_3 + \text{etc.},$$

also

$$2(i_1 + i_2 + i_3 + \text{etc.}) = n\nu; \text{ q. e. d.}$$

Es folgt daraus z. B., dass die Grössen n und ν nicht gleichzeitig ungerade sein, oder dass Formen von ungeradem Grade nur Invarianten von gerader Ordnung haben können.

Mit Hilfe des entwickelten Gesetzes kann unmittelbar der litterale Theil einer Invariante von gegebener Ordnung für eine gegebene Form geschrieben werden.

So muss die Invariante der vierten Ordnung in den Coefficienten für eine binäre cubische Form, als vom Gewicht $\frac{4.3}{2} = 6$, die Glieder

$$a_0^2 a_3^2, \quad a_0 a_1 a_2 a_3, \quad a_1^3 a_3, \quad a_0 a_2^3, \quad a_1^2 a_2^2$$

enthalten. Es bleibt übrig zu zeigen, wie die Coefficienten dieser Glieder gefunden werden können.

Wir heben hervor, dass die Zahl der Glieder dieser Invariante nothwendig ebenso gross ist, als die Anzahl der Arten, in welchen die Zahl 6 als die Summe von vier Zahlen 0 bis 3 inclusive ausgedrückt werden kann; und dass allgemein jede Invariante so viel Glieder enthalten muss, als die Anzahl der Arten, in welchen ihr Gewicht $\frac{1}{2}n\nu$ als die Summe von ν Zahlen von 0 bis n inclusive ausdrückbar ist.

99. Analoge Betrachtungen sind auf Covarianten anwendbar.

Eine Covariante muss ebenso wie die Originalform bei der Verwandlung von x in ϱx und der gleichzeitigen jedes Coefficienten a_i in $\varrho^i a_i$ unverändert bleiben; wenn also der Coefficient irgend einer Potenz x^μ von x in der Covariante durch

$$a_{i_1} a_{i_2} a_{i_3} \text{ etc.}$$

bezeichnet ist, so muss

$$i_1 + i_2 + i_3 + \text{etc.} + \mu$$

für alle Glieder denselben Werth haben und wir dürfen diese Zahl als das Gewicht der Covariante bezeichnen.

Damit aber auch die Covariante bei der Vertauschung von x mit y und y mit x sich nicht ändere, muss die Relation

$$\mu + i_1 + i_2 + i_3 + \text{etc.} = (n' - \mu) + (n - i_1) + (n - i_2) + \text{etc.}$$

erfüllt sein, in welcher n' den Grad der Covariante in x und y bezeichnet. Ist dann ν der Grad der Covariante in den

Coefficienten der Form, so ist ihr Gewicht nothwendig

$$= \tfrac{1}{2}(n\nu + n').$$

Wenn z. B. verlangt ist, die in den Coefficienten und Veränderlichen quadratische Covariante einer cubischen Form zu bilden, so ist ihr Gewicht

$$= \tfrac{1}{2}(3 \cdot 2 + 2) = 4$$

und wir erhalten für die das Glied x^2 multiplicierenden Coefficientenglieder

$$i_1 + i_2 = 2,$$

so dass dieselben

$$a_0 a_2 \quad \text{und} \quad a_1^2$$

sein müssen. Ebenso müssen die Coefficienten von xy

$$a_0 a_3 \quad \text{und} \quad a_1 \alpha_2$$

und die Coefficienten von y^2

$$a_1 a_3 \quad \text{und} \quad a_2^2$$

sein.

Wir gehen dazu weiter, das Gesetz zu begründen, nach welchem die numerischen Coefficienten dieser Glieder bestimmt werden können, für deren litteralen Theil die vorhergehenden Erörterungen die Bestimmung sichern.

100. Jede Invariante genügt gewissen Differentialgleichungen, welche durch sehr einfache Betrachtungen gefunden werden können.

Wir betrachten die binäre Form

$$(a_0, a_1, a_2, \ldots \between x, y)^n;$$

eine Invariante derselben muss bei der Transformation von x in $x + \lambda y$ bei unverändertem y — deren Modulus

$$= \begin{vmatrix} 1, & \lambda \\ 0, & 1 \end{vmatrix} = 1$$

ist — unverändert bleiben.

Durch diese Substitution geht die Form in die neue Gestalt

$$a_0 x^n + m(a_1 + \lambda a_0)x^{n-1}y + \frac{n(n-1)}{1 \cdot 2}(a_2 + 2\lambda a_1 + \lambda^2 a_0)x^{n-2}y^2 + \text{etc.}$$

über, und jede Function der Coefficienten der transformierten Form kann somit aus der entsprechenden Function der Originalform abgeleitet werden, indem man

$$a_1 + \lambda a_0 \text{ für } a_1, \; a_2 + 2\lambda a_1 + \lambda^2 a_0 \text{ für } a_2, \text{ etc.}$$

in dieselbe substituiert. Wenn aber die Function eine Invariante ist, so müssen die Coefficienten der verschiedenen Potenzen von λ identisch verschwinden und indem wir unsere Aufmerksamkeit auf den Coefficienten von λ beschränken, erkennen wir, dass eine Invariante der Bedingung

$$a_0 \frac{dJ}{da_1} + 2a_1 \frac{dJ}{da_2} + 3a_2 \frac{dJ}{da_3} + \ldots + n a_{n-1} \frac{dJ}{da_n} = 0$$

genügen muss.

Wir haben z. B. für die Invariante

$$a_0 a_2 - a_1^2$$

der binären quadratischen Form

$$\frac{dJ}{da_1} = -2a_1, \quad \frac{dJ}{da_2} = a_0,$$

und in Bewährung des Gesetzes

$$a_0 \frac{dJ}{da_1} + 2a_1 \frac{dJ}{da_2} = 0.$$

Es wird in derselben Art bewiesen, indem man ohne x zu verändern, y in $y + \mu x$ überführt, dass eine Invariante auch der Gleichung

$$na_1 \frac{dJ}{da_0} + (n-1)\, a_2 \frac{dJ}{da_1} + (n-2)\, a_3 \frac{dJ}{da_2} + \text{etc.} = 0$$

Genüge zu leisten hat.

Wäre die Form ohne Binomialcoefficienten geschrieben, also durch

$$(a_0, a_1, a_2, \ldots \between x, y)^n$$

dargestellt worden, so beweisen dieselben Gründe die Gültigkeit der Differentialgleichungen

$$na_0 \frac{dJ}{da_1} + (n-1)\, a_1 \frac{dJ}{da_2} + (n-2)\, a_2 \frac{dJ}{da_3} + \text{etc.} = 0,$$

$$a_1 \frac{dJ}{da_0} + 2a_2 \frac{dJ}{da_1} + 3a_3 \frac{dJ}{da_2} + \text{etc.} \qquad = 0.$$

101. Die so eben für eine Invariante gefundenen Bedingungen sind nicht nur nothwendig, sondern auch hinreichend, d. h. wenn der Coefficient von λ verschwindet, so reducieren sich auch die Coefficienten aller andern Potenzen von λ auf Null.

So findet man ohne Schwierigkeit den Coefficienten von λ^2 wie folgt

$$a_0 \frac{dJ}{da_2} + 3a_1 \frac{dJ}{da_3} + 6a_2 \frac{dJ}{da_4} + \text{etc.}$$

$$+ \frac{1}{1.2} \left(a_0 \frac{d}{da_1} + 2a_1 \frac{d}{da_2} + \text{etc.}\right)^2 J,$$

wo in dem letzteren Symbol die explicite auftretenden a_0, a_1, etc. nicht zu differentiieren sind; diess ist aber genau identisch mit

$$\frac{1}{1.2} \left(a_0 \frac{d}{da_1} + 2a_1 \frac{d}{da_2} + 3a_2 \frac{d}{da_3} + \text{etc.}\right)$$

$$\left(a_0 \frac{d}{da_1} + 2a_1 \frac{d}{da_2} + 3a_2 \frac{d}{da_3} + \text{etc.}\right) J.$$

Denn wenn wir die Operationen des Symbols an diesem selbst vollziehen, so ist das Resultat die Summe der Glieder, die man durch Differentiation der explicite darin auftretenden a_1, a_2, etc. erhält, und derjenigen Glieder, welche unter der Betrachtung derselben als Constanten erhalten werden.

Somit verschwindet der Coefficient von λ^2, weil

$$a_0 \frac{dJ}{da_1} + 2a_1 \frac{dJ}{da_2} + \text{etc.}$$

als mit Null identisch vorausgesetzt ist; und in gleicher Art für die anderen Potenzen von λ.

Es folgt daraus, dass die Function J für alle linearen Substitutionen unverändert bleibt, wenn die beiden Bedingungsgleichungen des letzten Artikels erfüllt werden und dass also diese Gleichungen zur Bestimmung einer Invariante hinreichend sind.

Da aber zu dem die eine derselben aus der andern durch die Vertauschung jedes Coefficienten

$$a_i \text{ mit } a_{n-i}$$

hervorgeht, so ist es hinreichend eine der Gleichungen anzuwenden, wenn man nur die Symmetrie der Function in Bezug auf x und y zugleich beachtet, d. i. wenn dafür gesorgt wird, dass sie bei jener Vertauschung von

$$a_i \text{ mit } a_{n-i}$$

ungeändert bleibt. Dieser Bedingung wird aber durch die Bestimmung des Gewichts der Glieder der Invariante nach Artikel 98 allein schon Genüge geleistet.

102. Die folgenden Beispiele werden hinreichend zeigen, wie die eben begründete Bedingung Invarianten von gegebenem Grade zu bilden gestattet. Wir unterlassen dabei, in das Detail der Mittel einzugehen, durch welche die Arbeit in der Praxis abgekürzt werden kann, weil der Leser nach Ausführung einiger Beispiele solche Hilfsmittel unzweifelhaft selbst entdecken wird.

Beispiel 1. Wir haben im Artikel 98 den litteralen Ausdruck der Invariante einer cubischen Form bestimmt, wie folgt

$$Aa_0^2 a_3^2 + Ba_0 a_1 a_2 a_3 + Ca_1^3 a_3 + Da_0 a_2^3 + Ea_1^2 a_2^2,$$

und bestimmen jetzt die numerischen Coefficienten desselben.

Wir nehmen dabei $A = 1$ und bestimmen B, C, D, E.

Die Operation nach dem Symbol

$$a_0 \frac{d}{da_1} + 2a_1 \frac{d}{da_2} + 3a_2 \frac{d}{da_3}$$

giebt für jenen Ausdruck

$$(B + 6A)\, a_0^2 a_2 a_3 + (3C + 2B)\, a_0 a_1^2 a_3 + (2E + 6D + 3B)\, a_0 a_1 a_2^2 \\ + (4E + 3C)\, a_1^3 a_2 = 0,$$

und durch die getrennte Vergleichung der einzelnen Coefficienten mit Null erhalten wir nach der Annahme

$$A = 1,\ B = -6,\ C = 4,\ D = 4,\ E = -3.$$

Die Invariante ist also

$$a_0^2 a_3^2 - 6a_0 a_1 a_2 a_3 + 4a_1^3 a_3 + 4a_0 a_2^3 - 3a_1^2 a_2^2.$$

Sie ist die Discriminante der cubischen Form. (Artikel 85.)

Beispiel 2. Eine Invariante der dritten Ordnung für eine biquadratische Form zu bilden.

Das Gewicht ist hier $= 6$ und die Invariante also

$$Aa_0 a_2 a_4 + Ba_1^2 a_4 + Ca_0 a_3^2 + Da_1 a_2 a_3 + Ea_2^3.$$

Die Operation nach dem Symbol

$$a_0 \frac{d}{da_1} + 2a_1 \frac{d}{da_2} + 3a_2 \frac{d}{da_3} + 4a_3 \frac{d}{da_4}$$

giebt uns

$$(2B + 2A)\, a_0 a_1 a_4 + (D + 6C + 4A)\, a_0 a_2 a_3 + (2D + 4B)\, a_1^2 a_3 \\ + (6E + 3D)\, a_1 a_2^2 = 0,$$

so dass für

$$A = 1,\ B = -1,\ D = 2,\ E = -1,\ C = -1$$

und die Invariante

$$a_0 a_2 a_4 - a_1^2 a_4 - a_0 a_3^2 + 2a_1 a_2 a_3 - a_2^3$$

erhalten wird.

Beispiel 3. Die Discriminante von

$$(a_0, a_1, a_2, \ldots \between x, y)^n$$

zu bilden, geordnet nach den Potenzen von a_0.

Wir wissen (Artikel 68), dass das absolute Glied

$$= a_1^2 D$$

ist, wo D die Discriminante von

$$(a_1, a_2, \ldots \between x, y)^{n-1}$$

bezeichnet. Daher ist die Discriminante, welche wir suchen, durch

$$a_1^2 D + a_0 \varphi + a_0^2 \psi + \text{etc.}$$

darzustellen. Indem wir an diesem Ausdruck die Operationen des Symbols

$$a_1 \frac{d}{da_0} + 2a_2 \frac{d}{da_1} + 3a_3 \frac{d}{da_2} + \text{etc.}$$

ausführen, können wir die Coefficienten der Potenzen von a_0 einzeln mit Null vergleichen. Der von a_0 unabhängige Theil ist dann

$$a_1 \varphi + 4a_1 a_2 D + a_1^2 \left(2a_2 \frac{d}{da_1} + 3a_3 \frac{d}{da_2} + \text{etc.}\right) D,$$

und wir erhalten wegen

$$\left(a_2 \frac{d}{da_1} + 2a_3 \frac{d}{da_2} + \text{etc.}\right) D = 0$$

$$\varphi = - 4a_2 D + a_1 \left(a_3 \frac{d}{da_2} + 2a_4 \frac{d}{da_3} + \text{etc.}\right) D,$$

und die Discriminante ist daher

$$= (a_1^2 - 4a_0 a_2) D + a_0 a_1 \left(a_3 \frac{d}{da_2} + 2a_4 \frac{d}{da_3} + \text{etc.}\right) D + a_0^2 \psi + \text{etc.}$$

Wir können in gleicher Art aus dem Coefficienten von a_1 die Function ψ bestimmen, mit welcher a_0^2 multipliciert ist, aber das Resultat ist nicht einfach genug, um es der Angabe an diesem Orte werth zu halten.

103. Cayley hat aus der vorhergehenden Theorie die **Zahl der unabhängigen Invarianten einer binären Form von gegebenem Grade** abgeleitet. Wir unterdrücken wegen ihrer Schwierigkeit die Details seiner Untersuchung und geben nur die Principien an, von denen sie ausgeht.

Bei der Bestimmung einer Invariante von gegebenem Grade, wie in den Beispielen des vorigen Artikels, haben wir eine gewisse Anzahl von unbekannten Coefficienten A, B, C, D, etc. zu ermitteln und wir thun diess mit Hilfe einer gewissen Zahl von Bedingungen, welche mit Hilfe der Differentialgleichung der Invariante gebildet sind.

Die Bildung der Invariante wäre unmöglich, wenn die Zahl dieser Bedingungen grösser wäre als die Zahl der unbekannten Coefficienten; wenn diese beiden Anzahlen gleich wären, so könnte man nur eine Invariante bilden, und wenn die Anzahl der Bedinggungen die kleinere wäre, so könnte man mehrere Invarianten der gegebenen Ordnung bilden.

Nun haben wir im Artikel 98 gesehen, dass die Zahl der Glieder in der Invariante, die um Eins grösser ist als die Zahl der unbekannten Coefficienten, mit der Zahl der Arten übereinstimmt, in denen man das Gewicht $\frac{1}{2} n\nu$ als die Summe von ν Zahlen schreiben kann, von denen keine grösser ist als n. Und bei Betrachtung eines der im Artikel 102 gegebenen Beispiele wird der Leser sehen, dass die Zahl der Bedingungen gleich der Zahl der Glieder in einer Function ν^{ten} Grades ist, deren Gewicht um Eins kleiner ist als das gegebene Gewicht, dass sie somit der Anzahl von Arten gleich ist, in welchen $(\frac{1}{2} n\nu - 1)$ als die Summe von ν Zahlen ausdrückbar ist, von denen keine n überschreitet. Die Bestimmung der Zahl der Invarianten einer gegebenen Ordnung hängt also ab von der Berechnung der Differenz zwischen diesen zwei Zahlen und würde uns zu einer Untersuchung über die Theorie der Vertheilung der Zahlen führen, zu einem Gegenstand also, welchen wir nicht in diese Reihe von Vorlesungen einzuschliessen beabsichtigen.*)

104. Wir können in analoger Art gewisse Differentialgleichungen entwickeln, welche durch die Glieder einer Covariante erfüllt werden müssen.

Nach der Definition einer Covariante muss dasselbe Resultat erhalten werden, wenn wir in ihr

$$x \text{ in } (x + \lambda y)$$

verändern, und wenn wir in der Originalform dieselbe Substitution machen und darnach die Covariante derselben wieder bilden. Nun ist (Artikel 100) dieser Wechsel in der Originalform gleichbedeutend mit der Ueberführung von

$$a_1 \text{ in } a_1 + \lambda a_0, \quad a_2 \text{ in } a_2 + 2a_1\lambda + a_0\lambda^2, \text{ etc.}$$

Es muss daher auch in der Covariante jene Veränderung von

$$x \text{ in } (x + \lambda y)$$

mit derselben äquivalent sein. Sei daher die Covariante

$$c_0 x^{n'} + n' c_1 x^{n'-1} y + \frac{n'(n'-1)}{1.2} c_2 x^{n'-2} y^2 + \text{etc.},$$

---

*) Vgl. A. Cayley „Second Memoir upon Quantics", „Philos. Transactions" Vol. 146, p. 100 f. oder F. Brioschi, in den „Annali di Matematica" t. II, p. 265 f.

so ist auszudrücken, dass diese zwei Veränderungen äquivalent sind, und indem wir unsere Aufmerksamkeit auf die Glieder beschränken, welche λ multiplicieren, erhalten wir

$$\left(a_0 \frac{d}{da_1} + 2a_1 \frac{d}{da_2} + 3a_2 \frac{d}{da_3} + \text{etc.}\right) c_0 = 0 \ ,$$

$$\left(a_0 \frac{d}{da_1} + 2a_1 \frac{d}{da_2} + 3a_2 \frac{d}{da_3} + \text{etc.}\right) c_1 = c_0 \ ,$$

$$\left(a_0 \frac{d}{da_1} + 2a_1 \frac{d}{da_2} + 3a_2 \frac{d}{da_3} + \text{etc.}\right) c_2 = 2c_1 ,$$

$$\left(a_0 \frac{d}{da_1} + 2a_1 \frac{d}{da_2} + 3a_2 \frac{d}{da_3} + \text{etc.}\right) c_3 = 3c_2 ,$$

etc., etc.,

die verlangten Differentialgleichungen.

Beispiel. Die quadratische Covariante einer cubischen Form zu be stimmen.

Der Coefficient von x^2 ist

$$c_0 = a_0 a_2 + B a_1^2 \text{ (Artikel 99).}$$

Durch die Operation

$$a_0 \frac{d}{da_1} + 2a_1 \frac{d}{da_2}$$

giebt die erste der obigen Bedingungen

$$(2 + 2B)\, a_0 a_1 = 0, \quad \text{also} \quad B = -1.$$

Ebenso sind die xy multiplicierenden Glieder

$$2c_1 = C a_0 a_3 + D a_1 a_2 ,$$

und die zweite der obigen Bedingungen giebt uns

$$(D + 3C - 2)\, a_0 a_2 + (2D + 2)\, a_1^2 = 0 ,$$

also

$$D = -1 , \ C = 1 .$$

Endlich ist das letzte y^2 multiplicierende Glied

$$c_2 = E a_1 a_3 + F a_2^2 ,$$

und die dritte Bedingung giebt

$$(E - 1)\, a_0 a_3 + (4F + 3E + 1)\, a_1 a_2 = 0,$$

also

$$E = 1 , \ F = -1 ,$$

so dass die geforderte Covariante ist

$$(a_0 a_2 - a_1^2)\, x^2 + (a_0 a_3 - a_1 a_2)\, xy + (a_1 a_3 - a_2^2)\, y^2 .*)$$

---

*) Einige andere Beispiele für diese Entwickelungen sind in den Artikeln 20, 21 der „Elemente" gegeben.

105. Die hier erhaltenen Resultate können in einer anderen Form ausgedrückt werden. Die an irgend einer Form vollzogene Operation

$$y \frac{d}{dx}$$

ist einer gewissen durch Differentiation nach den Coefficienten vollzogenen Operation äquivalent. Wir erhalten das nämliche Resultat, wenn wir an der Form

$$(a_1, a_2, \ldots \between x, y)^n$$

die Operation

$$y \frac{d}{dx}$$

als wenn wir an ihr die Operation

$$a_0 \frac{d}{da_1} + 2a_1 \frac{d}{da_2} + \text{etc.}$$

vollziehen.*) In Folge dessen kann diese letztere Operation durch

$$\left[y \frac{d}{dx}\right]$$

symbolisch bezeichnet werden und die vorher bewiesene Eigenschaft einer Covariante kann dann in der Form

$$y \frac{d}{dx} - \left[y \frac{d}{dx}\right] = 0$$

geschrieben werden, welche aussagt, dass wir das nämliche Resultat erhalten, ob wir an der Covariante die Operation

$y \frac{d}{dx}$ oder die Operation $a_0 \frac{d}{da_1} + 2a_1 \frac{d}{da_2} + \text{etc.}$

vollziehen. Cayley**) hat diese Eigenschaft als eine Definition einer Covariante hingestellt, eine Definition, welche zugleich die Invarianten umfasst, weil wir für diese

$$y \frac{dJ}{dx} = 0$$

haben, so dass also auch

$$\left[y \frac{dJ}{dx}\right] = 0$$

sein muss. Wir zogen es vor, der historischen Ordnung folgend,

---

*) Vergl. „Elemente“ Artikel 21, p. 184, 185.

**) In seinen „Memoirs upon Quantics“, „Philos. Transactions“ Vol. 144—149.

Covarianten und Invarianten unter dem Gesichtspunkte zu betrachten, unter welchem sie zuerst studiert worden sind.

Man kann in gleicher Art beweisen, dass die Covarianten von Formen mit beliebig vielen Veränderlichen Differentialgleichungen genügen müssen, welche in der Form

$$y \frac{d}{dx} = \left[y \frac{d}{dx}\right], \quad z \frac{d}{dx} = \left[z \frac{d}{dx}\right], \text{ etc.}$$

ausgedrückt werden können. So haben wir für die ternäre quadratische Form

$$(a, a', a'', b, b', b'' \between x, y, z)^2$$

die Bedingungsgleichungen

$$y \frac{d}{dx} = a \frac{d}{db''} + b' \frac{d}{db} + 2b'' \frac{d}{da'},$$

$$z \frac{d}{dx} = a \frac{d}{db'} + b'' \frac{d}{db} + 2b' \frac{d}{da''};$$

und jede Invariante derselben muss somit die beiden andern Bedingungen erfüllen

$$a \frac{dJ}{db''} + b' \frac{dJ}{db} + 2b'' \frac{dJ}{da'} = 0, \quad a \frac{dJ}{db'} + b'' \frac{dJ}{db} + 2b' \frac{dJ}{da''} = 0.$$

Man kann beides leicht aus der Bemerkung beweisen, dass die Invariante unverändert bleiben muss, wenn wir für x, $(x + \lambda y)$ oder für x, $(x + \varkappa z)$ substituieren.

Wir stellen hier diese Bedingungen für Covarianten zusammen mit den vier andern, welche für die nach den beiden andern Veränderlichen genommenen Differentiale sich aus ihnen ergeben, noch in der symmetrischen Form dar, welche sie durch die consequente Durchführung der Bezeichnung mit Indices erhalten.

Dann ist

$$(a_{11}, a_{22}, a_{33}, a_{23}, a_{31}, a_{12} \between x_1, x_2, x_3)^2$$

die ternäre quadratische Form und die vorigen Differentialgleichungen erhalten die Gestalt

$$x_2 \frac{d}{dx_1} = a_{11} \frac{d}{da_{12}} + a_{31} \frac{d}{da_{23}} + 2a_{12} \frac{d}{da_{22}},$$

$$x_3 \frac{d}{dx_1} = a_{11} \frac{d}{da_{31}} + a_{12} \frac{d}{da_{23}} + 2a_{31} \frac{d}{da_{33}},$$

von denen die zweite aus der ersten durch die consequente Vertauschung der Indices 2 und 3 hervorgeht. Die beiden andern analogen Gruppen sind

$$x_3 \frac{d}{dx_2} = a_{22} \frac{d}{da_{23}} + a_{12} \frac{d}{da_{31}} + 2a_{23} \frac{d}{da_{33}},$$
$$x_1 \frac{d}{dx_2} = a_{22} \frac{d}{da_{12}} + a_{23} \frac{d}{da_{31}} + 2a_{12} \frac{d}{da_{11}};$$
$$x_1 \frac{d}{dx_3} = a_{33} \frac{d}{da_{31}} + a_{23} \frac{d}{da_{12}} + 2a_{31} \frac{d}{da_{11}},$$
$$x_2 \frac{d}{dx_3} = a_{33} \frac{d}{da_{23}} + a_{31} \frac{d}{da_{12}} + 2a_{23} \frac{d}{da_{22}};$$

die Gleichungen jeder Gruppe gehen aus denen der vorigen durch cyclische Verschiebung der Indices hervor.

Das identische Verschwinden der rechten Seiten allein bezeichnet die Invariante. Man kann diess leicht von der Discriminante der ternären quadratischen Form prüfen, welche in dieser Bezeichnungsweise ist

$$a_{11} a_{22} a_{33} - a_{11} a_{23}^2 - a_{22} a_{31}^2 - a_{33} a_{12}^2 + 2 a_{12} a_{23} a_{31};$$

die erste Bedingungsgleichung giebt die Identität

$$0 = a_{11} (a_{23} a_{31} - a_{12} a_{33}) + a_{31} (a_{31} a_{12} - a_{23} a_{11}) + 2a_{12} (a_{33} a_{11} - a_{31}^2),$$

welche ebenso aus allen folgenden entspringt.

Die analogen Gleichungen für die ternäre Form dritten Grades $(a_{111}, a_{222}, a_{333}, a_{223}, a_{331}, a_{112}, a_{233}, a_{311}, a_{122}, a_{123} \between x_1, x_2, x_3)^3$ sind die folgenden:

$$x_2 \frac{d}{dx_1} = a_{111} \frac{d}{da_{112}} + a_{331} \frac{d}{da_{233}} + a_{233} \frac{d}{da_{123}} + 2 a_{112} \frac{d}{da_{122}} + 2a_{123} \frac{d}{da_{223}} + 3 a_{122} \frac{d}{da_{222}},$$
$$x_3 \frac{d}{dx_1} = a_{111} \frac{d}{da_{113}} + a_{122} \frac{d}{da_{223}} + a_{223} \frac{d}{da_{123}} + 2 a_{113} \frac{d}{da_{133}} + 2a_{123} \frac{d}{da_{233}} + 3 a_{133} \frac{d}{da_{333}};$$

und die ersten Gleichungen der beiden anderen Gruppen

$$x_3 \frac{d}{dx_2} = a_{222} \frac{d}{da_{223}} + a_{112} \frac{d}{da_{311}} + a_{311} \frac{d}{da_{123}} + 2 a_{223} \frac{d}{da_{233}} + 2a_{123} \frac{d}{da_{331}} + 3 a_{233} \frac{d}{da_{333}};$$
$$x_1 \frac{d}{dx_3} = a_{333} \frac{d}{da_{331}} + a_{223} \frac{d}{da_{122}} + a_{122} \frac{d}{da_{123}} + 2 a_{331} \frac{d}{da_{311}} + 2a_{123} \frac{d}{da_{112}} + 3 a_{311} \frac{d}{da_{111}}.$$

Man kann sie an der biquadratischen Invariante derselben bewähren, welche hier vollständig stehen mag:

$$
\begin{aligned}
S = & - a_{111} a_{222} a_{333} a_{123} + a_{111} a_{222} a_{331} a_{233} + a_{111} a_{333} a_{223} a_{122} \\
& - a_{111} a_{223}^2 a_{331} + a_{111} a_{223} a_{233} a_{123} - a_{111} a_{233}^2 a_{122} \\
& + a_{222} a_{333} a_{112} a_{311} - a_{222} a_{331}^2 a_{112} + a_{222} a_{331} a_{311} a_{123} \\
& - a_{222} a_{233} a_{311}^2 - a_{333} a_{223} a_{112}^2 + a_{333} a_{112} a_{122} a_{123} \\
& - a_{333} a_{311} a_{122}^2 + a_{223}^2 a_{311}^2 + 3 a_{223} a_{331} a_{112} a_{123} \\
& - a_{223} a_{331} a_{311} a_{122} - a_{223} a_{112} a_{233} a_{311} - 2 a_{223} a_{311} a_{123}^2 \\
& + a_{331}^2 a_{122}^2 - a_{331} a_{112} a_{122} a_{233} - 2 a_{331} a_{122} a_{123}^2 \\
& + a_{112}^2 a_{233}^2 - 2 a_{112} a_{233} a_{123}^2 + 3 a_{233} a_{311} a_{122} a_{123} + a_{123}^4,
\end{aligned}
$$

oder in besserer Form

$$
\begin{aligned}
& (a_{122} a_{133} - a_{123}^2)^2 + (a_{222} a_{233} - a_{223}^2)(a_{111} a_{133} - a_{113}^2) \\
& + (a_{223} a_{333} - a_{233}^2)(a_{111} a_{122} - a_{112}^2) \\
& + (a_{222} a_{333} - a_{223} a_{233})(a_{112} a_{113} - a_{111} a_{123}) \\
& + (a_{122} a_{333} + a_{223} a_{133} - 2 a_{123} a_{233})(a_{112} a_{123} - a_{113} a_{122}) \\
& + (a_{122} a_{233} + a_{133} a_{222} - 2 a_{123} a_{223})(a_{113} a_{123} - a_{112} a_{133}).
\end{aligned}
$$

Man sieht auch an diesen Beispielen, dass die Gesetze des Gewichts in Geltung bleiben, oder vielmehr auf den allgemeineren Fall übertragen sind; die Summe der Indices in jedem Gliede ist in dieser biquadratischen Invariante = 24, in der vorher geschriebenen Discriminante = 12.*)

---

*) Es hätte erwähnt werden mögen, dass eine nützliche Bestätigung bei der Berechnung der Invarianten einer Form von beliebiger Anzahl der Veränderlichen nach der im Artikel 102 erläuterten Methode darin besteht, dass die Summe der numerischen Coefficienten derselben gleich Null sein muss, wenn man die Form als mit Binomialcoefficienten geschrieben voraussetzt. Diess ist bewiesen, wenn man zeigt, dass jede Invariante identisch verschwinden muss, wenn man die litteralen Coefficienten der Form einander gleich macht, so dass die Form eine vollkommene n^{te} Potenz wird und somit durch lineare Substitution auf den Ausdruck $A_0 X^n$ gebracht werden kann. Nun zeigt das Gesetz des Gewichts der Glieder einer Invariante, dass ein Glied wie a_0^p in keiner solchen enthalten sein kann; denn wenn diess geschähe, so müsste sie der Symmetrie nach auch ein Glied b_0^p enthalten, wo b_0 der Coefficient von y^n ist, und die Glieder a_0^p, b_0^p können als von verschiedenen Gewichten nicht Glieder derselben Invariante sein. Es folgt daraus, dass die Invariante verschwinden muss, wenn man alle litteralen Coefficienten, a_0 ausgenommen, gleich Null macht.

Elfte Vorlesung.

Ueber die Rechnung mit Hyperdeterminanten.

106. Als Cayley zuerst die Invarianten entdeckte, nannte er sie Hyperdeterminanten und da nun dieser Name durch einen ausdrucksvolleren ersetzt ist, so will ich das Wort Hyperdeterminante mit ausschliesslichem Bezug auf eine fruchtbare Untersuchungsmethode der Invarianten und Covarianten anwenden, welche Cayley in seinen ersten Untersuchungen über diesen Gegenstand gegeben hat.

Wenn x_1, y_1; x_2, y_2 zwei Reihen von Veränderlichen sind, welche durch die nämlichen Substitutionen transformiert werden, so wird wie im Artikel 87 bewiesen, dass

$$x_1 y_2 - x_2 y_1$$

eine Invariante ist.

Und da

$$\frac{d}{dx_1}, \frac{d}{dy_1}; \frac{d}{dx_2}, \frac{d}{dy_2}$$

auch durch die nämlichen Substitutionen transformiert werden, nämlich durch die reciproken Substitutionen der ersteren (Artikel 76), so ist nothwendig

$$\frac{d}{dx_1}\frac{d}{dy_1} - \frac{d}{dx_2}\frac{d}{dy_1}$$

ein Invarianten erzeugendes Operationssymbol; und wenn wir die durch irgend eine Potenz desselben bezeichneten Operationen an irgend einer Function von x_1, y_1; x_2, y_2 ausfuhren, so erhalten wir eine Covariante dieser Function.

Wir wollen für

$$\frac{d}{dx_1}\frac{d}{dy_2} - \frac{d}{dx_2}\frac{d}{dy_1}$$

die Abkürzung

$$\overline{12}$$

anwenden.

Setzen wir nun voraus, dass irgend zwei binäre Formen

$$U, V$$

gegeben sind, so können wir sogleich Covarianten dieses Systems von zwei Formen bilden. Denn wir haben nur die Veränderlichen der Form U mit dem Index 1 und die der Form V mit dem Index 2 zu schreiben und dann an dem Product UV die Operationen irgend einer Potenz des Symbols $\overline{12}$ zu vollziehen; das erhaltene Resultat muss eine Invariante oder Covariante des Systems sein.

So ist das Resultat der Operation

$$\overline{12}^2$$

oder in entwickeltem Ausdruck

$$\frac{d^2}{dx_1^2}\,\frac{d^2}{dy_2^2} + \frac{d^2}{dx_2^2}\,\frac{d^2}{dy_1^2} - 2\,\frac{d^2}{dx_1\,dy_1}\,\frac{d^2}{dx_2\,dy_2}$$

an dem Product

$$UV$$

für

$$U = ax_1^2 + 2bx_1y_1 + cy_1^2, \quad V = a'x_2^2 + 2b'x_2y_2 + c'y_2^2$$

die Function

$$ac' + a'c + 2bb',$$

welche bereits in den Artikeln 72 und 77 als eine Invariante erkannt worden ist.

Im Allgemeinen ist offenbar, dass die mit dem Index 1 bezeichneten Differentiale nur auf U und die mit 2 bezeichneten nur auf V sich beziehen, und dass es unnöthig ist, die Indices nach der Differentiation bei zu behalten,*) so dass

$$\overline{12}^2$$

auf zwei Formen von beliebigem Grade angewendet, die Covariante

*) Wenn W eine x_1, y_1; x_2, y_2 enthaltende Function ist, so erhalten wir dasselbe Resultat, wenn wir diese Veränderlichen linear transformieren und darnach die Indices in der transformierten Gleichung unterdrücken, und wenn wir diese Indices zuerst weglassen und dann die x und y durch die nämlichen Substitutionen transformieren. Diess ergiebt sich unmittelbar aus der Geltung derselben Substitution für

$$x_1, y_1;\ x_2, y_2;\ x, y.$$

daraus folgt aber, dass, wenn W als eine Function von x_1, y_1; x_2, y_2 geschrieben eine Covariante von U, V ist, d. h. wenn der Ausdruck der Coefficienten in W in Function der Coefficienten von U und V durch Transformation ungestört bleibt, die Function W auch nach Unterdrückung der Indices eine Covariante bleibt.

$$\frac{d^2U}{dx^2}\,\frac{d^2V}{dy^2}+\frac{d^2U}{dy^2}\,\frac{d^2V}{dx^2}-2\,\frac{d^2U}{dx\,dy}\,\frac{d^2V}{dx\,dy}$$

hervorbringt.

Ebenso giebt das Symbol

$$\overline{12}^3$$

auf zwei cubische Formen angewendet die Invariante

$$(ad'-a'd)-3\,(bc'-b'c),$$

und in Bezug auf zwei beliebige Formen

$$\frac{d^3U}{dx^3}\,\frac{d^3V}{dy^3}-3\,\frac{d^3U}{dx^2\,dy}\,\frac{d^3U}{dx\,dy^2}+3\,\frac{d^3U}{dx\,dy^2}\,\frac{d^3V}{dx^2\,dy}-\frac{d^3U}{dy^3}\,\frac{d^3V}{dx^3};$$

und in derselben Weise mit andern Potenzen von $\overline{12}$.

107. Wir können auf diesem Wege auch **Invarianten oder Covarianten einer einzigen Function** U erhalten. Es ist dazu nur erforderlich, die Formen U und V in der Betrachtung des letzten Artikels als identisch vorauszusetzen.

Wenn wir z. B. in der im letzten Artikel gefundenen Invariante von zwei binären quadratischen Formen

$$a=a',\quad b=b',\quad c=c'$$

voraussetzen, so wird $\overline{12}^2$ zu

$$2\,(ac-b^2).$$

Und in derselben Art wird der dort für die Covariante eines Systems U, V gegebene Ausdruck einer Covariante für $U=V$ zur Covariante einer Form

$$\frac{d^2U}{dx^2}\,\frac{d^2U}{dy^2}-\left(\frac{d^2U}{dx\,dy}\right)^2.$$

Im Allgemeinen können wir uns zur Ableitung von Covarianten einer einfachen Function nach dieser Methode des folgenden Kunstgriffs bedienen: **Wir bilden zuerst eine Covariante eines Systems von verschiedenen Formen und setzen dann voraus, dass die einzelnen Formen desselben mit einander identisch werden.**

In dem Folgenden verstehen wir immer, wo wir ein solches Symbol wie $\overline{12}^n$, etc. anwenden, ohne ein Subject hinzu zu fügen, auf welches sich seine Operationen beziehen, abgeleitete Functionen einer einzigen Function U. Wir nehmen für das Subject, an welchem zu operiren ist, das Product von zwei oder mehreren

Formen U_1, U_2, etc., in denen die Veränderlichen statt x und y durch x_1, y_1; x_2, y_2; etc. bezeichnet sind; und setzen voraus, dass nach der Differentiation die Indices unterdrückt werden und dass die in dem Resultate auftretenden Veränderlichen alle einander gleich und gemeinschaftlich durch x und y bezeichnet seien.

108. Die Unterdrückung der Indices nach der Differentiation zeigt, *dass die Wahl dieser Indices selbst von keinerlei unterscheidendem Einfluss ist*, dass also z. B.

$$\overline{12}^n \text{ und } \overline{34}^n$$

nur verschiedene Ausdrücke für dieselbe Sache sind.

Bei dem Gebrauch dieser Methode haben wir häufig Transformationen anzuwenden, welche von diesem einfachen Princip abhängen.

So können wir zeigen, *dass die Function*

$$\overline{12}^n$$

für ungerade n und als auf eine einzige Form bezogen, identisch verschwindet; denn aus dem Gesagten folgt

$$\overline{12}^n = \overline{21}^n,$$

und da $\overline{12}$ und $\overline{21}$ nothwendig entgegengesetzte Zeichen haben, wie aus der entwickelten Darstellung der Symbole direct ersichtlich ist, so muss $\overline{12}^n$ für ungerade n verschwinden. Die im Artikel 106 gegebene Entwickelung von $\overline{12}^3$ bewährt diess für die Voraussetzung

$$U = V.$$

Die Symbole

$$\overline{12}^2, \quad \overline{12}^4, \quad \overline{12}^6, \text{ etc.}$$

geben die Reihe der Invarianten und Covarianten, welche wir früher (Artikel 77, 81) entwickelt haben.

Man erkennt ferner leicht, dass

$$\overline{12}^n$$

auf

$$(a_0, a_1, a_2, \ldots \between x, y)^n$$

angewendet, die Invariante

$$a_0 a_n - n a_1 a_{n-1} + \frac{n(n-1)}{1 \cdot 2} a_2 a_{n-2} - \text{etc.}$$

hervorbringt, in welcher der letzte Coefficient, wie aus der Art ihrer Bildung hervorgeht, noch durch 2 dividiert werden muss.

109. Die Resultate der vorigen Artikel können ohne Schwierigkeit auf eine beliebige Anzahl von Functionen ausgedehnt werden.

Wir schreiben die Veränderlichen einer Reihe von Formen

$$U, V, W, \text{etc.}$$

mit den respectiven Indices

$$(1), (2), (3), \text{etc.}$$

und vollziehen an dem aus ihnen zu bildenden Producte die durch das Product einer beliebigen Anzahl der Symbole

$$\overline{12}^\alpha, \overline{23}^\beta, \overline{31}^\gamma, \overline{14}^\delta, \text{etc.}$$

bezeichneten Operationen — wo wie vorher durch $\overline{23}$ z. B. symbolisch die Operation

$$\frac{d}{dx_2}\frac{d}{dy_3} - \frac{d}{dx_3}\frac{d}{dy_2}$$

bedeutet wird; wir unterdrücken nach der Ausführung der Differentiation die Indices und erhalten so eine Covariante des gegebenen Systems von Formen, welche zu einer Invariante wird, wenn nach der Differentiation keine Potenzen von x und y in ihr geblieben sind.

Von den Formen

$$U, V, W$$

können beliebige als identisch vorausgesetzt werden, und in dem Falle, mit welchem wir zumeist uns beschäftigen, in welchem wir nämlich abgeleitete Formen aus einer einzigen Form zu bilden beabsichtigen, ist das Subject der Operationen das Product

$$U_1 U_2 U_3, \text{etc.},$$

in welchem U_1, U_2, etc. nur durch die Indices der Veränderlichen sich von einander unterscheiden.

Offenbar wird nach dieser Methode der Grad der abgeleiteten Function in den Coefficienten stets gleich der Anzahl der verschiedenen Ziffern in dem Symbol der abgeleiteten Form; denn wenn alle Formen verschieden wären, so enthielte die abgeleitete Form einen Coefficienten von jeder der Functionen U, V, W, etc., und diess bleibt wahr bei der Voraussetzung der Identität zwischen diesen Formen; der Grad der abgeleiteten Form in den Coefficienten ist somit gleich der Zahl der Factoren in dem Product $U_1 U_2 U_3$, etc., an welchem die Operationen vollzogen werden. So sind die im letzten Artikel betrachteten abgeleiteten Formen des Symbols $\overline{12}^p$ sämmtlich vom zweiten Grade in den Coefficienten.

Es möge ferner der Grad der abgeleiteten Form in x und y bestimmt werden.

Setzen wir zuerst voraus, dass die Formen U, V, etc. verschieden sind, U vom Grade n, V vom Grade n_1, W vom Grade n_2, etc., und ferner, dass in dem Operationssymbol die Ziffer 1 vielfach vom Grade α, die Ziffer 2 vielfach vom Grade β, etc. auftrete, so muss das Resultat, weil U eine Reihe von α successiven Differentiationen, V eine solche von β Differentiationen erfährt, vom Grade

$$(n - \alpha) + (n_1 - \beta) + (n_2 - \gamma) + \text{etc.}$$

sein. Sind die Formen identisch und ist die Anzahl der Factoren im Producte $U_1 U_2 \ldots U_p$, an welchem wir operieren, $= p$, so ist der Grad des Resultats in den x und y

$$= np - (\alpha + \beta + \gamma + \text{etc.}),$$

während zugleich, wenn r Factoren von der Gestalt $\overline{12}$ in dem Operationssymbol enthalten sind,

$$\alpha + \beta + \gamma + \text{etc.} = 2r$$

sein wird.

Um eine Invariante zu erhalten, müssen wir haben

$$\alpha = \beta = \gamma, \text{ etc.} = n.$$

110. Zur Erläuterung der vorgetragenen Principien führen wir eine Untersuchung aller Invarianten aus, welche vom dritten Grade in den Coefficienten sind.

Das Symbol solcher Invarianten muss, weil es nur drei Ziffern enthalten kann, von der Form

$$\overline{12}^\alpha . \overline{23}^\beta . \overline{31}^\gamma$$

sein; und damit das Ergebniss der dadurch geforderten Operationen eine Invariante sei, muss man haben

$$\alpha + \gamma = \beta + \alpha = \gamma + \beta = n,$$

d. h.

$$\alpha = \beta = \gamma,$$

so dass die allgemeine Form der zu untersuchenden Klasse von Invarianten

$$(\overline{12} . \overline{23} . \overline{31})^\alpha$$

ist.

Wenn aber α ungerade ist, so verschwindet diese abgeleitete Form identisch, weil wie in Artikel 108 die Vertauschung der Ziffern 1 und 2 die Identität

$$(\overline{12} \,.\, \overline{23} \,.\, \overline{31})^\alpha = (\overline{21} \,.\, \overline{13} \,.\, \overline{32})^\alpha$$

hervorbringt, in welcher die rechts und links stehenden Grössen nothwendig verschiedene Vorzeichen haben. In Folge dessen sind alle Invarianten von der dritten Ordnung in den Coefficienten in dem Symbol

$$(\overline{12} \,.\, \overline{23} \,.\, \overline{31})^\alpha$$

für gerade α, enthalten.

So ist

$$\overline{12}^2 \,.\, \overline{23}^2 \,.\, \overline{31}^2$$

eine Invariante für biquadratische Formen,

$$\overline{12}^4 \,.\, \overline{23}^4 \,.\, \overline{31}^4$$

eine Invariante für binäre Formen vom achten Grade und

$$\overline{12}^6 \,.\, \overline{23}^6 \,.\, \overline{31}^6$$

für Formen vom zwölften Grade; nur Formen vom Grade $4m$ haben somit Invarianten vom dritten Grade in den Coefficienten.

Wenn wir eine derselben wirklich berechnen wollen, so mögen zur Abkürzung für

$$\frac{d}{dx_1}, \quad \frac{d}{dy_1}, \quad \text{etc.}$$

die einfachen Zeichen

$$\xi_1, \; \eta_1, \; \text{etc.}$$

gesetzt werden. Für

$$\overline{12}^2 \,.\, \overline{23}^2 \,.\, \overline{31}^2$$

haben wir dann

$$(\xi_1\eta_2 - \xi_2\eta_1)^2 \; (\xi_2\eta_3 - \xi_3\eta_2)^2 \; (\xi_3\eta_1 - \xi_1\eta_3)^2$$

zu entwickeln, in dem Resultat alle Indices zu unterdrücken und

$$\xi^4 \text{ durch } \frac{d^4U}{dx^4}, \text{ etc.}$$

zu ersetzen, d. i., wenn wir eine biquadratische Form als Subject der Operation haben,

$$\xi^4 \text{ durch } a_0, \text{ den Coefficient von } x^4, \text{ etc.}$$

Mancherlei Wege führen zu kleinen praktischen Vortheilen zur Abkürzung der Arbeit der Entwickelung, wir halten es nicht für nöthig, bei denselben zu verweilen; wir wollen nur die Ergebnisse der Berechnung der drei oben angeführten Invarianten hier mittheilen und überlassen dem Leser die Bestätigung.

Das Symbol

$$\overline{12}^2 \,.\, \overline{23}^2 \,.\, \overline{31}^2$$

erzeugt die früher schon erhaltene Invariante der biquadratischen Form (Artikel 86, 102)

$$a_0 a_2 a_4 + 2 a_1 a_2 a_3 - a_0 a_3^2 - a_1^2 a_4 - a_2^3.$$

Das Symbol

$$\overline{12}^4 \,.\, \overline{23}^4 \,.\, \overline{31}^4$$

giebt

$$\begin{aligned} &15a_4^3 + a_5(24a_2 a_5 - 36a_3 a_4) + a_6(3a_0 a_6 - 8a_1 a_5 - 22a_2 a_4 + 24a_3^2) \\ &\quad + a_7(-4a_0 a_5 + 12a_1 a_4 - 8a_2 a_3) + a_8(a_0 a_4 - 4a_1 a_3 + 3a_2)^2. \end{aligned}$$

Endlich giebt

$$\overline{12}^6 \,..\, \overline{23}^6 \,.\, \overline{31}^6$$

$$\begin{aligned} &-280a_6^3 + a_7(-540a_4 a_7 + 720a_5 a_6) \\ &+ a_8(-135a_2 a_8 + 270a_3 a_7 + 495a_4 a_6 - 540a_5^2) \\ &+ a_9(-10a_0 a_9 + 30a_1 a_8 + 150a_2 a_7 - 430a_3 a_6 + 270a_4 a_5) \\ &+ a_{10}(15a_0 a_8 - 54a_1 a_7 + 24a_2 a_6 + 150a_3 a_5 - 135a_4^2) \\ &+ a_{11}(-6a_0 a_7 + 30a_1 a_6 - 54a_2 a_5 + 30a_3 a_4) \\ &+ a_{12}(a_0 a_6 - 6a_1 a_5 + 15a_2 a_4 - 10a_3^2). \end{aligned}$$

111. Während der eben betrachtete der einzige Typus von Invarianten der dritten Ordnung ist, existiert eine unbegrenzte Anzahl von Covarianten dieser Ordnung, von denen das Symbol

$$\overline{12}^2 \,.\, \overline{13}$$

die einfachste bezeichnet, in entwickelter Form

$$\begin{aligned} &\frac{d^3U}{dx^3}\,\frac{d^2U}{dx^2}\,\frac{dU}{dy} - \frac{d^3U}{dx^2\,dy}\left(2\,\frac{d^2U}{dx\,dy}\,\frac{dU}{dy} + \frac{d^2U}{dy^2}\,\frac{dU}{dx}\right) \\ &\quad + \frac{d^3U}{dx\,dy^2}\left(\frac{d^2U}{dx^2}\,\frac{dU}{dy} + 2\,\frac{d^2U}{dx\,dy}\,\frac{dU}{dx}\right) - \frac{d^3U}{dy^3}\,\frac{d^2U}{dx^2}\,\frac{dU}{dx}. \end{aligned}$$

Wenn man dasselbe auf eine cubische Form anwendet, so erhält man die im Beispiel des Artikel 88 gegebene Covariante derselben

$$\begin{aligned} &(a_0^2 a_3 + 2a_1^3 - 3a_0 a_1 a_2,\ \ 3a_1^2 a_2 + 3a_0 a_1 a_3 - 6a_0 a_2^2, \\ &6a_1^2 a_3 - 3a_1 a_2^2 - 3a_0 a_2 a_3,\ \ 3a_1 a_2 a_3 - 2a_2^3 - a_0 a_3^2 \between x, y)^3. \end{aligned}$$

Der allgemeine Typus der Invarianten vierter Ordnung ist

$$(\overline{12} \, . \, \overline{34})^{\alpha} \; (\overline{13} \, . \, \overline{24})^{\beta} \; (\overline{14} \, . \, \overline{23})^{\gamma}.$$

Beispielsweise ist die Discriminante einer cubischen Form in dieser Bezeichnung

$$(\overline{12} \, . \, \overline{34})^2 \, . \, (\overline{13} \, . \, \overline{34}).$$

Wir versagen uns an dieser Stelle das Eingehen auf weitere Details.

112. Die hier entwickelten Principien erlauben einen einfachen Beweis des merkwürdigen von Hermite zuerst bewiesenen Theorems, auf welches wir uns als „Hermite's Reciprocitätsgesetz" mehrfach beziehen werden.

Die Zahl der Invarianten n^{ten} Grades in den Coefficienten, welche eine binäre Form vom p^{ten} Grade in den Veränderlichen besitzt, ist der Zahl der Invarianten p^{ten} Grades einer binären Form n^{ten} Grades gleich.

Wir haben früher bewiesen, dass die Zahl der verschiedenen Ziffern 1, 2, 3, etc. eines Symbols

$$\overline{12}^a \, . \, \overline{23}^b \, . \, \overline{34}^c \, . \text{ etc.}$$

$= p$ und dass jede derselben n fach in dem Symbol enthalten ist, wenn dasselbe eine Invariante p^{ten} Grades von einer Form n^{ten} Grades bezeichnet. Nach der Methode des Artikel 75 können wir aber eine Invariante

$$\Sigma \, (\alpha_1 - \alpha_2)^a \; (\alpha_2 - \alpha_3)^b \; (\alpha_3 - \alpha_4)^c \text{ etc.}$$

berechnen, indem wir jedes Symbol 34 durch die Differenz zweier Wurzeln $(\alpha_3 - \alpha_4)$ ersetzen. Dieselbe ist eine Invariante einer Form vom p^{ten} Grade, weil nach der Voraussetzung p Wurzeln vorhanden sind, und sie ist vom Grade n in den Coefficienten der Gleichung; denn man kann leicht beweisen, dass der Grad in den Coefficienten für irgend eine symmetrische Function der Wurzeln der höchsten Potenz gleich ist, in welcher eine Wurzel in den Ausdruck der Function eingeht.

So hat z. B. die quadratische Form nur die eine unabhängige Invariante

$$(\alpha_1 - \alpha_2)^2,$$

obgleich allerdings jede Potenz derselben auch eine Invariante ist; der allgemeine Typus solcher Invarianten ist also

$$(\alpha_1 - \alpha_2)^{2m}.$$

Es haben daher nur Formen von geradem Grade Invarianten,

welche von der zweiten Ordnung in den Coefficienten sind, und das allgemeine Symbol für dieselben ist

$$\overline{12}^{2m}.$$

So haben ferner cubische Formen keine anderen Invarianten, als die Discriminante

$$(\alpha_1 - \alpha_2)^2 (\alpha_2 - \alpha_3)^2 (\alpha_3 - \alpha_1)^2$$

und ihre Potenzen, und die Discriminante ist von der vierten Ordnung in den Coefficienten. Und nur Formen vom Grade $4m$ haben cubische Invarianten, deren allgemeiner Typus durch

$$\overline{12}^{2m} . \overline{23}^{2m} . \overline{31}^{2m}$$

dargestellt ist.

Es wird bewiesen werden, dass biquadratische Formen zwei unabhängige Invarianten haben, von denen die eine vom zweiten, die andere vom dritten Grade in den Coefficienten ist, während überdiess jedes Product aus einer Potenz der einen mit einer Potenz der andern eine Invariante giebt. Biquadratische Formen haben also so viel Invarianten des p^{ten} Grades als die Gleichung

$$2x + 3y = p$$

ganzzahlige Auflösungen annimmt und diess ist daher auch die Zahl der Invarianten vierten Grades, welche eine Form vom Grade p besitzen kann.

113. Hermite hat gezeigt, dass sein Theorem auch auf Covarianten von gegebenem Grade in x und y Anwendung erleidet, d. h. dass eine binäre Form vom n^{ten} Grade so viele Covarianten vom Grade p in den Coefficienten besitzt, als eine Form vom p^{ten} Grade Covarianten vom n^{ten} Grade in den Coefficienten hat.

Denn betrachten wir irgend ein Symbol

$$\overline{12}^{\lambda} . \overline{23}^{\mu} . \overline{34}^{\nu} . \text{ etc.},$$

in welchem p Ziffern auftreten, und die Ziffer 1 vielfach im Grade a, die Ziffer 2 vielfach im Grade b, etc. erscheint, so ist bewiesen worden, dass der Grad dieser Covariante in den Veränderlichen

$$= (n-a) + (n-b) + \text{etc.}$$

ist. Wir können aber die symmetrische Function

$$\Sigma (\alpha_1 - \alpha_2)^{\lambda} (\alpha_2 - \alpha_3)^{\mu} (\alpha_3 - \alpha_4)^{\nu} (x - \alpha_1)^{n-a} (x - \alpha_2)^{n-b} \text{ etc.}$$

bilden, von der im Artikel 75 bewiesen ward, dass sie eine Covariante der Form p^{ten} Grades ist, von welcher α_1, α_2, α_3, etc. die Wurzeln sind; in dieselbe geht jede Wurzel im Grade n ein, welches somit der Grad der Covariante in den Coefficienten ist, und sie enthält offenbar die Veränderlichen x und y in demselben Grade

$$(n-a) + (n-b) + \text{etc.},$$

der vorher bezeichnet ist.

So sind z. B. die einzigen Covarianten, welche eine quadratische Form hat, die Producte derselben mit Potenzen ihrer Discriminante, und ihr allgemeiner Typus ist

$$(\alpha_1 - \alpha_2)^{2p} (x - \alpha_1)^q (x - \alpha_2)^q,$$

so dass ihr Grad in den Coefficienten $(2p + q)$ und in den Veränderlichen $2q$ ist. Wir erkennen daraus, dass jede Form vom Grade $(2p + q)$ eine Covariante vom zweiten Grade in den Coefficienten und vom Grade $2q$ in den Veränderlichen hat, so dass das allgemeine Symbol für solche Covarianten

$$\overline{12}^{2p}$$

ist. Für $q = 1$ erhalten wir den Satz des Artikel 83, nach welchem jede Form von ungeradem Grade eine in den Coefficienten und in den Veränderlichen quadratische Covariante besitzt.

114. Diese Bezeichnungsweise der Hyperdeterminanten gestattet die Ausbildung eines vollständigen Calculs zur Transformation von Invarianten und Covarianten und damit zum Nachweis der Identität zwischen nur scheinbar verschiedenen Ausdrücken. Die Basis dieser Entwickelungen ist die folgende identische Gleichung, deren Richtigkeit man leicht bewährt. Wenn wir durch D_1 die Operation

$$x \frac{d}{dx_1} + y \frac{d}{dy_1}$$

bezeichnen, so ist

$$D_1 \overline{23} + D_2 \overline{31} + D_3 \overline{12} = 0; \qquad (A)$$

denn indem man für $\overline{23}$, etc. ihre Werthe substituiert, verschwinden die Coefficienten von x und y einzeln nach Artikel 2.

Um den Gebrauch zu erläutern, der von dieser Gleichung gemacht wird, wollen wir die erste Anwendung, die wir von ihr machen, mit mehr Details ausführen, als wir bei den späteren für nöthig halten.

Indem man (A) in der Form

$$D_1\overline{23} = D_2\overline{13} - D_3\overline{12}$$

schreibt und quadriert, erhält man

$$2D_2D_3\overline{12}\,.\,\overline{13} = D_2{}^2\overline{13}^2 + D_3{}^2\overline{12}^2 - D_1{}^2\overline{23}^2. \qquad (B)$$

Diese Gleichung gilt unter der Voraussetzung, dass alle die Functionen U_1, U_2, U_3, etc., auf die die Operationen sich beziehen, verschieden sind.

Da wir nun aber im Folgenden ausschliesslich solche Beispiele betrachten werden, in welchen die auftretenden abgeleiteten Formen sich auf eine einzige Function U beziehen, als mit der alle die Formen U_1, U_2, etc. durch Unterdrückung ihrer Indices identisch werden, so sind nach Artikel 108

$$D_1{}^2\overline{23}^2, \quad D_2{}^2\overline{13}^2, \quad D_3{}^2\overline{12}^2$$

sämmtlich nur verschiedene Ausdrücke derselben Grösse. Dadurch wird die Gleichung (B) in die Gestalt

$$D_3{}^2\overline{12}^2 = 2D_2D_3\overline{12}\,.\,\overline{13}$$

übergeführt.

Nun wird nach dem Theorem von den homogenen Functionen eine beliebige Function durch die Ausführung der Operation D nur mit einem numerischen Multiplicator behaftet; derselbe ist auf der linken Seite, wo die Operation $D_3{}^2$ nur die Function U_3 betrifft, die nicht ausserdem noch differentiiert wird,

$$= n\,(n-1);$$

auf der rechten Seite beziehen sich D_2, D_3 auf Functionen, welche beide je einmal ausserdem differentiiert werden und führen daher den numerischen Factor

$$(n-1)$$

ein. Wenn man den Ausdruck

$$2D_2D_3\overline{12}\,.\,\overline{13} = D_3{}^2\overline{12}^2$$

entwickelt, so erhält man nach Unterdrückung der Indices und beiderseitigen Division durch

$$2\,(n-1)$$

$$(n-1)\left\{\frac{d^2U}{dx^2}\left(\frac{dU}{dy}\right)^2 - 2\,\frac{d^2U}{dx\,dy}\,\frac{dU}{dx}\,\frac{dU}{dy} + \frac{d^2U}{dy^2}\left(\frac{dU}{dx}\right)^2\right\}$$
$$= nU\left\{\frac{d^2U}{dx^2}\,\frac{d^2U}{dy^2} - \left(\frac{d^2U}{dx\,dy}\right)^2\right\}.$$

115. Es mag bemerkt werden, dass die Verminderung

der Zahl der Ziffern des Symbols durch Transformation stets anzeigt, dass U selbst ein Factor in der abgeleiteten Form ist.

So bewiesen wir in dem gewählten Beispiele, dass $\overline{12}\,.\,\overline{13}$ nur durch einen numerischen Factor von $\overline{12}^2$ differiert; aber da das Subject der Operation das Product $U_1\,U_2\,U_3$ ist und das Symbol $\overline{12}^2\;U_3$ nicht betrifft, so erscheint nach Unterdrückung der Indices U als ein Factor.

116. Wir können allgemein beweisen, dass die abgeleitete Form

$$\overline{12}^m\,.\,\overline{13}$$

für ein ungerades m nur durch einen numerischen Factor von

$$\overline{12}^{m+1}$$

abweicht. Denn die Multiplication der Gleichung (A) mit $\overline{12}^m$ giebt

$$D_1\,\overline{12}^m\,.\,\overline{23} + D_2\,\overline{12}^m\,.\,\overline{31} + D_3\,\overline{12}^{m+1} = 0$$

oder

$$D_3\,\overline{12}^{m+1} = 2\,D_2\,\overline{12}^m\,.\,\overline{13},$$

weil die beiden ersten Glieder der vorigen Gleichung nur durch die Vertauschung der Ziffern 1 und 2 von einander abweichen.

Und allgemein kann jedes Symbol so transformiert werden, dass die höchste Potenz irgend eines Factors $\overline{12}$ von geradem Exponenten ist.

Denn die Bedeutung dieses Symbols wird durch die Vertauschung der Ziffern 1 und 2 nicht verändert und daher gilt die Gleichung

$$\overline{12}^{2m+1}\varphi_1 = -\,\overline{12}^{2m+1}\varphi_2 = \tfrac{1}{2}\,\overline{12}^{2m+1}(\varphi_1 - \varphi_2),$$

und hier kann die Grösse

$$\varphi_1 - \varphi_2$$

mit Hilfe der Gleichung (A) so transformiert werden, dass sie durch $\overline{12}$ theilbar ist. Das angefügte Beispiel wird diess näher erläutern.

Beispiel. Man soll

$$\overline{12}^3\,.\,\overline{13}^2\,.\,\overline{14}$$

so transformieren, dass es $\overline{12}^4$ als einen Factor enthält.

Man hat

$$2\,D_2{}^3\,\overline{12}^3\,.\,\overline{13}^2\,.\,\overline{14} = 2\,D_1{}^3\,\overline{21}^3\,.\,\overline{23}^2\,.\,\overline{24}$$
$$= \overline{12}^3\,(D_2{}^3\,\overline{13}^2\,.\,\overline{14} - D_1{}^3\,\overline{23}^2\,.\,\overline{24});$$

wenn wir aber in das Letzte für

$$D_1 \overline{23} \qquad D_2 \overline{13} - D_3 \overline{12}$$

und für

$$D_1 \overline{24} \qquad D_2 \overline{14} - D_4 \overline{12}$$

substituieren, so wird die zwischen den Klammern stehende Grösse durch $\overline{12}$ theilbar und wir erhalten

$$2 D_2^3 \overline{12}^3 \cdot \overline{13}^2 \cdot \overline{14} = \overline{12}^4 (D_2^2 D_4 \overline{13}^2 + D_3^2 D_4 \overline{12}^2 + 2 D_2^2 D_3 \overline{13} \cdot \overline{14} - D_2 D_3^2 \overline{12} \cdot \overline{14} - 2 D_2 D_3 D_4 \overline{12} \cdot \overline{13}).$$

Endlich kann hier die zwischen den Klammern stehende Grösse mittelst der Gleichung (B) noch weiter vereinfacht werden, so dass man erhält

$$4 D_2^3 D_4 \overline{12}^3 \cdot \overline{13}^2 \cdot \overline{14} = \overline{12}^4 (6 D_2^2 D_4^2 \overline{13}^2 - D_3^2 D_4^2 \overline{12}^2 - 2 D_1^2 D_2^2 \overline{34}^2).$$

117. Ausser von den schon oben erwähnten identischen Gleichungen werden wir noch von einer dritten gleichfalls leicht zu bewährenden Gebrauch machen, nämlich von

$$\overline{12} \cdot \overline{34} - \overline{13} \cdot \overline{24} + \overline{14} \cdot \overline{23} = 0. \qquad (C)$$

Mit Hilfe dieser Gleichungen können wir alle Symbole auf gewisse Normalformen reducieren, welche wir durch besondere Buchstaben bezeichnen wollen.

Für Symbole von zwei Factoren wählen wir als solche Normalform die Hesse'sche Covariante $\overline{12}^2$ und bezeichnen sie durch H;

für drei Factoren $\overline{12}^2 \cdot \overline{13} = G$;

für vier Factoren $\overline{12}^4 = I$ oder $\overline{12}^2 \cdot \overline{34}^2 = H^2$;

für fünf Factoren $\overline{12}^4 \cdot \overline{13} = F$ oder $\overline{12}^2 \cdot \overline{13} \cdot \overline{45}^2 = GH$;

für sechs Factoren $\overline{12}^6 = K$ oder $\overline{12}^2 \cdot \overline{23}^2 \cdot \overline{31}^2 = J$

oder $\overline{12}^2 \cdot \overline{34}^2 \cdot \overline{56}^2 = H^3$;

etc., etc.

Die folgenden Beispiele werden die Ausführung dieser Reductionen hinreichend erläutern.

Beispiel 1. Man soll $\overline{12} \cdot \overline{13} \cdot \overline{14}$ in Gliedern der Normalform ausdrücken.

Indem wir die Gleichung (B) mit $\overline{14}$ multiplicieren, werden die beiden ersten Glieder der rechten Seite identisch, während das letzte Glied verschwindet und wir erhalten

$$D_2 D_3 \overline{12} \cdot \overline{13} \cdot \overline{14} = D_2^2 \overline{13}^2 \cdot \overline{14},$$

d. h.

$$(n-1) \left\{ \overline{12} \cdot \overline{13} \cdot \overline{14} \right\} = n\, G\, U.$$

Man sieht leicht, dass $\overline{12} \cdot \overline{13} \cdot \overline{14}$ das Resultat der Substitution

$$\text{von } \frac{dU}{dy} \text{ für } x \text{ und } -\frac{dU}{dx} \text{ für } y$$

in eine binäre cubische Form bezeichnet, oder allgemein, dass es das Resultat einer gleichen Substitution in die cubische Emanante

$$\left(x'\frac{d}{dx} + y'\frac{d}{dy}\right)^3 U$$

irgend einer Form ausdrückt; das Resultat einer gleichen Substitution in die Form selbst ist

$$\overline{12} \,.\, \overline{13} \,.\, \overline{14} \,.\, \overline{15} \,.\, \text{etc.}$$

Im Allgemeinen kann jedes Symbol auf eine geschlossene Form dadurch reduciert werden, dass man für jedes Paar einfacher Factoren mit einer gemeinschaftlichen Ziffer, wie z. B. $\overline{12} \,.\, \overline{13}$, den Werth ihres Products aus der Gleichung (B) einsetzt, um so das gegebene Symbol in Function anderer auszudrücken, in welchen diess Paar von Factoren durch einen quadratischen Factor ersetzt ist. Wir werden in allen folgenden Beispielen diese Reduction als bereits vollzogen voraussetzen, und nur Symbole discutieren, welche so vorbereitet sind, dass sie so viel quadratische Factoren als möglich enthalten.

So wird der Werth von

$$\overline{12} \,.\, \overline{13} \,.\, \overline{14} \,.\, \overline{15}$$

berechnet durch Multiplication der Gleichungen

$$2D_2D_3\overline{12} \,.\, \overline{13} = D_3^2\overline{12}^2 + D_2^2\overline{13}^2 - D_1^2\overline{23}^2,$$
$$2D_4D_5\overline{14} \,.\, \overline{15} = D_5^2\overline{14}^2 + D_4^2\overline{15}^2 - D_1^2\overline{45}^2;$$

dann enthalten alle Glieder der rechten Seite der Gleichung nur quadratische Factoren. Das Resultat dieses Prozesses bei irgend einer Form

$$\overline{12} \,.\, \overline{13} \,.\, \overline{14} \,.\, \overline{15} \,.\, \text{etc.}$$

ist eine Verminderung der Zahl der Ziffern und in Folge dessen enthält jede abgeleitete Form dieser Art U als einen Factor. (Artikel 116).

Beispiel 2. Man soll $\overline{12}^2 \,.\, \overline{13}^2$ berechnen.

Indem wir

$$D_1\overline{23} = D_2\overline{13} - D_3\overline{12}$$

zur vierten Potenz erheben und die identischen Glieder der Entwickelung vereinigen, erhalten wir

$$6D_2^2D_3^2\overline{12}^2 \,.\, \overline{13}^2 = 8D_3^2D_2\overline{12}^3 \,.\, \overline{13} - D_3^4\overline{12}^4.$$

Aber wie im Artikel 116 ist

$$8D_3^3D_2\overline{12}^3 \,.\, \overline{13} = 4D_3^4\overline{12}^4,$$

und es ergiebt sich damit, dass

$$\overline{12}^2 \,.\, \overline{13}^2$$

nur durch einen numerischen Multiplicator von

$$\overline{12}^4$$

differiert.

Oder auch: Die elementare Algebra lehrt, dass die Gleichung

$$a + b + c = 0,$$

die andere

$$a^4 + b^4 + c^4 - 2a^2b^2 - 2b^2c^2 - 2c^2a^2 = 0$$

in sich schliesst. Somit haben wir aus Gleichung (A)

$$D_1^4\overline{23}^4 + D_2^4\overline{31}^4 + D_3^4\overline{12}^4 - 2D_1^2D_2^2\overline{23}^2 . \overline{31}^2 - 2D_2^2D_3^2\overline{31}^2 . \overline{12}^2$$
$$- 2D_3^2D_1^2\overline{12}^2 . \overline{23}^2 = 0 \qquad (D)$$

und

$$2D_2^2D_3^2\overline{12}^2 . \overline{13}^2 = D_3^4\overline{12}^4.$$

d. i.

$$2(n-2)(n-3)\left\{\overline{12}^2 . \overline{13}^2\right\} = n(n-1)\,IU.$$

Beispiel 3. Man soll

$$\overline{12}^4 . \overline{13}^2$$

reducieren.

Multiplicieren wir die Gleichung (D) mit $\overline{12}^2$, so haben wir

$$2D_2^4\overline{13}^4 . \overline{12}^2 + D_3^4\overline{12}^6 = 2D_1^2D_2^2\overline{12}^2 . \overline{23}^2 . \overline{31}^2 + 4D_2^2D_3^2\overline{12}^4 . \overline{13}^2,$$

oder

$$2(n-2)(n-3)(n-4)(n-5)\left\{\overline{12}^4 . \overline{13}^2\right\} = n(n-1)(n-2)(n-3)\,KU$$
$$- 2(n-4)^2(n-5)^2\,J.$$

Beispiel 4. Das Symbol

$$\overline{12}^2 . \overline{13}^2 . \overline{14}^2$$

zu reducieren.

Wenn wir die drei Gleichungen

$$2D_2D_3\overline{12} . \overline{13} = D_3^2\overline{12}^2 + D_2^2\overline{13}^2 - D_1^2\overline{23}^2,$$
$$2D_3D_4\overline{13} . \overline{14} = D_4^2\overline{13}^2 + D_3^2\overline{14}^2 - D_1^2\overline{34}^2,$$
$$2D_4D_2\overline{14} . \overline{12} = D_2^2\overline{14}^2 + D_4^2\overline{12}^2 - D_1^2\overline{24}^2$$

multiplicieren, so erhalten wir durch Vereinigung der identischen Glieder und Reduction

$$6D_2^2D_3^2D_4^2\overline{12}^2 . \overline{13}^2 . \overline{14}^2 = -4D_4^6\overline{12}^2 . \overline{23}^2 . \overline{31}^2 - 3D_1^2D_2^2D_3^2\overline{14}^4 . \overline{23}^2$$
$$+ 6D_3^2D_4^4\overline{12}^4 . \overline{13}^2,$$

womit, weil der Werth von $\overline{12}^4 . \overline{13}^2$ schon vorher berechnet worden ist, die Bestimmung von $\overline{12}^2 . \overline{13}^2 . \overline{14}^2$ vollendet erscheint.

Beispiel 5. Man soll

$$\overline{12}^2 . \overline{13}^2 . \overline{34}^2$$

reducieren.

Wir können entweder durch Multiplication der Gleichung (D) mit $\overline{34}^2$ einen Ausdruck für die fragliche abgeleitete Form in Function von $\overline{12}^4 . \overline{13}^2$ und $\overline{12}^2 . \overline{13}^2 . \overline{14}^2$ erhalten, welche vorher berechnet worden sind, oder wir können die Reduction direct wie folgt vollziehen.

Wir multiplicieren das Product von

$$2D_2D_3\overline{12} . \overline{13} = D_3^2\overline{12}^2 + D_2^2\overline{13}^2 - D_1^2\overline{23}^2,$$
$$2D_2D_3\overline{24} . \overline{34} = D_3^2\overline{24}^2 + D_2^2\overline{34}^2 - D_4^2\overline{23}^2$$

mit $\overline{14}^2$ und erhalten

$$4D_2^2D_3^2\overline{12}.\overline{13}.\overline{24}.\overline{34}.\overline{14}^2 = 2D_3^4\overline{12}^2.\overline{24}^2.\overline{41}^2 + D_1^2D_1^2\overline{23}^4.\overline{14}^2$$
$$- 2D_2^2D_4^2\overline{14}^2.\overline{13}^2.\overline{23}^2.$$

Aber aus der Gleichung (C) ist

$$2.\overline{14}^2(\overline{12}.\overline{13}.\overline{24}.\overline{34}) = \overline{14}^2(\overline{12}^2.\overline{34}^2 + \overline{13}^2.\overline{24}^2 - \overline{14}^2.\overline{23}^2),$$

so dass die linke Seite der vorhergehenden Gleichung in die Gestalt

$$4D_2^2D_3^2\overline{12}^2.\overline{14}^2.\overline{34}^2 - 2D_2^2D_3^2\overline{14}^4.\overline{23}^2$$

übergeht, und wir also durch Reduction erhalten

$$6D_2^2D_3^2\overline{12}^2.\overline{14}^2.\overline{34}^2 = 3D_2^2D_3^2\overline{14}^4.\overline{23}^2 + 2D_3^4\overline{12}^2.\overline{24}^2.\overline{41}^2$$

oder

$$6(n-2)(n-3)\overline{12}^2.\overline{14}^2.\overline{34}^2 = 3(n-2)(n-3)HI + 2n(n-1)JU.$$

118. *Wir wollen zunächst zeigen, wie der symbolische Ausdruck der abgeleiteten Form von einer abgeleiteten Form zu bilden ist.*

Zuerst ist offenbar, dass wir das nämliche Resultat erhalten, wenn wir in einer Function von x_1, x_2, x_3, etc. alle Indices unterdrücken und dann in Bezug auf x differentiieren, oder ob wir die Summe ihrer nach x_1, x_2, etc. genommenen Differentiale bilden, um dann die Indices zu beseitigen.

Das Differential eines die Ziffern 1, 2, 3, etc. enthaltenden Ableitungssymbols, wie z. B. $\overline{12}^2.\overline{13}^2$, in Bezug auf x wird somit erhalten, indem man an diesem Symbol die Operation

$$\frac{d}{dx_1} + \frac{d}{dx_2} + \frac{d}{dx_3} + \text{etc.}$$

ausführt.

Die Art, in welcher andere abgeleitete Functionen ausgedrückt werden können, wird hinreichend erhellen, wenn wir ein Beispiel erörtern; wir wählen dazu die Aufgabe, *die Hesse'sche Covariante der Hesse'schen Covariante symbolisch auszudrücken.*

Wir erinnern, dass die Hesse'sche Covariante selbst ausgedrückt wird, indem man das Product U_1U_2 (nur die Indices unterscheiden beide Functionen) bildet und die Operationen des Symbols

$$(\xi_1\eta_2 - \xi_2\eta_1)^2$$

daran ausführt, wo ξ_1, η_1, etc. Differentiale repräsentieren.

Um daher die Hesse'sche Covariante von

$$\overline{12}^2$$

zu bilden, vollziehen wir an dem Product

$$\overline{12}^2 . \overline{34}^2$$

die Operationen des Symbols

$$(\xi_1 \eta_2 - \xi_2 \eta_1)^2,$$

wo

$$\xi_1 = \frac{d}{dx_1} + \frac{d}{dx_2}, \quad \xi_2 = \frac{d}{dx_3} + \frac{d}{dx_4}, \text{ etc.}$$

Man erkennt so, dass die Hesse'sche Covariante der Hesse'schen Covariante durch

$$(\overline{13} + \overline{14} + \overline{23} + \overline{24})^2 \; \overline{12}^2 . \overline{34}^2$$

repräsentiert ist, welches entwickelt mit

$$4\,(\overline{12}^2 . \overline{13}^2 . \overline{34}^2) + 4\,(\overline{12}^2 . \overline{34}^2 . \overline{13} . \overline{24}) + 8\,(\overline{13} . \overline{14} . \overline{12}^2 . \overline{34}^2)$$

äquivalent wird.

Und um ein complicierteres Beispiel zu wählen, sei das Resultat der Operation

$$\overline{12}^2 . \overline{23}^2 . \overline{31}^2$$

an dem Product der drei Functionen symbolisch ausgedrückt, welche sind

$$\overline{12}^2,$$

die Hesse'sche Covariante H,

$$\overline{12}^2 . \overline{23}^2 . \overline{31}^2 \quad \text{oder} \quad J$$

und die dritte die Function

$$U$$

selbst.

Wir müssen dann für die beiden abgeleiteten Functionen verschiedene Ziffern benutzen und werden also an dem Product von

$$\overline{12}^2 \quad \text{und} \quad \overline{34}^2 . \overline{45}^2 . \overline{53}^2$$

mit

$$(\xi_1 \eta_2 - \xi_2 \eta_1)^2 \; (\xi_2 \eta_3 - \xi_3 \eta_2)^2 \; (\xi_3 \eta_1 - \xi_1 \eta_3)^2$$

wo

$$\xi_1, \; \xi_2, \; \xi_3,$$

respective durch

$$\frac{d}{dx_1} + \frac{d}{dx_2}, \quad \frac{d}{dx_3} + \frac{d}{dx_4} + \frac{d}{dx_5}, \quad \frac{d}{dx_6}$$

zu ersetzen sind, operieren. Man findet so das Symbol in entwickelter Form, wie folgt:

$$(\overline{13} + \overline{14} + \overline{15} + \overline{23} + \overline{24} + \overline{25})^2 \, (\overline{36} + \overline{46} + \overline{56})^2$$
$$(\overline{16} + \overline{26})^2 \,.\, \overline{12}^2 \,.\, \overline{34}^2 \,.\, \overline{45}^2 \,.\, \overline{53}^2.$$

119. Der eben für die Hesse'sche Covariante der Hesse'schen Covariante gegebene symbolische Ausdruck erlaubt den Nachweis zu führen, dass dieselbe auf die Form

$$IH + \lambda J U$$

reduciert werden kann. (Vergl. unten Artikel 142).

Wir haben im 5ten Beispiel des Artikel 117 gesehen, dass

$$\overline{12}^2 \,.\, \overline{13}^2 \,.\, \overline{34}^2$$

in der verlangten Form ausgedrückt werden kann, und es bleibt daher nur übrig, die gleiche Eigenschaft für die beiden übrigen Glieder des bezeichneten Ausdrucks

$$\overline{12}^2 \,.\, \overline{34}^2 \,.\, \overline{13} \,.\, \overline{24}, \quad \overline{13} \,.\, \overline{14} \,.\, \overline{12}^2 \,.\, \overline{34}^2$$

nachzuweisen.

Wir multiplicieren das Product der Gleichungen

$$- 2 D_4 D_1 \overline{13} \,.\, \overline{14} = D_1^2 \overline{34}^2 + D_4^2 \overline{13}^2 - D_3^2 \overline{14}^2,$$
$$2 D_2 D_3 \overline{24} \,.\, \overline{34} = D_2^2 \overline{34}^2 + D_3^2 \overline{24}^2 - D_4^2 \overline{23}^2$$

mit $\overline{12}^2$ und erhalten

$$- 4 D_1 D_2 D_3 D_4 \overline{12}^2 \,.\, \overline{34}^2 \,.\, \overline{13} \,.\, \overline{24} = D_1^2 D_2^2 \overline{12}^2 \,.\, \overline{34}^4 \,.$$
$$+ 2 D_3^2 D_4^2 \overline{12}^2 \,.\, \overline{13}^2 \,.\, \overline{24}^2 - 2 D_4^4 \overline{12}^2 \,.\, \overline{23}^2 \,.\, \overline{31}^2;$$

diess giebt aber durch Einführung des früher für

$$\overline{12}^2 \,.\, \overline{13}^2 \,.\, \overline{24}^2$$

gefundenen Werthes

$$- 12 (n-3)^3 \left\{ \overline{12}^2 \,.\, \overline{34}^2 \,.\, \overline{13} \,.\, \overline{24} \right\} = 6 (n-2)^2 (n-3) \, IH$$
$$- 4n (n-1) (n-2) \, JU.$$

Um ferner

$$\overline{12}^2 \,.\, \overline{34}^2 \,.\, \overline{13} \,.\, \overline{14}$$

zu berechnen, substituieren wir für $\overline{13} \,.\, \overline{14}$ aus der Gleichung (B) und erhalten

$$2 D_3 D_4 \left\{ \overline{12}^2 \,.\, \overline{34}^2 \,.\, \overline{13} \,.\, \overline{14} \right\} = 2 D_4^2 \overline{12}^2 \,.\, \overline{34}^2 \,.\, \overline{13}^2 - D_1^2 \overline{12}^2 \,.\, \overline{34}^4$$

und somit durch Substitution des Werthes von $\overline{12}^2 \,.\, \overline{34}^2 \,.\, \overline{13}^2$

$$6 (n-3)^2 \left\{ \overline{12}^2 \,.\, \overline{34}^2 \,.\, \overline{13} \,.\, \overline{14} \right\} = 2n (n-1) \, JU$$

Mit Hilfe dieser Werthe wird die Hesse'sche Covariante der Hesse'schen Covariante in der vorausgesetzten Form ausgedrückt.

120. Wir gehen nach diesen Ausführungen dazu über, zu zeigen, in welcher Weise die nämliche Bezeichnung auf den Ausdruck der abgeleiteten Functionen von Formen mit drei oder mehreren Veränderlichen angewendet werden kann.

Wenn

$$x_1, y_1, z_1; \quad x_2, y_2, z_2; \quad x_3, y_3, z_3$$

drei Reihen von Veränderlichen sind, welche durch dieselben linearen Substitutionen gleichzeitig transformiert werden, so ist nach dem Multiplicationsgesetz der Determinanten die Determinante

$$x_1(y_2 z_3 - y_3 z_2) + x_2(y_3 z_1 - y_1 z_3) + x_3(y_1 z_2 - y_2 z_1)$$

eine Invariante, welche durch die Transformation in eine gleiche Function multipliciert mit dem Modulus derselben übergeht.

Durch die Substitution

$$\frac{d}{dx_1} \text{ für } x_1, \quad \frac{d}{dy_2} \text{ für } y_2, \text{ etc.}$$

geht aus derselben ein Invarianten erzeugendes Operationssymbol hervor, welches wir durch

$$\overline{123}$$

kurz bezeichnen wollen. Wenn wir durch dasselbe Invarianten oder Covarianten irgend einer Function U bilden wollen, so vollziehen wir an dem Product

$$U_1 U_2 U_3 \ldots U_p$$

die Operationen eines Symbols wie

$$\overline{123}^\alpha \, \overline{124}^\beta \, \overline{235}^\gamma \text{ etc.}$$

und unterdrücken nach der Differentiation die sämmtlichen Indices.

Sind z. B.

$$U_1, U_2, U_3$$

ternäre quadratische Formen, mit den Coefficienten

$$a, a', a'', 2b, 2b', 2b'',$$

so liefert die Entwickelung von

$$\overline{123}^2$$

$$\begin{aligned}
&a(a_1'a_2''+a_1''a_2') + a_1(a_2'a''+a_2''a') + a_2(a'a_1''+a''a_1')\\
&+ 2b(b_1'b_2''+b_2'b_1'') + 2b_1(b_2'b''+b'b_2'') + 2b_2(b'b_1''+b_1'b'')\\
&- a\,(b_1+b_2)^2 - a_1(b_2+b)^2 - a_2(b+b_1)^2\\
&- a'(b_1'+b_2')^2 - a_1'(b_2'+b')^2 - a_2'(b'+b_1')^2\\
&- a''(b_1''+b_2'')^2 - a_1''(b_2''+b'')^2 - a_2''(b''+b_1'')^2,
\end{aligned}$$

und durch die Voraussetzung der Identität der drei Formen,

d. i. $\quad a = a_1 = a_2, \quad a' = a_1' = a_2'$, etc.

erhält man daraus

$$aa'a'' + 2bb'b'' - ab^2 - a'b'^2 - a''b''^2.$$

Wenn wir darin a, den Coefficient von x^2 durch $\frac{d^2U}{dx^2}$, etc. ersetzen, so erhalten wir die Entwicklung des Symbols

$$\overline{123}^2$$

für eine beliebige ternäre Form, d. i. für eine beliebige ebene Curve; diese Covariante bezeichnen wir als die Hesse'sche Covariante der Curve.

Man erkennt wie in Artikel 108, dass ungerade Potenzen des Symbols

$$\overline{123}$$

identisch verschwinden, wenn das Subject der Operation eine einzige Form ist. Wir fügen als ein ferneres Beispiel die Entwicklung von

$$\overline{123}^4$$

für die biquadratische Form

$$\begin{aligned}
a_1x^4 + b_2y^4 + c_3z^4 + 4(a_2x^3y + a_3x^3z + b_3y^3z + b_1y^3x + c_1z^3x + c_2z^3y)\\
+ 6(dy^2z^2 + ez^2x^2 + fx^2y^2) + 12xyz(lx + my + nz)
\end{aligned}$$

hinzu. Man hat

$$\begin{aligned}
&\overline{123}^4\\
&= a_1b_2c_3 - 4(a_1b_3c_2 + b_2c_1a_3 + c_3a_2b_1) + 3(a_1d^2 + b_2e^2 + c_3f^2)\\
&+ 4(a_2b_3c_1 + a_3b_1c_2) - 12(a_2nd + a_3md + b_1ne + b_3le + c_1mf + c_2lf)\\
&+ 12(lb_1c_1 + mc_2a_2 + na_3b_3) + 12(dl^2 + em^2 + fn^2) + 6def - 12lmn.
\end{aligned}$$

121. Wir können auf demselben Wege Functionen behandeln, deren Veränderliche durch reciproke Substitutionen transformiert werden.

Wenn

$$\xi,\ \eta,\ \zeta$$

Veränderliche sind, welche durch die reciproken Substitutionen derer von

$$x,\ y,\ z$$

transformiert werden, d. i. durch dieselben Substitutionen wie

$$\frac{d}{dx},\ \frac{d}{dy},\ \frac{d}{dz},$$

so ergiebt sich wie vorher, dass die Determinante

$$\xi\left(\frac{d}{dy_1}\frac{d}{dz_2}-\frac{d}{dy_2}\frac{d}{dz_1}\right)+\eta\left(\frac{d}{dz_1}\frac{d}{dx_2}-\frac{d}{dz_2}\frac{d}{dx_1}\right)$$
$$+\zeta\left(\frac{d}{dx_1}\frac{d}{dy_2}-\frac{d}{dx_2}\frac{d}{dy_1}\right),$$

für welche wir die Abkürzung

$$\overline{\xi\,12}$$

gebrauchen wollen, ein Invarianten erzeugendes Operationssymbol ist.

So giebt für zwei verschiedene quadratische Formen

$$U_1,\ U_2$$

die Entwicklung von

$$\overline{\xi\,12}^{\,2}$$

$$\xi^2(a_1'a_2''+a_1''a_2'-2b_1b_2)+\eta^2(a_1''a_2+a_1a_2''-2b_1'b_2')$$
$$+\zeta^2(a_1a_2'+a_1'a_2-2b_1''b_2'')+2\eta\zeta(b_1'b_2''+b_1''b_2'-a_1b_2-a_2b_1)$$
$$+2\zeta\xi(b''_1b_2+b_1b_2''-a_1'b_2'-a_2'b_1')$$
$$+2\xi\eta(b_1b_2'+b_1'b_2-a_1''b_2''-a_2''b_1''),$$

welcher Ausdruck für die vorausgesetzte Identität der Formen, d. i.

$$a_1=a_2,\quad a_1'=a_2',\ \text{etc.}$$

in die Gleichung der Reciprocalcurve des Kegelschnitts übergeht, welchen jene repräsentieren

$$\xi^2(a'a''-b^2)+\eta^2(a''a-b'^2)+\zeta^2(aa'-b''^2)$$
$$+2\eta\zeta(b'b''-ab)+2\zeta\xi(b''b-a'b')+2\xi\eta(bb'-a''b'')=0.$$

(Artikel 93.)

Wenn man die Operationen des Symbols

$$\overline{\xi\,12}^{\,4}$$

an der ternären Form vierten Grades vollzieht, die im vorigen Artikel gegeben ist, so erhält man eine Contravariante derselben

$$\begin{aligned}
S = {} & \xi^4 (b_2 c_3 - 4 b_3 c_2 + 3d^2) + \eta^4 (c_3 a_1 - 4 c_1 a_3 + 3e^2) \\
& + \zeta^4 (a_1 b_2 - 4 a_2 b_1 + 3 f^2) + 4 (b_3 c_1 - b_1 c_3 - 3nd + 3 m c_2) \xi^3 \eta \\
& + 4 (b_1 c_2 - b_2 c_1 - 3md + 3 n b_3) \xi^3 \zeta + 4 (c_2 a_3 - c_3 a_2 - 3ne + 3 l c_1) \eta^3 \xi \\
& + 4 (a_2 c_1 - a_1 c_2 - 3le + 3 n a_3) \eta^3 \zeta + 4 (b_3 a_2 - b_2 a_3 - 3mf + 3 l b_1) \zeta^3 \xi \\
& + 4 (a_3 b_1 - a_1 b_3 - 3lf + 3 m a_2) \zeta^3 \eta + 6 (a_1 d - 2 a_3 m - 2 a_2 n + 2 l^2 + ef) \eta^2 \zeta^2 \\
& + 6 (b_2 e - 2 b_1 n - 2 b_3 l + 2 m^2 + fd) \zeta^2 \xi^2 \\
& + 6 (c_3 f - 2 c_2 l - 2 c_1 m + 2 n^2 + de) \xi^2 \eta^2 \\
& + 12 (b_1 c_1 + 2dl - e b_3 - f c_2 - mn) \xi^2 \eta \zeta \\
& + 12 (c_2 a_2 + 2em - f c_1 - d a_3 - nl) \eta^2 \zeta \xi \\
& + 12 (a_3 b_3 + 2fn - d a_2 - e b_1 - lm) \zeta^2 \xi \eta ;
\end{aligned}$$

und eine andere in der Theorie der Curven vierter Ordnung wichtige Form T, welche in einer sehr einfachen Relation zu der vorigen die Gleichung der Reciproken einer solchen Curve ausdrückt

$$S^3 = 27\, T^2$$

wird durch die Entwicklung des Symbols

$$\overline{\xi\, 12}^2 \,.\, \overline{\xi\, 23}^2 \,.\, \overline{\xi\, 31}^2$$

gefunden.

Wenn man in einer dieser Formen den Coefficienten einer Potenz x^n von x durch

$$\frac{d^n}{dx^n}$$

ersetzt, so erhält man ein Symbol, welches auf eine Form von höherem Grade angewendet, eine gemischte Concomitante oder Zwischenform hervorbringt. So ist

$$\overline{\xi\, 12}^2$$

die Quelle von

$$\xi^2 \left\{ \frac{d^2 U}{dy^2} \frac{d^2 U}{dz^2} - \left(\frac{d^2 U}{dy\, dz} \right)^2 \right\} + \text{etc.},$$

einem Symbol, welches auf eine quadratische Form angewendet, eine Contravariante hervorbringt, aus dem aber durch Anwendung auf Formen höherer Ordnung Zwischenformen hervorgehen, d. h. abgeleitete Formen, welche ebensowohl x, y, z als die durch die reciproken Substitutionen transformierten ξ, η, ζ enthalten.

Allgemein geht aus dem symbolischen Ausdruck einer Invariante einer binären Form durch Vorsetzung eines Contravariantensymbols ξ bei jedem Gliede eine Contravariante für eine ternäre Form von demselben Grade hervor.

Und insbesondere kann gezeigt werden, dass aus dem symbolischen Ausdruck der Discriminante einer binären Form durch die analoge Vorsetzung eines Contravariantensymbols bei jedem Gliede der Ausdruck der reciproken Polare der ternären Form erhalten wird.

So ist das Symbol für die Discriminante einer binären cubischen Form

$$\overline{12}^2 . \overline{34}^2 . \overline{13} . \overline{24}$$

und die reciproke Polare einer ternären cubischen Form ist

$$\overline{\xi 12}^2 . \overline{\xi 34}^2 . \overline{\xi 13} . \overline{\xi 24},$$

vom sechsten Grade in den Veränderlichen ξ, η, ζ und vom vierten in den Coefficienten.

122. Der Artikel 94 zeigt, dass wir durch die in einer Contravariante ausgeführte Substitution von

$$\frac{d}{dx}, \frac{d}{dy}, \frac{d}{dz} \quad \text{für} \quad \xi, \eta, \zeta$$

und die Ausführung der dann geforderten Operationen an einer Form U eine Covariante erhalten; das Symbol derselben geht aus dem Symbol der Contravariante durch die Substitution einer neuen Ziffer an Stelle des Contravariantensymbols ξ hervor. So erhalten wir aus

$$\overline{\xi 23}^2 \qquad \overline{123}^2,$$

aus

$$\overline{\xi 23} . \overline{\xi 24} \qquad \overline{123} . \overline{124}, \text{ etc.}$$

Wenn man umgekehrt in dem Symbol einer Invariante irgend eine Ziffer durch ein Contravariantensymbol ξ ersetzt, so erhält man das Symbol einer Evectante dieser Invariante; so z. B. aus der Invariante vierten Grades

$$\overline{123} . \overline{124} . \overline{234} . \overline{314}$$

einer ternären cubischen Form die Evectante

$$\overline{123} . \overline{\xi 12} . \overline{\xi 23} . \overline{\xi 31}.$$

In dem Falle einer binären Form nimmt dieses Gesetz eine

einfachere Gestalt an; denn wenn für die Ziffer 1 in $\overline{12}$ z. B. ein Contravariantensymbol ξ substituiert wird, so ist sein entwickelter Ausdruck

$$\xi \frac{d}{dy} - \eta \frac{d}{dx},$$

und da ξ und η durch dieselben linearen Substitutionen transformiert werden, wie $-y$ und x,

$$x \frac{d}{dx} + y \frac{d}{dy},$$

und diese Operation kann, da sie das Resultat stets nur mit einem numerischen Factor behaftet, unterdrückt werden.

Wenn daher das Symbol einer beliebigen Invariante einer binären Form gegeben ist, so geht daraus das Symbol der Evectante derselben durch die Unterdrückung aller derjenigen Factoren hervor, welche eine bestimmte Ziffer enthalten. So erzeugt

$$\overline{12}^2 . \overline{34}^2 . \overline{13} . \overline{24},$$

die Discriminante der binären cubischen Form, durch Unterdrückung der die Ziffer 4 enthaltenden Factoren die Evectante

$$\overline{12}^2 . \overline{13}.$$

Wenn man endlich in eine Contravariante einer Form die Substitution

$$\frac{dU}{dx}, \frac{dU}{dy}, \frac{dU}{dz} \quad \text{für} \quad \xi, \eta, \zeta$$

vollzieht, so erhält man eine Covariante und das Symbol derselben geht aus dem der Contravariante durch Einführung einer andern neuen Ziffer an jeder durch ξ eingenommenen Stelle hervor; so erhalten wir aus

$$\overline{\xi 34}^2$$

die Covariante

$$\overline{134} . \overline{234}$$

etc.

123. Dieselbe Methode der Transformation der abgeleiteten Formen, welche wir im Artikel 114 f. für binäre Formen erläutert haben, kann auch auf ternäre Formen etc. leicht ausgedehnt werden. Wir fügen die hauptsächlichsten Grundlagen und eine Reihe von Anwendungen dieser Methode für ternäre Formen hier bei.

Die nun hauptsächlich in Anwendung kommenden Identitäten sind die folgenden

$$D_4\overline{123} = D_1\overline{234} - D_2\overline{134} + D_3\overline{124}, \qquad (E)$$

$$\overline{123}\,.\,\overline{145} + \overline{124}\,.\,\overline{153} + \overline{125}\,.\,\overline{134} = 0, \qquad (F)$$

und die correspondierenden Gleichungen in Contravariantensymbolen, in denen wir die Zwischenform

$$x\xi + y\eta + z\zeta$$

durch P abkürzend vertreten,

$$P\overline{123} = D_1\overline{\xi 23} + D_2\overline{\xi 31} + D_3\overline{\xi 12}, \qquad (G)$$

$$\overline{\xi 12}\,.\,\overline{\xi 34} + \overline{\xi 23}\,.\,\overline{\xi 14} + \overline{\xi 31}\,.\,\overline{\xi 24} = 0. \qquad (H)$$

Wir haben vorher (Artikel 122) das Symbol

$$\overline{123}\,.\,\overline{124}\,.\,\overline{234}\,.\,\overline{314}$$

für die biquadratische Invariante einer ternären cubischen Form gegeben, welche durch S bezeichnet werden mag. Die im Artikel 118 erläuterten Principien erlauben uns, den symbolischen Ausdruck für die Invariante sechsten Grades T der cubischen Form zu entwickeln,*) welche aus der Hesse'schen Covariante durch die Ausführung der Operationen der Evectante von S an ihr hervorgeht. (Artikel 152 unten). Wir haben dazu in dem Symbol der Evectante

$$\overline{123}\,.\,\overline{\xi 12}\,.\,\overline{\xi 23}\,.\,\overline{\xi 31}$$

für ξ die Substitutionen $4 + 5 + 6$ auszuführen und an

$$\overline{456}^2$$

zu operieren; wir erhalten durch Entwicklung des Symbols und bei Unterdrückung aller Differentiale von höherer als dritter Ordnung nur Glieder von der Form

$$\overline{123}\,.\,\overline{412}\,.\,\overline{523}\,.\,\overline{631}\,.\,\overline{456}^2$$

und diess ist somit ein Ausdruck für T.

Das Folgende giebt einige Beispiele von dem Gebrauche, welchen man von den Identitäten (E), (F), (G), (H) machen kann. Einige Verweisungen auf die Artikel der von den abgeleiteten Functionen ternärer Formen speciell handelnden XIV. Vorlesung werden zur Erleichterung des Verständnisses nützlich sein.

---

*) Diese fundamentalen Invarianten einer cubischen ternären Form sind von **Aronhold** entdeckt worden. Vergl. weiter unten Artikel 150 f.

Beispiel 1. Zwischen den biquadratischen Covarianten einer biquadratischen Form besteht eine Relation, welche mit Hilfe dieser Transformationen abgeleitet werden soll. (Vergl. Artikel 160.)

Die auf beliebige Grössen bezügliche Gleichung

$$\alpha + \beta + \gamma + \delta = 0$$

giebt durch zweimalige Quadrierung die Gleichung

$$8\alpha\beta\gamma\delta = 2\Sigma\alpha^2\beta^2 - \Sigma\alpha^4,$$

Wenn man diess Gesetz auf die identische Gleichung (E) anwendet, so erhält man

$$8D_1D_2D_3D_4\overline{123}\cdot\overline{124}\cdot\overline{234}\cdot\overline{314} = 4D_4^4\overline{123}^4 - 12D_3^2D_4^2\overline{123}^2\cdot\overline{124}^2$$

und diess ist die fragliche Relation.

Beispiel 2. Man soll beweisen, dass die Covariante

$$\Phi = \left\{\frac{d^2U}{dy^2}\frac{d^2U}{dz^2} - \left(\frac{d^2U}{dy\,dz}\right)^2\right\}\frac{d^2H}{dx^2} + \text{etc.},$$

in welcher U eine ternäre cubische Form und H die Hesse'sche Covariante derselben bezeichnet, auf die Form US des Products der Form in ihre biquadratische Invariante sich reduciert. (Vergl. Artikel 152.)

Wir haben in

$$\overline{\xi 12}^2$$

für ξ die Substitution

$$4 + 5 + 6$$

zu machen und die bezeichneten Operationen an

$$\overline{456}^2$$

zu vollziehen. Durch Unterdrückung aller der Glieder, in denen der Grad einer Ziffer den dritten überschreitet, reduciert sich das Symbol auf

$$\overline{124}\cdot\overline{125}\cdot\overline{456}^2,$$

welches in der Form

$$\overline{123}^2\cdot\overline{145}\cdot\overline{245}$$

geschrieben werden kann. Die Multiplication der beiden Identitäten

$$\overline{123}\cdot\overline{145} = \overline{124}\cdot\overline{135} - \overline{125}\cdot\overline{134},\quad \overline{123}\cdot\overline{245} = \overline{124}\cdot\overline{235} - \overline{125}\cdot\overline{234}$$

giebt aber

$$\overline{123}^2\cdot\overline{145}\cdot\overline{245} = 2(\overline{124}\cdot\overline{125}\cdot\overline{134}\cdot\overline{235}),$$

und durch Multiplication der Gleichung

$$D_5\overline{123} = D_1\overline{235} + D_2\overline{315} + D_3\overline{125}$$

mit

$$\overline{124}\cdot\overline{134}\cdot\overline{235}$$

erhält man

$$D_5\overline{123}\cdot\overline{124}\cdot\overline{134}\cdot\overline{235} = D_1\overline{124}\cdot\overline{134}\cdot\overline{235}^2 + 2D_3\overline{124}\cdot\overline{125}\cdot\overline{134}\cdot\overline{235},$$

oder, da die Identität der beiden letzten Glieder dieser Gleichung vorher erwiesen worden ist,

$$(n-1)\overline{123}\cdot\overline{124}\cdot\overline{134}\cdot\overline{235} = 2(n-2)\overline{123}^2\cdot\overline{145}\cdot\overline{245};$$

endlich erhalten wir aus der Gleichung

$$D_5\overline{234} = D_2\overline{345} + D_3\overline{425} + D_4\overline{235}$$

durch Multiplication mit

$$\overline{123}\,.\,\overline{124}\,.\,\overline{134}$$

die Gleichung

$$D_5\overline{123}\,.\,\overline{124}\,.\,\overline{234}\,.\,\overline{134} = 3D_4\overline{123}\,.\,\overline{124}\,.\,\overline{134}\,.\,\overline{235},$$

oder

$$nSU = 3(n-2)\,\overline{123}\,.\,\overline{124}\,.\,\overline{134}\,.\,\overline{235},$$

also endlich

$$6\,(n-2)^2\,\overline{123}^2.\,\overline{145}\,.\,\overline{245} = n\,(n-1)\;SU.$$

Beispiel 3. In der Theorie der Doppeltangenten ebener Curven — wie sie in den Artikeln 91 f. des „Treatise on the higher plane Curves" entwickelt worden ist, hat man die Resultate der Substitutionen

$$\zeta\frac{dU}{dy} - \eta\frac{dU}{dz},\quad \xi\frac{dU}{dz} - \zeta\frac{dU}{dx},\quad \eta\frac{dU}{dx} - \xi\frac{dU}{dy}$$

für

$$x\qquad,\qquad y\qquad,\qquad z$$

in die successiven Emananten (vergl. Artikel 78, 79) zu berechnen und zu zeigen, dass jedes dieser Resultate von der Form

$$P_n\,U + Q_n(\xi x + \eta y + \zeta z)^2$$

ist.*)

Wir wollen in diesem Beispiel und in den zwei folgenden die Berechnung von

$$Q_2,\ Q_3,\ Q_4$$

vollziehen.

Der symbolische Ausdruck für das Resultat der Substitution ist offenbar

$$\overline{\xi 12}\,.\,\overline{\xi 13}\,.\,\overline{\xi 14}\,.\,\overline{\xi 15}\ .\ \text{etc.}$$

Um nun zuerst

$$\overline{\xi 12}\,.\,\overline{\xi 13}$$

zu berechnen, quadrieren wir die Identität (G) und erhalten

$$P^2\overline{123}^2 = 3\,D_3{}^2\,\overline{\xi 12}^2 - 6\,D_2 D_3\,\overline{\xi 12}\,.\,\overline{\xi 13},$$

d. i. wenn wir die Hesse'sche Covariante

$$\overline{123}^2 \text{ durch } H$$

und die daraus abgeleitete Contravariante

$$\overline{\xi 12}^2 \text{ durch } G$$

bezeichnen,

$$6\,(n-1)^2\,\overline{\xi 12}\,.\,\overline{\xi 13} = 3n\,(n-1)\;GU - P^2H.$$

Beispiel 4. Um

$$\overline{\xi 12}\,.\,\overline{\xi 13}\,.\,\overline{\xi 14}$$

---

*) Vergl. Hesse, im „Journ. f. d. r. u. a. Math" von Crelle, Bd. XXXVI, p. 143.

zu berechnen, leiten wir aus der Gleichung (G) ab

$$-2D_2D_3\overline{\xi 12}\cdot\overline{\xi 13} = P^2\overline{123}^2 - 2PD_1\overline{123}\cdot\overline{\xi 23}$$
$$+ D_1^2\overline{\xi 23}^2 - D_2^2\overline{\xi 31}^2 - D_3^2\overline{\xi 12}^2,$$

und multiplicieren diess mit

$$\overline{\xi 14};$$

zwei Glieder der Entwicklung verschwinden identisch und man erhält

$$-2(n-1)^2\overline{\xi 12}\cdot\overline{\xi 13} = P^2.\overline{123}\cdot\overline{\xi 14} - 2n(n-1)U\overline{\xi 12}^2\cdot\overline{\xi 13}.$$

Um zu beweisen, dass

$$\overline{123}\cdot\overline{\xi 23}\cdot\overline{\xi 14}$$

den Werth Null hat, multiplicieren wir die Gleichung (H) mit $\overline{123}$ und erkennen, dass jedes der Glieder dieser Entwicklung getrennt gleich Null sein muss, weil dieselben nur durch Permutationen der Ziffern 1, 2, 3 von einander verschieden sind. In gleicher Art wird bewiesen, dass

$$\overline{123}\cdot\overline{\xi 23}\cdot\overline{\xi 14}\cdot\overline{\xi 15}$$

mit Null identisch ist; wir machen davon im nächsten Beispiel Gebrauch.

Beispiel 5. Man soll

$$\overline{\xi 12}\cdot\overline{\xi 13}\cdot\overline{\xi 14}\cdot\overline{\xi 15}$$

berechnen.

Wir multiplicieren die Gleichungen

$$2D_2D_3\overline{\xi 12}.\overline{\xi 13} = P^2\overline{123}^2 - 2PD_1\overline{123}.\overline{\xi 23} + D_1^2\overline{\xi 23}^2 - D_2^2\overline{\xi 31}^2$$
$$- D_3^2\overline{\xi 12}^2$$
$$-2D_4D_5\overline{\xi 14}.\overline{\xi 15} = P^2\overline{145}^2 - 2PD_1\overline{145}.\overline{\xi 45} + D_1^2\overline{\xi 45}^2 - D_4^2\overline{\xi 51}^2$$
$$- D_5^2\overline{\xi 14}^2$$

mit einander. Das Product muss von der Form

$$P_4U + Q_4P^2$$

sein und der Kürze wegen untersuchen wir nur den Werth von Q_4 und unterdrücken den mit U multiplicierten Theil, welcher kenntlich ist durch das Verschwinden einer oder mehrerer Ziffern aus dem symbolischen Ausdruck. Das Resultat ist dann

$$4(n-1)^4(\overline{\xi 12}\cdot\overline{\xi 13}.\overline{\xi 14}.\overline{\xi 15}) = P^4\overline{123}^2.\overline{145}^2 - 4P^3D_1\overline{123}^2.\overline{145}.\overline{\xi 45}$$
$$+ 2P^2D_1^2\overline{123}^2\overline{\xi 45}^2 + 4P^2D_1^2\overline{123}.\overline{\xi 23}.\overline{145}.\overline{\xi 45} - 4PD_1^3\overline{123}.\overline{\xi 23}.\overline{\xi 45}^2.$$

In diesem Ausdruck verschwindet die angezeigte Differenz der beiden letzten Symbole, wie man erkennt, wenn man in dem ersten derselben

$$P\overline{145} \quad \text{durch} \quad D_1\overline{\xi 45} + D_4\overline{\xi 51} + D_5\overline{\xi 14}$$

ersetzt. Es bleibt somit

$$4(n-1)^4Q_4 = P^2.\overline{123}^2.\overline{145}^2 - 4(n-3)P.\overline{123}^2.\overline{145}.\overline{\xi 45}$$
$$+ 2(n-2)(n-3)HG,$$

wo wieder G die Form $\overline{\xi 12}^2$ und H die Hesse'sche Covariante $\overline{123}^2$ bezeichnen.

Beispiel 6. Für eine Curve vierten Grades existiert eine Curve vom 14ten Grade, welche durch die 56 Berührungspunkte der Doppeltangenten dieser Curve hindurchgeht. Um die Gleichung derselben zu entwickeln, hat man („Treatise on the higher plane Curves“ Artikel 98)

$$Q_3^2 = 3 Q_2 Q_4$$

zu berechnen, wo Q_2, Q_3, Q_4 die eben entwickelten Werthe haben, d. h.

$$6(n-1)^2 Q_2 = - H,$$
$$-2(n-1)^2 Q_3 = \overline{123}^2 . \overline{\xi\, 14},$$

so dass

$$4(n-1)^4 Q_3^2 = \overline{123}^2 . \overline{\xi\, 17} . \overline{456}^2 . \overline{\xi\, 48}$$

ist. Durch Multiplication der leicht zu bewährenden Identitäten

$$D_8 \overline{\xi\, 17} - D_7 \overline{\xi\, 18} = P\overline{178} - D_1 \overline{\xi\, 78},$$
$$D_8 \overline{\xi\, 47} - D_7 \overline{\xi\, 48} = P\overline{478} - D_4 \overline{\xi\, 78}$$

erhalten wir aber

$$-2D_7 D_8 \overline{\xi\, 17} . \overline{\xi\, 48} + 2D_8^2 \overline{\xi\, 17} . \overline{\xi\, 47} = P^2 . \overline{178} . \overline{478} - 2PD_4 \overline{178} . \overline{\xi\, 78} + D_1 D_4 \overline{\xi\, 78}^2.$$

Indem wir mit

$$\overline{123}^2 . \overline{456}^2$$

multiplicieren und ein mit U multipliciertes Glied unterdrücken, finden wir

$$-8(n-1)^6 Q_3^2 = P^2 \overline{123}^2 . \overline{456}^2 . \overline{178} . \overline{478} - 2(n-2) PH \overline{123}^2 . \overline{178} . \overline{\xi\, 78} + (n-2)^2 H^2 G.$$

Aus den früher für

$$Q_2, Q_4$$

gefundenen Werthen erkennt man

$$2(n-3) Q_3^2 - 3(n-2) Q_2 Q_4$$

als proportional zu

$$2(n-3) \overline{123}^2 . \overline{456}^2 . \overline{178} . \overline{478} - (n-2) H \overline{123}^2 . \overline{145}^2.$$

Nach Artikel 118 erkennt man ferner das erste Glied dieses Ausdrucks als das Symbol für das Resultat der Substitution

$$\frac{dH}{dx} \quad \text{für} \quad x, \text{ etc.}$$

in die abgeleitete Form (Contravariante)

$$G \quad \text{oder} \quad \overline{\xi\, 12}^2;$$

die Covariante

$$\overline{123}^2 . \overline{145}^2$$

aber kann gebildet werden, indem man G quadriert und die Substitution

$$\frac{d}{dx} \quad \text{für} \quad \xi, \text{ etc.}$$

in der Entwicklung vollzieht. Diese Covariante weicht von der oben erwähnten Covariante Φ (Beispiel 2; unten Artikel 152) nur um Glieder ab, welche U als einen Factor enthalten.*)

---

*) Die Theorie der Doppeltangenten hat seitdem durch G. Salmon's Lösung im „Philosophical Magazin" October 1858 und Cayley's schöne Untersuchung in den „Philosophical Transactions" von 1859 (p. 193 f.) einen für die Theorie der ternären Formen lehrreichen Abschluss gefunden, welcher in der Theorie der Curven seine Stelle zu nehmen hat.

Zwölfte Vorlesung.

Von den canonischen Formen.

124. Weil Invarianten und Covarianten ihre Beziehungen zu einander unverändert behalten, wie auch die Form durch lineare Substitutionen transformiert werde, so ist es eine für das Studium dieser Beziehungen gestattete Vereinfachung, sich der kürzesten Form zu bedienen, auf welche die gedachte Form durch solche Substitutionen reduciert werden kann.

Es ist diess nur die allgemeine algebraische Form einer Wahrheit, mit welcher der der Geometrie kundige Leser für den Fall der ternären und quaternären Formen langst vertraut ist; denn jeder Geometer weiss, welche Vortheile für das Studium der Eigenschaften von Curven und Flächen die Wahl solcher Coordinatenachsen und Coordinatensysteme überhaupt gewährt, fur welche die Gleichung der Curve oder Fläche ihre einfachste Form annimmt. Wir wollen dabei nicht vergessen zu bemerken, dass die elegante Symmetrie der Resultate haufig durch eben diese Wahl einer vereinfachten und dadurch selbst nicht vollkommenen Form verloren geht, so dass der Gewinn, den eine solche gewährt, nur relativ gefunden werden kann.

Diese einfachste Gestalt, auf welche eine beliebige Form ohne Beschränkung der Allgemeinheit reduciert werden kann, ist als die canonische Form derselben bezeichnet worden.

Man kann durch eine einfache Zählung der Constanten erkennen, ob irgend eine vorgelegte einfache Form hinreichend allgemein ist, um für eine gegebene Function als canonische Form zu dienen; denn wenn die vorgelegte Form nicht, sei es nun implicite oder explicite, ebenso viele Constanten enthält, als die allgemeine Form der Function, so ist es nicht immer möglich, die allgemeine auf sie zu reducieren.

So haben wir im Artikel 82 die Möglichkeit der Reduction einer binären cubischen Form auf

$$X^3 + Y^3$$

bewiesen und hätten dieselbe a priori aus der Bemerkung erkennen können, dass diese letztere als äquivalent mit

$$(lx + my)^3 + (l'x + m'y)^3$$

implicite vier Constanten, wie die allgemeine cubische Form

$$(a,\ b,\ c,\ d \between x,\ y)^3$$

eben auch, enthält.

In derselben Weise enthält eine ternäre cubische Form in ihrer allgemeinsten Gestalt zehn Constanten und die Form

$$X^3 + Y^3 + Z^3 + 6MXYZ$$

enthält auch zehn Constanten, nämlich zu der explicite auftretenden Constanten M die neun implicite in den X, Y, Z enthaltenen; sie kann daher als die canonische Form der ternären cubischen Form genommen werden, und in der That sind die wichtigsten Fortschritte in der Theorie der Curven dritten Grades in neuerer Zeit durch die Anwendung dieser einfachern und darum leichter zu handhabenden Gestalt ihrer Gleichung gemacht worden.

125. Die quadratische Function

$$(a,\ b,\ c \between x,\ y)^2$$

kann auf unendlich vielerlei Arten in die einfachere Gestalt

$$X^2 + Y^2$$

gebracht werden, weil dieselbe vier Constanten statt der drei des allgemeinen Ausdrucks enthält. Ebenso kann die ternäre quadratische Form in unendlich vielen Arten auf die einfachere Gestalt

$$X^2 + Y^2 + Z^2$$

reduciert werden, weil sie nur sechs auf die neun Constanten dieser Letzteren enthält; und allgemein kann eine quadratische Form von beliebig vielen Veränderlichen in unendlich vielen Arten auf die Summe der Quadrate derselben reduciert werden. (Vergl. weiter unten Artikel 163.) Es ist dabei sehr bemerkenswerth, dass inmitten der Unendlichkeit dieser Transformationen für quadratische Formen doch die Zahl der positiven und negativen Quadrate in der erhaltenen Summe unveränderlich ist.*)

---

*) Das von Sylvester so genannte Gesetz der Trägheit der uadratischen Formen.

So kann eine binäre quadratische Form, die auf

$$X^2 + Y^2$$

reducibel ist, nicht auch auf

$$U^2 - V^2$$

reduciert werden, weil die Identität

$$X^2 + Y^2 = U^2 - V^2$$

nicht möglich ist, wegen der wesentlich reellen Factoren der einen gegenüber den wesentlich imaginären Factoren der andern Seite.

Ebenso kann für ternäre quadratische Formen nicht

$$X^2 + Y^2 - Z^2 = U^2 + V^2 + W^2$$

sein, weil sonst

$$X^2 + Y^2 = U^2 + V^2 + W^2 + Z^2,$$

oder

$$X^2 + Y^2 = Z^2 + (lX + mY + nZ)^2 + (l'X + m'Y + n'Z)^2 + (l''X + m''Y + n''Z)^2,$$

also für

$$X = 0, \quad Y = 0$$

die unmögliche Forderung ausgesprochen wäre, dass eine Summe von vier positiven Quadraten identisch verschwinde. Und die nämliche Schlussfolgerung erleidet im Allgemeinen Anwendung.

126. An den im Artikel 82 gegebenen Nachweiss, dass die binäre cubische Form stets auf die Summe zweier Cuben reduciert werden kann, schliessen wir hier zuerst den des allgemeinen Satzes, dass jede binäre Form von ungeradem Grade $(2n-1)$ auf die Gestalt einer Summe von n Potenzen vom Exponenten $(2n-1)$ reduciert werden kann.*)

Denn die Zahl der Constanten einer binären Form ist allgemein dem um Eins vermehrten Grade derselben gleich, also in unserem Falle $= 2n$, und die Zahl der Constanten von n Gliedern wie

---

*) Es mag dabei nicht übersehen werden, dass nicht jede algebraische Form auf ihre canonische Form reduciert werden kann, dass die Unmöglichkeit dieser Reduction aber stets eine besondere Eigenthümlichkeit der betreffenden Form anzeigt. So kann eine binäre cubische Form dann nicht auf $(X^3 + Y^3)$ reduciert werden, wenn sie einen quadratischen Factor enthält; vielmehr ist dann die einfachste Gestalt derselben X^2Y.

$$(lx + my)^{2n-1}$$

ist ebenso gross.

Die Transformation wird vollzogen durch eine Methode, welche die natürliche Erweiterung der im Artikel 82 angewendeten ist.

Wenn wir sie der Einfachheit wegen nur auf eine Form vom fünften Grade anwenden, so ist sie doch allgemein.

Im Falle der binären Form fünften Grades

$$(a, b, c, d, e, f \between x, y)^5$$

ist die Aufgabe u, v, w so zu bestimmen, dass

$$(a, b, c, d, e, f \between x, y)^5 = u^5 + v^5 + w^5$$

sei. Wir behaupten, dass die drei Factoren der cubischen Form, welche die Entwicklung der Determinante

$$\begin{vmatrix} ax + by, & bx + cy, & cx + dy \\ bx + cy, & cx + dy, & dx + ey \\ cx + dy, & dx + ey, & ex + fy \end{vmatrix}$$

giebt, die gesuchten Grössen u, v, w sind. Denn ist

$$u = lx + my, \quad v = l'x + m'y, \quad w = l''x + m''y,$$

so liefert die viermalige successive Differentiation der Identität

$$(a, b, c, d, e, f \between x, y)^5 = u^5 + v^5 + w^5$$

nach x und die Division mit 120

$$ax + by = l^4u + l'^4v + l''^4w.$$

Ebenso entspringt aus der dreimaligen Differentiation nach x und der nachherigen einfachen nach y die Gleichung

$$bx + cy = l^3mu + l'^3m'v + l''^3m''w;$$

etc., etc.

Die vorher geschriebene Determinante kann daher in die Form

$$\begin{vmatrix} l^4u + l'^4v + l''^4w, & l^3mu + l'^3m'v + l''^3m''w, & l^2m^2u + l'^2m'^2v + l''^2m''^2w \\ l^3mu + l'^3m'v + l'^3m''w, & l^2m^2u + l'^2m'^2v + l''^2m''^2w, & lm^3u + l'm'^3v + l''m''^3w \\ l^2m^2u + l'^2m'^2v + l''^2m''^2w, & lm^3u + l'm'^3v + l''m''^3w, & m^4u + m'^4v + m''^4w \end{vmatrix}$$

gebracht werden, in welcher wir bemerken, dass die Coefficienten von n in jeder Reihe zu l^2, lm, m^2 proportional sind, um daraus zu schliessen, dass bei einer Zerlegung der Determinante in Partialdeterminanten wie im Artikel 11 jede der Partialdeterminanten mit zwei u, oder zwei v, oder zwei w enthaltenden Verticalreihen identisch verschwindet und dass somit die Determinante dem Product uvw mit einem numerischen Factor gleich ist, dessen Werth leicht auf

$$(lm' - l'm)^2 \; (l'm'' - l''m')^2 \; (l''m - lm'')^2$$

sich bestimmt.

Wenn daher die im Anfang dieses Artikels gebildete Determinante durch Auflösung einer cubischen Gleichung als das Product der drei Factoren

$$(x + \lambda y) \; (x + \mu y) \; (x + \nu y)$$

nachgewiesen ist, so wissen wir, dass u, v, w nur durch numerische Factoren von diesen abweichen können und dass man setzen darf

$$(a, b, c, d, e, f \between x, y)^5 = A(x + \lambda y)^5 + B(x + \mu y)^5 + C(x + \nu y)^5,$$

wo die Coefficienten A, B, C durch einfache Vergleichung entsprechender Coefficienten auf beiden Seiten der Gleichung linear zu bestimmen sind.

Die in diesem Artikel betrachtete Determinante ist eine Covariante der betrachteten Form, welche dieses ihres Gebrauchs wegen, mit dem Namen der Canonizante belegt worden ist. Bei ihrer Bildung verweilen wir noch.

127. Man kann diese Covariante zunächst in der vielleicht einfacheren Form

$$\begin{vmatrix} y^3, & -y^2x, & -yx^2, & -x^3 \\ a, & b, & c, & d \\ b, & c, & d, & e \\ c, & d, & e, & f \end{vmatrix}$$

darstellen. Wir würden auf dieselbe direct geführt worden sein, wenn wir, dem natürlichsten Gedankengange folgend, die sechs Grössen

$$A, \; B, \; C, \; \lambda, \; \mu, \; \nu$$

aus der aufzustellenden Identität

$$(a, b, c, d, e, f \between x, y)^5 = A(x + \lambda y)^5 + B(x + \mu y)^5 + C(x + \nu y)^5$$

durch Vergleichung der Coefficienten zu bestimmen unternommen hätten.*) Die Identität dieser veränderten Form mit der vorherigen der Determinante ergiebt sich aber auch höchst einfach durch das Multiplicationsgesetz der Determinanten, nach Cayley wie folgt:

Man hat

---

*) Vergl. Sylvester, „Philosophical Magazin," November 1851.

$$\begin{vmatrix} y^3, & -y^2x, & -yx^2, & -x^3 \\ a, & b, & c, & d \\ b, & c, & d, & e \\ c, & d, & e, & f \end{vmatrix} \times \begin{vmatrix} 1, & 0, & 0, & 0 \\ x, & y, & 0, & 0 \\ 0, & x, & y, & 0 \\ 0, & 0, & x, & y \end{vmatrix}$$

$$= \begin{vmatrix} y^3, & 0 & , 0 & , 0 \\ 0, & ax+by, & bx+cy, & cx+dy \\ 0, & bx+cy, & cx+dy, & dx+ey \\ 0, & cx+dy, & dx+ey, & ex+fy \end{vmatrix}$$

und somit durch beiderseitige Division mit y^3 die fragliche Identität.

128. Wir geben im Folgenden noch einen andern Weg zur Bildung dieser Covariante.

Wenn wir sie durch

$$(A, B, C, D \between x, y)^3$$

repräsentieren, so handelt es sich um die Bestimmung von

$$A, B, C, D.$$

Nach Artikel 76 ist dann

$$\left(A, B, C, D \between \frac{d}{dy}, -\frac{d}{dx}\right)^3$$

ebenfalls eine Covariante. Wenn man aber diese Operation auf

$$(x + \lambda y)^n$$

anwendet, wo $(x + \lambda y)$ einer der Factoren von

$$(A, B, C, D \between x, y)^3$$

ist, so muss das Resultat identisch verschwinden, weil einer der Factoren in dem Operationssymbol durch

$$\frac{d}{dy} - \lambda \frac{d}{dx}$$

gegeben ist. Und da die gegebene Form nach der Voraussetzung die Summe von drei Gliedern wie

$$(x + \lambda y)^3$$

ist, so muss das Gesammtresultat der durch das betrachtete Symbol geforderten Operationen an der gegebenen Form identisch verschwinden, d. i. man muss haben

$$A\,(d, e, f \between x, y)^2 - B\,(c, d, e \between x, y)^2 + C\,(b, c, d \between x, y)^2 \\ - D\,(a, b, c \between x, y)^2 = 0$$

oder durch Vergleichung der Coefficienten von x^2, xy, y^2 mit Null

$$Ad - Bc + Cb - Da = 0,$$
$$Ae - Bd + Cc - Db = 0,$$
$$Af - Be + Cd - Dc = 0,$$

so dass nach Artikel 16 A der Determinante

$$\begin{vmatrix} a, & b, & c \\ b, & c, & d \\ c, & d, & e \end{vmatrix}$$

proportional ist, welche durch die Unterdrückung der Verticalreihe der A erhalten wird, ebenso B der Determinante

$$\begin{vmatrix} b, & c, & d \\ c, & d, & e \\ d, & e, & f \end{vmatrix},$$

etc. Diese Werthe geben für die betrachtete Covariante die im letzten Artikel bezeichnete Form.

129. Wir gehen zu Formen von geradem Grade $2n$ weiter.

Da die Zahl der in ihnen erscheinenden Constanten oder die ihrer Glieder $(2n + 1)$ ist, so erhalten wir durch Vergleichung des allgemeinen Ausdrucks mit einer Summe von n Potenzen vom Exponent $2n$ eine Bedingungsgleichung mehr als Constanten zur Disposition sind. Fügen wir anderseits eine $2n^{\text{te}}$ Potenz mehr hinzu, so haben wir eine Constante zu viel und die binäre Form kann in unendlich vielen Arten auf einen Ausdruck dieser Art reduciert werden.

Man kann jedoch leicht die Bedingung bestimmen, unter welcher eine binäre Form n^{ten} Grades auf die Summe von n $2n^{\text{ten}}$ Potenzen reduciert werden kann. So sind z. B. die Bedingungen, unter denen eine biquadratische Form auf die Summe von zwei vierten und eine Form vom sechsten Grade auf die Summe von drei sechsten Potenzen reduciert werden können,

$$\begin{vmatrix} a, & b, & c \\ b, & c, & d \\ c, & d, & e \end{vmatrix} = 0, \quad \begin{vmatrix} a, & b, & c, & d \\ b, & c, & d, & e \\ c, & d, & e, & f \\ d, & e, & f, & g \end{vmatrix} = 0; \text{ etc. etc.}$$

oder in entwickelter Form

$$ace + 2bcd - ad^2 - eb^2 - c^3 \text{ (Vergl. Artikel 86), etc.}$$

Denn in dem Falle der biquadratischen Form sind die Elemente der Determinante die verschiedenen vierten Differentialquotienten der Form, und indem man sie, ganz wie im Artikel 126 in Function von u und v ausdrückt, erkennt man, dass die Determinante identisch verschwindet, wenn die biquadratische Form auf

$$u^4 + v^4$$

reduciert werden kann. Ebenso für alle andern.

130. Wenn die gefundene Bedingung nicht erfüllt ist, so wird die Form auf die Summe von n Potenzen mit einem ferneren Gliede gebracht, so z. B. für eine biquadratische Form

$$u^4 + v^4 + 6\lambda u^2 v^2.$$

Wir wollen eben mit diesem Beispiel einer Reduction beginnen und werden deshalb nicht sowohl die einfachste in diesem Falle mögliche als vielmehr eine Methode von allgemeinerem Character benutzen.

Wir nehmen an, dass das Product der zu bestimmenden Grössen u, v

$$= (A, B, C \between x, y)^2$$

sei und vollziehen die Operationen des Symbols

$$\left(A, B, C \between \frac{d}{dy}, -\frac{d}{dx}\right)^2$$

auf beiden Seiten der Identität

$$(a, b, c, d, e \between x, y)^4 = u^4 + v^4 + 6\lambda u^2 v^2.$$

Nun verschwinden wie vorher die Ergebnisse dieser Operation an u^4 und v^4 und liefern durch Vollzug an dem Gliede $6\lambda u^2 v^2$

$$12\lambda' uv, \quad \text{wo } \lambda' = 2(4AC - B^2)\lambda$$

ist. Die Vergleichung der Coefficienten von x^2, xy und y^2 zu beiden Seiten der nach Ausführung der Operationen erhaltenen Gleichung liefert die drei Bedingungsgleichungen

$$Ac - 2Bb + Ca = \lambda' A,$$
$$Ad - 2Bc + Cb = \lambda' B,$$
$$Ae - 2Bd + Cc = \lambda' C,$$

und aus ihnen erhalten wir durch Elimination von A, B, C zur Bestimmung von λ' die Determinante

$$\begin{vmatrix} a & , b & , c - \lambda' \\ b & , c + \frac{1}{2}\lambda', & d \\ c - \lambda', & d & , e \end{vmatrix}$$

oder die cubische Gleichung

$$\lambda'^3 - \lambda'(ac - 4bd + 3c^2) - 3(ace + 2bcd - ad^2 - eb^2 - c^3) = 0,$$

deren Coefficienten Invarianten sind, und welche dieselbe Discriminante besitzt, wie die biquadratische Form selbst.

Darin liegt eine wesentliche Verschiedenheit zwischen der Reduction binärer Formen von geradem und der solcher Formen von ungeradem Grade auf ihre canonische Form. In dem Falle der Letzteren ist die Reduction einzig und das System der u, v, w, etc. kann nur in einer Weise bestimmt werden. Bei geradem Grade der Form können hingegen mehrere Systeme vom Werthe gefunden werden, welche das Problem lösen. So kann in dem hier gewählten Beispiele eine biquadratische Form in dreierlei Weise auf ihren canonischen Ausdruck gebracht werden; wenn wir für λ' eine der Wurzeln der obigen cubischen Gleichung wählen, so erlaubt die Substitution derselben in das vorige System von Gleichungen die Bestimmung von A, B, C.

131. Für die allgemeine binäre Form von geradem Grade

$$(a_0, a_1, a_2, \ldots \between x, y)^{2n},$$

deren Reduction zu untersuchen wir jetzt vorzunehmen hätten, ist die natürlichste canonische Form

$$u^{2n} + v^{2n} + w^{2n} + \text{etc.} + \lambda u^2 v^2 w^2 \text{ etc.},$$

in welcher n Potenzen vom Exponenten $2n$ und das mit dem Coefficienten λ behaftete Product von n Quadraten zur Summe verbunden sind. Nur in den Fällen

$$n = 2, \quad n = 4$$

sind aber die der allgemeinen Reduction auf diese Form entgegenstehenden Schwierigkeiten bisher überwunden worden.

Die im letzten Artikel zur Reduction der biquadratischen Form angewendete Methode lässt sich aber anwenden, wenn wir die canonische Form

$$u^{2n} + v^{2n} + w^{2n} + \text{etc.} + \lambda V uvw \text{ etc.}$$

voraussetzen, wo für

$$uvw \text{ etc.} = (A_0, A_1, A_2, \ldots \between x, y)^n$$

V eine Covariante dieser letzteren Function ist, von solcher Art, dass die Ausführung der Operationen des Symbols

$$\left(A_0, A_1, \ldots \between \frac{d}{dy}, -\frac{d}{dx}\right)^n$$

an dem Producte

$$Vuvw \text{ etc.}$$

ein zu

$$uvw$$

proportionales Resultat giebt. Wenn wir annehmen, dass wir eine Function V dieser Art hätten, so erhalten wir, genau nach dem Verfahren des letzten Artikels, und durch Ausführung der Operationen des eben geschriebenen Differentialsymbols an den beiden Seiten der durch Gleichsetzung der allgemeinen und der canonischen Form erhaltenen Identität, das System von Gleichungen

$$A_0 a_n - n A_1 a_{n+1} + \frac{n(n-1)}{1.2} A_2 a_{n+2} - \text{etc.} = \lambda A_0,$$

$$A_0 a_{n-1} - n A_1 a_n + \frac{n(n-1)}{1.2} A_2 a_{n+1} - \text{etc.} = \lambda A_1,$$

$$A_0 a_{n-2} - n A_1 a_{n-1} + \frac{n(n-1)}{1.2} A_2 a_n - \text{etc.} = \lambda A_2,$$

etc., etc.

und aus demselben durch Elimination der A_0, A_1, A_2, etc. die Determinante*)

$$\begin{vmatrix} a_n - \lambda, & a_{n+1} & , a_{n+2} & , \ldots a_{2n} \\ a_{n-1} & , a_n + \frac{1}{n}\lambda, & a_{n+1} & , a_{2n-1} \\ a_{n-2} & , a_{n-1} & , a_n - \frac{1.2}{n(n-1)}\lambda, & a_{2n-2} \\ \vdots & \vdots & \vdots & \vdots \\ a_0 & , a_1 & , a_2 & , a_n \mp \lambda \end{vmatrix};$$

die Vergleichung derselben mit Null liefert eine Bestimmungsgleich-

*) Man kann dieselbe auch folgendermassen bilden. Mit den durch dieselben linearen Substitutionen zu transformierenden Veränderlichen

$$x, y; x', y'$$

bildet man die Function

$$\left(x' \frac{d}{dx} + y' \frac{d}{dy}\right)^n U + \lambda (xy' - x'y)^n,$$

welche nach den Artikeln 79, 87 durch lineare Substitutionen in eine Function derselben Art transformiert wird. Indem man aus den $(n+1)$ Coefficienten der Potenzen x^n, $x^{n-1}y$, etc. die $(n+1)$ Grössen x'^n, $x'^{n-1}y$, etc. linear eliminiert, erhält man die bezeichnete Determinante wieder.

ung für λ, merkwürdig durch die Invariantennatur aller ihrer Coefficienten, und jeder der $(n + 1)$ durch sie gegebenen Werthe von λ liefert durch das vorige System der Gleichungen Werthe von A_0, A_1, A_2, etc., welche der Aufgabe genügen.

132. Für die binäre Form vom sechsten Grade ist der canonische Ausdruck

$$u^6 + v^6 + w^6 + Vuvw,$$

wo V für

$$uvw = (A_0, A_1, A_2, A_3 \between x, y)^3$$

die Evectante der Discriminante dieser cubischen Form ist (Artikel 88, Beispiel),

$$(A_0^2 A_3 + 2A_1^3 - 3A_0 A_1 A_2,\ 3A_1^2 A_2 + 3A_0 A_1 A_3 - 6A_0 A_2^2,$$
$$6A_1^2 A_3 - 3A_1 A_2^2 - 3A_0 A_2 A_3,\ 3A_1 A_2 A_3 - 2A_2^3 - A_0 A_3^2 \between x, y)^3.$$

Es bietet selbst ein gutes Beispiel von der vereinfachenden Anwendung der canonischen Formen dar, wenn wir zeigen, dass das Resultat der Operation

$$\left(a_0, a_1, a_2, a_3 \between \frac{d}{dy}, -\frac{d}{dx}\right)^3$$

an dem Producte der cubischen Form und der ebenen geschriebenen cubischen Covariante derselben der erstern proportional ist; es genügt dazu, zu zeigen, dass die behauptete Proportionalität für die canonische Form

$$x^3 + y^3$$

stattfindet. In diesem Falle, als für

$$A_1 = A_2 = 0, \quad A_0 = A_3 = 1,$$

wird die betrachtete Covariante

$$x^3 - y^3$$

und das Product

$$(x^3 + y^3)(x^3 - y^3)$$

oder

$$x^6 - y^6$$

giebt, durch die an ihm vollzogene Operation

$$\frac{d^3}{dy^3} - \frac{d^3}{dx^3}$$

ein zu

$$x^3 + y^3$$

proportionales Resultat. Und da das so bewiesene Theorem von linearen Transformationen unabhängig ist, so gilt es allgemein.

Wenn also die canonische Form wie oben vorausgesetzt ist, so verfahren wir genau wie im letzten Artikel und bestimmen λ aus der Gleichung

$$\begin{vmatrix} a_0, & a_1, & a_2, & a_3 - \lambda \\ a_1, & a_2, & a_3 + \frac{1}{3}\lambda, & a_4 \\ a_2, & a_3 - \frac{1}{3}\lambda, & a_4, & a_5 \\ a_3 + \lambda, & a_4, & a_5, & a_6 \end{vmatrix} = 0,$$

welche im entwickelten Ausdruck nur die geraden Potenzen von λ enthält. Wenn wir dann uvw wie vorher auf die Form $(x^3 + y^3)$ reduciert denken, deren drei Factoren

$$x + y, \quad x + \omega y, \quad x + \omega^2 y$$

sind (ω ist eine dritte Wurzel der Einheit), so ergiebt sich aus dem Vorigen, dass der entsprechende canonische Ausdruck der binären Form sechsten Grades durch

$$A(x + y)^6 + B(x + \omega y)^6 + C(x + \omega^2 y)^6 + D(x^6 - y^6)$$

gegeben ist.

Da man leicht nachweisen kann, dass die Factoren der oben benutzten cubischen Covariante

$$u - v, \ v - w, \ w - u$$

sind, wenn

$$u, \ v, \ w$$

die Factoren der cubischen Form selbst bezeichnen, so kann der canonische Ausdruck der binären Form sechsten Grades auch geschrieben werden

$$u^6 + v^6 + w^6 + \lambda uvw(u - v)(v - w)(w - u).$$

133. In dem Falle der binären Form vom achten Grade hat man

$$u^8 + v^8 + w^8 + z^8 + \lambda u^2 v^2 w^2 z^2$$

als canonische Form; denn die Operation mit einem genau nach dem Verfahren des vorigen Artikels gebildeten Symbols an $u^2v^2w^2z^2$ liefert ein zu $uvwz$ proportionales Resultat.

Für binäre Formen höherer Grade ist die Untersuchung bis jetzt nicht ausgefuhrt worden.

Für eine ternäre cubische Form hat man

$$x^3 + y^3 + z^3 + 6mxyz$$

und für eine quaternäre cubische Form hat Sylvester

$$x^3 + y^3 + z^3 + u^3 + v^3$$

als die canonische Form gefunden. Höhere Formen dieser Art sind nicht untersucht worden.

Dreizehnte Vorlesung.

Anwendungen auf binäre Formen.

134. Von der Auseinandersetzung der wesentlichsten Theile der allgemeinen Theorie gehen wir zu einigen Details über in Bezug auf diejenigen Invarianten und Covarianten, welchen man in den Anwendungen am häufigsten begegnet. Wir vereinigen hier zunächst solche aus dem Gebiete der binären Formen.

Die einfache quadratische Form

$$(a,\ b,\ c \between x,\ y)^2$$

besitzt nur eine unabhängige Invariante, nämlich die Discriminante

$$(ac - b^2);$$

sämmtliche andere Invarianten sind Potenzen derselben

$$(ac - b^2)^m.$$

Im Artikel 112 ist bewiesen worden, dass nur Formen von geradem Grade eine Invariante von der symbolischen Form

$$\overline{12}^{2m}$$

haben können.

Die quadratische Form repräsentiert (für $y = 1$ speciell unter Zugrundlegung des Cartesischen Coordinatensystems) geometrisch das System zweier Punkte in einer Fundamentallinie (speciell Achse der x) und das Verschwinden der Discriminante ist die Bedingung für das Zusammenfallen dieser beiden Punkte.*)

135. Das System von zwei quadratischen Formen**)

$$(a,\ b,\ c \between x,\ y)^2,\quad (a',\ b',\ c' \between x,\ y)^2$$

*) Die umfassende Durchführung der geometrischen Betrachtungsweise der Invariantentheorie für die Formen der vier ersten Grade, aus welcher die sämmtlichen Theorien der neueren Geometrie entspringen, findet man in dem I. und III. Kapitel von des Herausgebers Schrift „Die Elemente der neueren Geometrie und der Algebra" etc. Leipzig, Teubner 1862.

**) a. a. O. Artikel 2.

besitzt eine Invariante

$$\overline{12}^2$$

oder $$ac' + a'c - 2bb',$$

welche für die Identität beider Formen in die vorige Discriminante zurückgeht.

Ihre Identität mit Null bezeichnet die vier durch

$$(a, b, c \between x, y)^2 = 0, \quad (a', b', c' \between x, y)^2 = 0$$

dargestellten Elemente als ein harmonisches System, in welchem die beiden derselben Form entspringenden Elemente einander conjugiert sind.

Die Covariante

$$\overline{12}$$

oder die Jacobi'sche Determinante des Systems der beiden quadratischen Formen

$$(ab' - a'b)\, x^2 + (ac' - a'c)\, xy + (bc' - b'c)\, y^2$$

$$= \begin{vmatrix} ax + by, & bx + cy \\ a'x + b'y, & b'x + c'y \end{vmatrix} = \begin{vmatrix} -x^2, & xy, & -y^2 \\ c, & b, & a \\ c', & b', & a' \end{vmatrix}$$

repräsentiert mit Null gleichgesetzt die Doppelelemente der durch die beiden gegebenen Paare bestimmten Involution.

Die Resultante des Systems von zwei quadratischen Formen (Artikel 29, 30) ist

$$(ac' - a'c)^2 + 4\,(ba' - b'a)\,(bc' - b'c),$$

oder nach G. Boole in einer Form, deren sämmtliche Theile Invarianten sind

$$(ac' + a'c - 2bb')^2 = 4\,(ac - b^2)\,(a'c' - b'^2);$$

man erhält sie in dieser letzteren Gestalt wie folgt: Man bilde die Discriminante von

$$(a, b, c \between x, y)^2 + \lambda\,(a', b', c' \between x, y)^2,$$

d. i. $$(a + \lambda a')\,(c + \lambda c') - (b + \lambda b')^2$$

ordne sie nach den Potenzen von λ und bilde ihre Discriminante.

Wir bemerken dabei, dass diese Methode zur Bildung der Resultante anderer als quadratischer binärer Formen nicht führt. Die Discriminante in Bezug auf λ von der Discriminante von

$$ax^n + \text{etc.} + \lambda\,(a'x^n + \text{etc.})$$

nach x ist zwar eine Invariante beider Formen und enthält die Resultante derselben als einen Factor, aber ausser für den Fall $n = 2$ noch mit fremden Factoren behaftet.

136. Wir betrachten hiernach die cubische Form

$$(a, b, c, d \between x, y)^3.$$

Sie hat nur eine Invariante, die Discriminante

$$a^2d^2 + 4ac^3 + 4db^3 - 3b^2c^2 - 6abcd.$$

Ihre Hesse'sche Covariante

$$\overline{12}^2$$

ist

$$(ac - b^2)x^2 + (ad - bc)xy + (bd - c^2)y^2,$$

welche die nämliche Discriminante hat, wie die cubische Form selbst. (Artikel 85.)

Wenn wir die Wurzeln der cubischen Form durch

$$\alpha_1, \alpha_2, \alpha_3$$

bezeichnen, so ist die Hesse'sche Covariante die symmetrische Function

$$\Sigma (x - \alpha_1)^2 (\alpha_2 - \alpha_3)^2. \qquad \text{(Artikel 75.)}$$

Die cubische Covariante, welche als Evectante der Discriminante erhalten werden kann und deren Symbol ist

$$\overline{12}^2 . \overline{13}$$

hat den Ausdruck

$$(a^2d + 2b^3 - 3abc)x^3 + 3(b^2c + abd - 2ac^2)x^2y$$
$$+ 3(2b^2d - bc^2 - acd)xy^2 + (3bcd - ad^2 - 2c^3)y^3,$$

und ihre geometrische Bedeutung ist die folgende: Wenn wir für jedes der drei durch die Form selbst repräsentierten Elemente das conjugiert harmonische in Bezug auf die jedesmaligen beiden andern bestimmen, so sind diese drei durch die fragliche Covariante repräsentiert.

Man erkennt diess am leichtesten für die vereinfachte Gestalt

$$xy(x + y)$$

der cubischen Form; denn für

$$a = d = 0, \quad b = c = 1$$

ergiebt sich sofort

$$x - y$$

als ein Factor der cubischen Covariante. Die allgemeine Geltung dieser Relation geht einfach aus der Wahrheit hervor, dass harmonische Relationen durch lineare Transformationen nicht gestört werden.*) (Artikel 135.)

Der Ausdruck der cubischen Covariante in Function der Wurzeln der gegebenen cubischen Form ist demnach

$$\{(2\alpha_1-\alpha_2-\alpha_3)x+(2\alpha_2\alpha_3-\alpha_1\alpha_2-\alpha_1\alpha_3)y\}$$
$$\{(2\alpha_2-\alpha_3-\alpha_1)x+(2\alpha_3\alpha_1-\alpha_2\alpha_3-\alpha_2\alpha_1)y\}$$
$$\{(2\alpha_3-\alpha_1-\alpha_2)x+(2\alpha_1\alpha_2-\alpha_3\alpha_1-\alpha_3\alpha_2)y\},$$

weil die harmonische Theilung bei vier durch

$$\alpha,\ \alpha_1,\ \alpha_2,\ \alpha_3$$

bestimmten Elementen die Relation

$$\frac{2}{\alpha_1-\alpha}=\frac{1}{\alpha_1-\alpha_2}+\frac{1}{\alpha_1-\alpha_3}$$

erfordert und somit

$$\alpha=\frac{\alpha_1\alpha_2+\alpha_1\alpha_3-2\alpha_2\alpha_3}{2\alpha_1-\alpha_2-\alpha_3}$$

gefunden wird. Man bestätigt jenen Ausdruck der cubischen Covariante leicht durch Substitution nach den einfachen Beziehungen zwischen den Wurzeln und den Coefficienten.

137. Mittelst der canonischen Form

$$U=ax^3+dy^3$$

erhält man für die Discriminante, die Hesse'sche und die cubische Covariante die folgenden einfachen Werthe

$$D=a^2d^2,$$
$$H=adxy,$$
$$J=ad(ax^3-dy^3),$$

und kann leicht zeigen, dass die Discriminante von J dem Cubus der Discriminante D gleich ist,

$$=a^6d^6;$$

und eben so leicht, dass zwischen D, H, J und U die Gleichung

$$J^2-DU^2=-4H^3$$

besteht, welche Cayley entdeckt hat.

Sie kann nach ihrem Entdecker zur Auflösung der cubi-

*) Vergl. „Analytische Geometrie der Kegelschnitte" Artikel 422, 436 f.

schen Gleichung, d. h. zur Bestimmung der linearen Factoren von U, dienen. Denn man schliesst daraus, dass

$$J^2 - DU^2$$

ein vollkommener Cubus ist, das Gleiche für seine Factoren

$$J \pm U\sqrt{D},$$

deren canonische Formen auch in der That

$$2a^2dx^3, \quad 2ad^2y^3$$

sind. Weil aber

$$xa^{\frac{1}{3}} + yd^{\frac{1}{3}}$$

einer der Factoren der canonischen Form ist, so schliesst man dass der Factor der allgemeinen Form durch

$$(U\sqrt{D} + J)^{\frac{1}{3}} + (U\sqrt{D} - J)^{\frac{1}{3}}$$

repräsentiert sei, eine lineare Function, welche mit U selbst gleichzeitig gleich Null wird.

Beispiel. Das Beispiel des Artikel 82

$$U = 4x^3 + 9x^2 + 18x + 17$$

giebt uns

$$D = 1600, \quad J = 110x^3 - 90x^2y - 630xy^2 - 670y^3,$$
$$U\sqrt{D} + J = 10(3x + y)^3,$$
$$U\sqrt{D} - J = 50(x + 3y)^3,$$

somit die linearen Factoren der cubischen Form

$$(3x + y) + (x + 3y)\sqrt[3]{5}.$$

138. Die binäre Form vierten Grades

$$(a, b, c, d, e \between x, y)^4$$

hat nach Artikel 77, 86 die beiden Invarianten

$$S = ae - 4bd + 3c^2,$$
$$T = ace + 2bcd - ad^2 - eb^2 - c^3.$$

Für ihren canonischen Ausdruck

$$x^4 + 6mx^2y^2 + y^4$$

werden dieselben

$$S = 1 + 3m^2,$$
$$T = m(1 - m^2).*)$$

*) Man sieht in der unsymmetrischen Gestalt dieser Ausdrücke die Bestätigung des im Artikel 124 über Vorzüge und Nachtheile des Gebrauchs canonischer Formen Gesagten.

Als symmetrische Functionen der Wurzeln

$$\alpha_1, \alpha_2, \alpha_3, \alpha_4$$

hat man

$$S = \Sigma (\alpha_1 - \alpha_2)^2 (\alpha_3 - \alpha_4)^2,$$

$$T = \Sigma (\alpha_1 - \alpha_2)^2 (\alpha_3 - \alpha_4)^2 (\alpha_1 - \alpha_3)(\alpha_2 - \alpha_4)$$

$$= \{(\alpha_1 - \alpha_2)(\alpha_3 - \alpha_4) - (\alpha_1 - \alpha_3)(\alpha_4 - \alpha_2)\}$$

$$\{(\alpha_1 - \alpha_3)(\alpha_4 - \alpha_2) - (\alpha_1 - \alpha_4)(\alpha_2 - \alpha_3)\}$$

$$\{(\alpha_1 - \alpha_4)(\alpha_2 - \alpha_3) - (\alpha_1 - \alpha_2)(\alpha_3 - \alpha_4)\};$$

man sieht daraus, dass für

$$T = 0$$

die durch die biquadratische Form dargestellten Elemente ein harmonisches System bilden.

Da für M als den Modulus der Transformation

$$S \text{ in } M^4 S'$$

und

$$T \text{ in } M^6 T'$$

übergeht, so bleibt das Verhältniss

$$\frac{S^3}{T^2}$$

absolut unverändert.*)

Jede andere Invariante kann als eine rationale Function dieser beiden fundamentalen Invarianten dargestellt werden.**)

Die Discriminante speciell

$$D = (\alpha_1 - \alpha_2)^2 (\alpha_1 - \alpha_3)^2 (\alpha_1 - \alpha_4)^2 (\alpha_2 - \alpha_3)^2 (\alpha_2 - \alpha_4)^2 (\alpha_3 - \alpha_4)^2$$

ergiebt sich nach dem Ausdruck der Invarianten S und T in Function der Wurzeln

$$= S^3 - 27 T^2,$$

welches von der Auswerthung durch die canonische Form bestätigt wird,

$$D = (1 - 9m^2)^2.$$

139. Man kann von dieser Relation der Invarianten der biquadratischen Form zu der im Artikel 137 gegebenen zwischen den Covarianten einer cubischen Form gelangen, wenn man die durch Multiplication einer cubischen Form

---

*) Vergl. „Elemente“ Artikel 23, p. 206.

**) Den Beweis gab Sylvester „Philosoph. Magazine“ April 1853 und Cayley „Philosophical Transactions“ Vol. 146, p. 101 f.

$$(a, b, c, d \between x, y)^3$$

mit $$xy' - x'y$$

hervorgehende biquadratische Form

$$(ay', \tfrac{1}{4}(3by' - ax'), \tfrac{1}{2}(ay' - bx'), \tfrac{1}{4}(dy' - 3cx'), - dx' \between x, y)^4$$

betrachtet; ihre Invarianten sind Covarianten der cubischen Form. Da nun die Discriminante nach Artikel 67 proportional zu U^2D ist und die Invarianten

$$S = \tfrac{3}{4}H, \quad T = \tfrac{1}{16}J$$

sind, so erhalten wir die zwischen den Covarianten der cubischen Form gegebene Relation durch Substitution in

$$D = S^3 - 27T^2.$$

140. Die Hesse'sche Covariante der biquadratischen Form ist

$$(ac - b^2)x^4 + 2(ad - bc)x^3y + (ae + 2bd - 3c^2)x^2y^2 \\ + 2(be - cd)xy^3 + (ce - d^2)y^4,$$

oder für die canonische Form

$$m(x^4 + y^4) + (1 - 3m^2)x^2y^2.$$

Wir haben bereits in der Anmerkung des Artikel 85 bemerkt, dass für die Zerfällbarkeit der biquadratischen Form in zwei quadratische Factoren die Coefficienten der Hesse'schen Covariante denen der Form selbst proportional sind.

Durch die für S und T gegebenen Werthe wird die Reduction der biquadratischen Form auf ihren canonischen Ausdruck leicht vollzogen, denn aus

$$S = 1 + 3m^2, \quad T = m(1 - m^2)$$

folgt $$4m^3 - mS + T = 0,$$

eine Gleichung zur Bestimmung von m.

Die Veränderlichen x und y der canonischen Form lassen sich dann aus den Gleichungen

$$x^4 + y^4 + 6mx^2y^2 = U,$$
$$m(x^4 + y^4) + (1 - 3m^2)x^2y^2 = H$$

bestimmen, denn man erhält

$$x^2y^2 = \frac{H - mU}{1 - 9m^2},$$

so dass durch Bildung der Quadratwurzel dieses Ausdrucks und Auflösung der gefundenen quadratischen Gleichung die Factoren x und y gefunden werden.

Von Cayley ist die Auflösung der biquadratischen Gleichung in eleganterer Form gegeben worden. Wenn

$$m_1,\ m_2,\ m_3$$

die Wurzeln der oben zur Bestimmung von m gegebenen cubischen Gleichung sind, so ist früher bewiesen worden, dass

$$H - m_1 U,\ H - m_2 U,\ H - m_3 U$$

vollkommene Quadrate sind; ihre Wurzeln müssen, wie leicht erkannt wird, in x, y vom zweiten Grade sein. Cayley fand nun, dass

$$(m_2 - m_3)(H - m_1 U)^{\frac{1}{2}} + (m_3 - m_1)(H - m_2 U)^{\frac{1}{2}} + (m_1 - m_2)(H - m_3 U)^{\frac{1}{2}}$$

ebenfalls ein vollkommenes Quadrat ist und dass der Grundfactor desselben einer der linearen Factoren der biquadratischen Form sei.

Da der Ausdruck von Cayley für

$$U = 0$$

identisch verschwindet, so hat man nur zu zeigen, dass er ein vollkommenes Quadrat sei. Für die cubische Gleichung

$$4z^3 - z(1 - 3m^2) + m - m^3 = 0$$

hat man aber die Wurzeln

$$m_1 = m,\quad m_2 = -\frac{m+1}{2},\quad m_3 = -\frac{m-1}{2},$$

und erhält somit

$$H - m_1 U = (1 - 9m^2)\, x^2 y^2,$$

$$H - m_2 U = \frac{3m+1}{2}(x^2 + y^2)^2,$$

$$H - m_3 U = \frac{3m-1}{2}(x^2 - y^2)^2.$$

Und damit eine Grösse von der Form

$$\alpha(x^2 + y^2) + \beta(x^2 - y^2) + \gamma xy$$

ein vollkommenes Quadrat sei, muss man

$$\gamma^2 = 4(\alpha^2 - \beta^2)$$

haben, eine Bedingung, welche durch die nach dem Vorigen für α, β, γ zu substituierenden Werthe erfüllt wird.

141. Biquadratische Formen haben eine weitere Covariante, welche vom dritten Grade in den Coefficienten und vom sechsten in den Veranderlichen ist, der das Symbol

$$\overline{12}^2 . \overline{13}$$

entspricht und die als die **cubische Covariante** J **der ersten Emanante der biquadratischen Form** gebildet werden kann.

Ihre entwickelte Gestalt ist

$$(a^2d - 3abc + 2b^3)\,x^6 + (a^2e + 2abd - 9ac^2 + 6b^2c)\,x^5y$$
$$+ (5abe - 15acd + 10b^2d)\,x^4y^2 + (10b^2e - 10ad^2)\,x^3y^3$$
$$+ (15bce - 5ade - 10bd^2)\,x^2y^4 + (9c^2e - ae^2 - 2bde - 6cd^2)\,xy^5$$
$$+ (3cde - be^2 - 2d^3)\,y^6.$$

Sie nimmt für die canonische Form den Ausdruck

$$(1 - 9\,m^2)\,(x^4 - y^4)\,xy$$

an.

Man hätte vielleicht erwarten mögen, dass die biquadratische wie die cubische Form eine quadratische Covariante besitze, deren Factoren die x und y des canonischen Ausdrucks seien. Weil aber m als Wurzel einer cubischen Gleichung, die canonische Form also in dreierlei Art bestimmt wird, so geht die Bestimmung ihrer Factoren aus einer Gleichung vom sechsten Grade hervor; diese ist eben die Covariante J.

Die geometrische Bedeutung dieses Zusammenhangs ist in dem Satze ausgesprochen: **Die vier linearen Factoren einer biquadratischen Form bestimmen vier Elemente, die auf dreierlei Weise als ein involutorisches System betrachtet werden, je nachdem nämlich dem Element** A **das Element** B, **oder** C **oder** D **als das conjugierte entspricht; die Doppelelemente dieser drei involutorischen Systeme sind durch die Factoren der Covariante** J **gegeben.**

Weil nach dem letzten Artikel das Quadrat des Products einer Gruppe der x und y der canonischen Form durch

$$H - mU$$

bestimmt ist, so muss

$$J^2$$

$$(H - m_1U)\,(H - m_2U)\,(H - m_3U)$$

proportional sein, d. i. nach der für m gegebenen Bestimmungsgleichung proportional zu

$$4\,H^3 - SHU^2 + TU^3.\text{*)}$$

142. Wenn wir die **Hesse'sche Covariante der Hesse'schen Covariante einer biquadratischen Form** bilden, so ist sie von der Form

$$x^4 + y^4 + 6\,m'x^2y^2$$

---

*) Vergl. „Elemente“ p. 211.

und kann also durch

$$U + \lambda H$$

ausgedrückt werden; man kann den Werth des λ leicht mit Hilfe der canonischen Form bestimmen. Die Hesse'sche Covariante von

$$m(x^4 + y^4) + (1 - 3m^2)x^2y^2$$

ist

$$2m(1 - 3m^2)(x^4 + y^4) - (1 - 18m^2 + 9m^4)x^2y^2$$

oder durch die Substitution von

$$\frac{(1 - 3m^2)U - 6mH}{1 - 9m^2} \quad \text{für} \quad x^4 + y^4$$

und von

$$\frac{H - mU}{1 - 9m^2} \quad \text{für} \quad x^2y^2$$

$$= 3TU - SH.$$

Auf demselben Wege beweist man, dass die Hesse'sche Covariante von

$$U + \lambda H$$

oder irgend einer andern Covariante vierter Ordnung von der Gestalt

$$U + \lambda' H$$

ist und bestimmt den Werth von λ' in Function von λ, S und T.

So ist die Discriminante der eben erwähnten ersten Emanante eine Covariante vierter Ordnung und ihr Ausdruck wird gefunden

$$SH - TU.$$

Und wenn U eine beliebige binäre Form darstellt und $\alpha, \beta, \gamma, \delta$ ihre dritten Differentiale bezeichnen, so ist

$$\alpha^2\delta^2 + 4\alpha\gamma^3 + 4\delta\beta^3 - 3\beta^2\gamma^2 - 6\alpha\beta\gamma\delta$$

eine Covariante derselben, welche für a, b, c, d, e als die vierten Differentiale der Form mittelst der durch das Theorem von den homogenen Functionen begründeten Substitution

$$(n - 3)\alpha = ax + by, \text{ etc.}$$

in Function der vierten Differentiale ausgedrückt werden kann; und da die Form des Resultats genau dieselbe sein muss, wie in dem Falle einer biquadratischen Form, so ist nothwendig diese Covariante auf

$$SH + \lambda TU$$

reducierbar, wo S und T die durch Substitution der vierten Differentiale der Form an Stelle der Coefficienten in die S und T der biquadratischen Form erhaltenen Covarianten sind. In derselben Art kann bewiesen werden, dass die Hesse'sche Covariante von der Hesse'schen Covariante einer beliebigen binären Form unter der Gestalt

$$SH + \lambda TU$$

ausgedrückt werden kann. Im Artikel 119 ist dafür bereits ein anderer Beweis gegeben worden.

143. Wir zeigen endlich in Kürze die hauptsächlichsten in Bezug auf binäre Formen des fünften Grades erhaltenen Ergebnisse an.

Sylvester hat sie unter der canonischen Gestalt

$$ax^5 + by^5 + cz^5$$

discutiert, wo

$$x + y + z = 0$$

ist (Artikel 126); und hat gezeigt, dass sie fundamentale Invarianten vom vierten, achten und zwölften Grade besitzen. Sie sind in Bezug auf die canonische Form

$$A = a^2b^2 + b^2c^2 + c^2a^2 - 2abc\,(a + b + c),$$
$$B = a^2b^2c^2\,(ab + bc + ca),$$
$$C = a^4b^4c^4,$$

und die Discriminante D steht zu ihnen in der Relation

$$D = A^2 - 128\,B.\text{*)}$$

Ihre entwickelten Werthe für die allgemeine Form fünften Grades sind complicierte Ausdrücke,**) und es soll nur der erste von ihnen für die Form

$$(a_0,\ a_1,\ a_2,\ a_3,\ a_4,\ a_5 \between x,\ y)^5$$

*) Man findet ihren allgemeinen Beweis in des Herausgebers „Elemente" p. 195.

**) Man findet sie in Cayley's „Second & Third Memoir upon Quantics", „Philos. Transactions" Vol. 146, p. 124, 125 (No. 19, 25); und ibid. p. 631 (No. 29). Ihre Mittheilung würde hier vollständig geschehen, wenn auf die Kenntniss der entwickelten Ausdrücke überhaupt ein grosser Werth gelegt werden könnte. Selbst für die biquadratische Invariante, die einfachste der drei hier erwähnten Invarianten, scheint die Ausdrucksweise als symmetrische Function der Wurzeln gegeben werden. Man hat

$$A = a_0^2 a_5^2 - 10 a_0 a_1 a_4 a_5 + 4 a_0 a_2 a_3 a_5 + 16 a_0 a_2 a_4^2 - 12 a_0 a_3^2 a_4 + 16 a_1^2 a_3 a_5 + 9 a_1^2 a_4^2 - 12 a_1 a_2^2 a_5 - 76 a_1 a_2 a_3 a_4 + 48 a_1 a_3^3 + 48 a_2^3 a_4 - 32 a_2^2 a_3^2.$$

Unzählige andere Invarianten vom Grade $4m$ in den Coefficienten lassen sich aus A, B, C als rationale Functionen derselben ableiten und man hielt bis auf Hermite's Entdeckung einer Invariante vom Grade achtzehn dafür, dass die Formen fünften Grades überhaupt andere Invarianten nicht besässen. In der That ist die Function

$$A(AC - B^2)^2 + 8B^3C - 72ABC^2 - 432C^3,$$

eine solche zusammengesetzte Invariante vom sechs und dreissigsten Grade, zugleich ein vollständiges Quadrat und die fragliche Invariante von Hermite ihre Wurzel.

Sie unterscheidet sich durch einen bemerkenswerthen Umstand von den vorher gebildeten Invarianten. Ist M der Modulus der Transformation, so geht eine Invariante J durch Transformation in $M^n J$ über, und n war in allen vorigen Fällen eine gerade Zahl. Für die Transformation

$$x \text{ in } y, \quad y \text{ in } x,$$

der der Modulus $M = -1$ entspricht, blieben daher die bisherigen Invarianten absolut ungeändert, während die gegenwärtig betrachtete das Vorzeichen in Folge derselben ändert. Es geht z. B. das Glied

$$a_0^7 a_3^5 a_5^6$$

in

$$-a_0^6 a_2^5 a_5^7$$

über.

144. Hermite entdeckte die bezeichnete Invariante bei Gelegenheit einer auf eine neue canonische Form gestützten Untersuchung.

Wir haben im Artikel 83 gesehen, dass jede binäre Form von ungeradem Grade eine quadratische Covariante besitzt, und

---

$$\Sigma (\alpha_1-\alpha_2)^2 (\alpha_2-\alpha_3)^2 (\alpha_3-\alpha_1)^2 (\alpha_4-\alpha_5)^4$$
weit lehrreicher als die Entwickelung nach den Coefficienten. Vgl. „Elemente" p. 116.

Die Invariante vom achtzehnten Grade von Hermite theilt Cayley nach Salmon's Berechnung in „Fifth Memoir upon Quantics", „Philos. Transactions" Vol. 148, p. 455—459 mit.

wissen aus Artikel 82, dass eine cubische Form auf ihren canonischen Ausdruck gebracht wird, indem man die beiden linearen Factoren dieser Covariante als neue Veränderliche wählt.

Die quadratische Covariante der binären Form fünften Grades ist

$$(a_0a_4 - 4a_1a_3 + 3a_2^2)\, x^2 + (a_0a_5 - 3a_1a_4 + 2a_2a_3)\, xy$$
$$+ (a_1a_5 - 4a_2a_4 + 3a_3^2)\, y^2$$

oder

$$\Sigma\, (\alpha_1-\alpha_2)^2\, (\alpha_3-\alpha_4)^2\, (x-\alpha_5 y)^2,$$

und Hermite setzte voraus, dass zwischen den Coefficienten der Form die Relationen

$$a_0a_4 - 4a_1a_3 + 3a_2^2 = 0, \quad a_1a_5 - 4a_2a_4 + 3a_3^2 = 0$$

bestehen, so dass die quadratische Covariante auf das einfache Glied xy reduciert wird.

Da nun in jeder Covariante die Substitution

$$\frac{d}{dx}, \; -\frac{d}{dy} \quad \text{für} \quad x \text{ und } y \text{ respective}$$

gestattet ist, so erhält man für die hier gewählte canonische Form aus der Covariante xy das Invariantensymbol

$$\frac{d^2}{dx\, dy},$$

welches durch seine Einfachheit die leichteste Ableitung einer Covariante aus einer andern gestattet.

Man erkennt so unmittelbar, dass die Form

$$(a_0,\; a_1,\; a_2,\; a_3,\; a_4,\; a_5 \between x,\; y)^5$$

eine Covariante vom ersten Grade besitzt, welche allgemein durch

$$(a_0^2a_2a_5^2 - 2a_0^2a_3a_4a_5 + a_0^2a_4^3 - a_0a_1^2a_5^2 - 4a_0a_1a_2a_4a_5 + 8a_0a_1a_3^2a_5$$
$$- 2a_0a_1a_3a_4^2 - 2a_0a_2^2a_3a_5 + 14a_0a_2^2a_4^2 - 22a_0a_2a_3^2a_4 + 9a_0a_3^4$$
$$+ 6a_1^3a_4a_5 - 12a_1^2a_2a_3a_5 - 15a_1^2a_2a_4^2 + 10a_1^2a_3^2a_4 + 6a_1a_2^3a_5$$
$$+ 30a_1a_2^2a_3a_4 - 20a_1a_2a_3^3 - 15a_2^4a_4 + 10a_2^3a_3^2)\, x +$$
$$(a_0^2a_3a_5^2 - a_0^2a_4^2a_5 - 2a_0a_1a_2a_5^2 - 4a_0a_1a_3a_4a_5 + 6a_0a_1a_4^3 + 8a_0a_2^2a_4a_5$$
$$- 2a_0a_2a_3^2a_5 - 12a_0a_2a_3a_4^2 + 6a_0a_3^3a_4 + a_1^3a_5^2 - 2a_1^2a_2a_4a_5$$
$$+ 14a_1^2a_3^2a_5 - 15a_1^2a_3a_4^2 - 22a_1a_2^2a_3a_5 + 10a_1a_2^2a_4^2 + 30a_1a_2a_3^2a_4$$
$$- 15a_1a_3^4 + 9a_2^4a_5 - 20a_2^3a_3a_4 + 10a_2^2a_3^3)\, y$$

und für Hermite's canonische Form durch

$$a_2 x + a_3 y$$

gegeben ist.*)

Die Hesse'sche Covariante der binären Form fünften Grades

$$\Sigma (\alpha_1 - \alpha_2)^2 (x - \alpha_3 y)^2 (x - \alpha_4 y)^2 (x - \alpha_5 y)^2$$

ist vom sechsten Grade in den Veränderlichen und vom zweiten in den Coefficienten

$$(a_0 a_2 - a_1^2) x^6 + 3(a_0 a_3 - a_1 a_2) x^5 y + 3(a_0 a_4 + a_1 a_3 - 2a_2^2) x^4 y^2$$
$$+ (a_0 a_5 + 7a_1 a_4 - 8a_2 a_3) x^3 y^3 + 3(a_1 a_5 + a_2 a_4 - 2a_3^2) x^2 y^4$$
$$+ 3(a_2 a_5 - a_3 a_4) x y^5 + (a_3 a_5 - a_4^2) y^6;$$

Cayley giebt ausserdem die entwickelten Ausdrücke von einer in den Veränderlichen und Coefficienten cubischen und einer in beiden biquadratischen Covariante, von zwei in den Coefficienten cubischen, die in den Veränderlichen vom fünften, respective neunten Grade sind; zwei ferner, die in den Coefficienten vom fünften und in den Veränderlichen vom dritten und siebenten Grade, endlich einer Covariante vom vierten Grade in den Coefficienten und vom sechsten in den Veränderlichen.**)

Man findet an demselben Orte auch (p. 631 f.) die entwickelten Formen von Invarianten und Covarianten der Formen vom sechsten bis neunten und der Form vom zwölften Grade; es genüge, darauf zu verweisen.

Vierzehnte Vorlesung.

Anwendungen auf ternäre Formen.

---

145. Mit der Aufzählung der wichtigeren unter den Invarianten und Covarianten ternärer Formen verbinden wir Beispiele des Gebrauchs, welcher von denselben in der Theorie der Curven gemacht werden kann.

---

*) „Cambridge and Dublin Mathematical Journal", Vol. IX, p. 172.

**) „Second Memoir upon Quantics", „Philos. Transact." Vol. 146, p. 123 f.

Die ternäre quadratische Form

$$(a,\ a',\ a'',\ b,\ b',\ b'' \between x,\ y,\ z)^2$$

hat nur eine Invariante, ihre Discriminante

$$aa'a'' + 2bb'b'' - ab^2 - a'b'^2 - a''b''^2$$

oder die Hesse'sche Determinante

$$\begin{vmatrix} a, & b'', & b' \\ b'', & a', & b \\ b', & b, & a'' \end{vmatrix}\ {}^{*)},$$

und eine Contravariante, welche zugleich die Evectante dieser Letzteren ist und für die wir, da im Artikel 96 ihr entwickelter Ausdruck gegeben ist, hier die Determinantenform

$$\begin{vmatrix} a, & b'', & b', & \xi \\ b'', & a', & b, & \eta \\ b', & b, & a'', & \zeta \\ \xi, & \eta, & \zeta, & 0 \end{vmatrix}$$

beifügen.

Für alle Formen höheren Grades erhält man unter der Voraussetzung, dass

$$a,\ a',\ a'',\ \text{etc.}$$

die zweiten Differentiale derselben bezeichnen, aus der ersteren die Hesse'sche Covariante, aus der letzteren eine Zwischenform, deren Gestalt in einem sehr bemerkenswerthen Zusammenhang mit der der ersteren steht.

Die ternäre quadratische Form kann auf unendlich viele Arten auf den canonischen Ausdruck

$$x^2 + y^2 + z^2$$

reduciert werden, als in welchem x, y, z ein sich selbst conjugiertes Dreieck (d. h. dessen Ecken die Pole ihrer Gegenseiten in Bezug auf den Kegelschnitt sind) repräsentieren. (Vgl. „Analyt. Geom. d. Kegelschnitte“, Artikel 304 f., 369 f.)

146. Wir wenden uns zur Betrachtung von zwei quadratischen ternären Formen S, S_1, oder

$$(a,\ a',\ a'',\ b,\ b',\ b'' \between x,\ y,\ z)^2,$$
$$(a_1,\ a_1',\ a_1'',\ b_1,\ b_1',\ b_1'' \between x,\ y,\ z)^2.$$

---

*) Wenn sie den Werth Null hat, so zerfällt der Kegelschnitt in zwei gerade Linien. (Vgl. Artikel 60.)

Wir erhalten eine Reihe von Invarianten des Systems vermittelst der Bildung der Discriminante von

$$kS + S_1,$$

als in welcher die Coefficienten der verschiedenen Potenzen von k Invarianten sind. Wir bezeichnen sie durch

$$k^3\varDelta + k^2\Theta + k\Theta_1 + \varDelta_1 = 0,$$

und haben in $\varDelta$, $\varDelta_1$ die Discriminanten der beiden Formen, in Θ und Θ_1 aber die Entwickelungen

$$\left(a_1 \frac{d}{da} + a_1' \frac{d}{da'} + a_1'' \frac{d}{da''} + b_1 \frac{d}{db} + b_1' \frac{d}{db'} + b_1'' \frac{d}{db''}\right) \varDelta,$$

$$\left(a \frac{d}{da_1} + a' \frac{d}{da_1'} + a'' \frac{d}{da_1''} + b \frac{d}{db_1} + b' \frac{d}{db_1'} + b'' \frac{d}{db_1''}\right) \varDelta_1,$$

oder

$$a_1(a'a''-b^2) + a_1'(a''a-b'^2) + a_1''(aa'-b''^2)$$
$$+ 2b_1(b'b''-ab) + 2b_1'(b''b-a'b') + 2b_1''(bb'-a''b''),$$
$$a(a_1'a_1''-b_1^2) + a'(a_1''a_1-b_1'^2) + a''(a_1a_1'-b_1''^2)$$
$$+ 2b(b_1'b_1''-a_1b_1) + 2b'(b_1''b_1-a_1'b_1')$$
$$+ 2b''(b_1b_1'-a_1''b_1'').$$

(a. a. O. Artikel 362.)

Alle permanenten Beziehungen zwischen zwei Kegelschnitten können in Function dieser Invarianten ausgedrückt werden.

So ist die Bedingung, unter welcher zwischen beiden Kegelschnitten Berührung stattfindet, das Verschwinden der Discriminante der Form

$$k^3\varDelta + k^2\Theta + k\Theta_1 + \varDelta_1$$

nach k, welche selbst die Discriminante von

$$kS + S_1$$

war. („Anal. Geom. d. Kegelschnitte“ Artikel 364.)

So drückt

$$\Theta = 0$$

die Bedingung aus, unter welchen der zweite Kegelschnitt durch die Ecken eines in Bezug auf den ersten sich selbst conjugierten Dreiecks geht;*) denn für diesen Fall kann die Gleichung des ersten Kegelschnitts auf

---

*) Vergl. „Analyt. Geom. d. Kegelschnitte“ Zusatz VI, p. 602 f.

$$x^2 + y^2 + z^2 = 0$$

und die des zweiten gleichzeitig auf

$$2byz + 2b'zx + 2b''xy = 0$$

gebracht werden und Θ reduciert sich fur

$$a = a' = a''$$

auf

$$b_1(b'b'' - ab) + b_1'(b''b - a'b') + b_1''(bb' - a''b''),$$

d. h. auf Null für

$$b = b' = b'' = 0;$$

und da Θ eine Invariante ist, so verschwindet es für alle andern Formen ebenso, in welche die beiden Gleichungen durch lineare Substitutionen transformiert werden können.

Oder es wäre gefordert, die Bedingung aufzustellen, der zwei Kegelschnitte genügen müssen, damit es möglich sei, dem einen ein Dreieck einzuschreiben, welches zugleich dem andern umschrieben ist; so ist es für

$$x = 0, \quad y = 0, \quad z = 0$$

als die Gleichungen der Seiten dieses Dreiecks nothwendig möglich, die Gleichungen der Kegelschnitte in die Formen

$$2byz + 2b'zx + 2b''xy = 0,$$
$$x^2 + y^2 + z^2 - 2yz - 2zx - 2xy = 0$$

zu transformieren, und wir schliessen, dass die zwischen den Invarianten dieser Form stattfindenden Relationen allgemein gultig bleiben müssen. Da nun diese Invarianten sind

$$\Delta = 2bb'b'', \quad \Delta_1 = -4,$$
$$\Theta = -(b + b' + b'')^2, \quad \Theta_1 = 4(b + b' + b''),$$

so dass sie offenbar die Relation

$$\Theta_1^2 = 4\Theta\Delta_1$$

erfüllen, so ist eben diese die fragliche Bedingung.

Es mag bemerkt werden, dass die Invariantennatur dieser Relation in ihrer Homogeneität begründet ist; eine Relation, wie

$$\Delta_1 = -4$$

ist nicht allgemein, weil Invarianten nicht absolut unveränderlich sind, sondern durch den Modulus der Transformation oder eine Potenz desselben multipliciert werden. Homogene Relationen zwischen den Invarianten bleiben deshalb ungestört, weil bei einer

Transformation alle Glieder derselben mit dem nämlichen Factor multipliciert werden.*)

147. Wir sprechen hiernach von den Covarianten und Contravarianten des nämlichen Systems von Gleichungen.

Die Reciprocalcurve von

$$S + kS_1 = 0$$

ist für

$$\Sigma = 0, \quad \Sigma_1 = 0$$

als die Reciprocalcurven von

$$S = 0, \quad S_1 = 0$$

respective, und

$$\begin{aligned}\Phi = {} & (a'a_1'' + a''a_1' - 2bb_1)\,\xi^2 + (a''a_1 + aa_1'' - 2b'b_1')\,\eta^2 \\ & + (aa_1' + a'a_1 - 2b''b_1'')\,\zeta^2 + 2\,(bb_1'' + b''b_1 - ab_1' - a'b_1)\,\eta\zeta \\ & + 2(b'b_1 + bb_1' - a'b_1'' - a''b_1')\,\zeta\xi + 2(b''b_1' + b'b_1'' - a''b_1 - ab_1'')\,\xi\eta,\end{aligned}$$

wo demnach

$$\Phi = 0$$

die Bedingung ausdrückt, unter welcher

$$x\xi + y\eta + z\zeta = 0$$

von den gegebenen Kegelschnitten harmonisch geschnitten wird, durch

$$\Sigma + k\Phi + k^2\Sigma_1 = 0$$

gegeben. („Analyt. Geom. d. Kegelschnitte“, Artikel 400, Aufg. 2.)

Die Gleichung

$$\Phi^2 = 4\Sigma\Sigma_1$$

drückt die Bedingung aus, unter welcher dieselbe Gerade

$$x\xi + y\eta + z\zeta = 0$$

durch einen der vier Durchschnittspunkte der gegebenen Kegelschnitte geht und kann als die Tangentialgleichung dieser Punkte betrachtet werden.

Wenn wir in Φ für a, a', a'', etc. die entsprechenden Coef-

---

*) Wie an die Gleichung der Invarianten

$$k^3\Delta + k^2\Theta + k\Theta_1 + \Delta_1 = 0$$

die Theorie der Parallelcurven eines Kegelschnitts und die Theorie der ersten negativen Derivierten desselben oder der Curve von Talbot sich anknüpft, vergleiche man in der Abhandlung des Herausgebers im 38. Bande von Grunert's „Archiv“, p. 19 f.

ficienten der Reciprocalkegelschnitte substituieren, und gleichzeitig x, y, z für ξ, η, ζ einsetzen, so erhalten wir die Gleichung

$$F = 0$$

eines zu den gegebenen Kegelschnitten covarianten Kegelschnitts, welcher den Ort der Punkte bildet, denen harmonische Tangentenbüschel der beiden gegebenen Kegelschnitte entsprechen. („Analyt. Geom. d. Kegelschnitte", Artikel 400, Aufg. 3, 4.) Die Gleichung der gemeinschaftlichen Tangenten beider Kegelschnitte ist somit

$$F^2 = 4\Delta\Delta_1 SS_1.$$

Alle zu den gegebenen Kegelschnitten covarianten Kegelschnitte können vermittelst der Functionen S, S_1, F ausgedrückt werden. So z. B. wissen wir, dass durch die Substitution von

$$\frac{dU}{dx}, \ \frac{dU}{dy}, \text{ etc. für } \ \xi, \eta, \zeta$$

in eine beliebige Contravariante eine Covariante erhalten wird. Untersuchen wir also das Resultat dieser Substitution in die Gleichung der Reciprocalcurve von S_1, dessen geometrische Bedeutung leicht dahin erkannt wird, dass es den Ort der Pole der Tangenten von S_1 in Bezug auf S repräsentiert.

Wir benutzen die canonische Form

$$S = ax^2 + a'y^2 + a''z^2,$$
$$S_1 = a_1x^2 + a_1'y^2 + a_1''z^2,$$

d. h. wir setzen beide Kegelschnitte als bezogen auf dasjenige Dreieck als Fundamentaldreieck voraus, dessen Seiten in Bezug auf beide Kegelschnitte dieselben Polaren haben. Alsdann ist

$$\Sigma = a'a''\xi^2 + a''a\eta^2 + aa'\zeta^2,$$
$$\Sigma' = a_1'a_1''\xi^2 + a_1''a_1\eta^2 + a_1a_1'\zeta^2,$$
$$\Phi = (a'a_1'' + a''a_1')\xi^2 + (a''a_1 + aa_1'')\eta^2 + (aa_1' + a'a_1)\zeta^2,$$
$$F = aa_1(a'a_1'' + a''a_1')x^2 + a'a_1'(a''a_1 + aa_1'')y^2 + a''a_1''(aa_1' + a'a_1)z^2.$$

Und die Invarianten Δ, Δ_1, Θ, Θ_1 sind

$$\Delta = aa'a'', \quad \Delta_1 = a_1a_1'a_1'',$$
$$\Theta = a_1a'a'' + a_1'a''a + a_1''aa',$$
$$\Theta_1 = aa_1'a_1'' + a'a_1''a_1 + a''a_1a_1'.$$

Die Substitution

$$ax, \ a'y, \ a''z \ \text{ für } \ \xi, \eta, \zeta$$

in Σ_1 liefert daher den Ausdruck

$$a_1' a_1'' a^2 x^2 + a_1'' a_1 a'^2 y^2 + a_1 a_1' a''^2 z^2,$$

welcher nach den vorher gegebenen Werthen als

$$= \Theta_1 S - F$$

erkannt wird. (Vergl. „Analyt. Geom. d. Kegelschnitte", Artikel 400, Aufg. 4.)

Theoreme dieser Art sind, wenn ihre Gültigkeit für Kegelschnitte bewiesen ist, für Formen beliebiger Ordnung U, U_1 wahr, wenn die in denselben auftretenden Coefficienten durch die entsprechenden zweiten Differentiale dieser letzteren ersetzt werden. Die

$$\Delta, \Delta_1$$

verwandeln sich in die Hesse'schen Covarianten der gegebenen Formen und die

$$\Theta, \Theta_1$$

gehen in andere Covarianten derselben über.

So bilden wir z. B. aus der Covariante

$$\Psi = \left\{\frac{d^2U_1}{dx^2}\,\frac{d^2U_1}{dy^2} - \left(\frac{d^2U_1}{dx\,dy}\right)^2\right\}\left(\frac{dU}{dz}\right)^2 + \text{etc.},$$

indem wir mit Hilfe des Theorems von den homogenen Functionen die ersten Differentiale von U durch die zweiten Differentiale ausdrücken, eine Function von genau derselben Form, wie die eben discutierte; und wir erhalten

$$(n-1)^2\,\Psi = n\,(n-1)\,\Theta_1\,U - F.$$

Wenn also Ψ_1 die aus Ψ durch Vertauschung von U und U_1 entspringende Covariante bezeichnet, so dass man hat

$$(n_1-1)^2\,\Psi_1 = n_1\,(n_1-1)\,\Theta\,U_1 - F,$$

so ist ferner

$$(n-1)^2\,\Psi - (n_1-1)^2\,\Psi_1 = n\,(n-1)\,\Theta_1 U - n_1\,(n_1-1)\,\Theta U_1.$$

Wir fügen einige Beispiele zur Erläuterung des Gebrauchs bei, den man von der Covariante F in der Theorie der Kegelschnitte machen kann.

Beispiel 1. Die Enveloppe der Basis eines Dreiecks zu finden, welches dem Kegelschnitt S_1 eingeschrieben ist, und dessen beide andere Seiten einen andern Kegelschnitt S berühren.

Sind die drei Seiten des Dreiecks durch

$$x = 0,\quad y = 0,\quad z = 0$$

dargestellt, so lässt sich S_1 in die Form

$$2(xy + yz + zx)$$

und S in die Form

$$a^2x^2 + a'^2y^2 + a''^2z^2 - 2a'a''yz - 2a''azx - 2aa'xy + 2bxy$$

bringen, wenn speciell die Seiten y und z die den Kegelschnitt S berührenden Seiten sind. Alsdann ist

$$S - bS_1 = 0$$

ein Kegelschnitt, welcher von der dritten Seite des Dreiecks stets berührt wird, und die Theorie der Invarianten zeigt, dass derselbe ein fester Kegelschnitt ist.

Man hat

$$\Delta_1 = 2,\ \Theta_1 = -(a + a' + a'')^2 + 2b,$$
$$\Theta = 2a''(a + a' + a'')(2aa' - b),$$
$$\Delta = -a''^2(2aa' - b)^2;$$

somit

$$\Theta^2 - 4\Theta_1\Delta = -4b\Delta\Delta_1,$$

so dass die Gleichung des Kegelschnitts

$$S - bS_1 = 0$$

in der Form

$$4\Delta\Delta_1 S + (\Theta^2 - 4\Theta_1\Delta)S_1 = 0$$

geschrieben werden kann, welche ihn als fest und unveränderlich characterisiert. Man erkennt aus dieser Gleichung auch die Bedingung wieder, welche erfüllt sein muss, damit die dritte Seite des Dreiecks den Kegelschnitt S gleichfalls berühre; denn für

$$\Theta^2 = 4\Theta_1\Delta$$

wird die Gleichung des eben betrachteten Kegelschnitts auf

$$S = 0$$

reduciert.

Beispiel 2. Man soll den Ort der dritten Ecke eines Dreiecks bestimmen, dessen Seiten einen Kegelschnitt S berühren, während zwei seiner Ecken den festen Kegelschnitt S_1 durchlaufen.

Sei die freie Ecke durch x', y', z' bestimmt, so bilden wir die Gleichung der durch diesen Punkt an den Kegelschnitt S zu ziehenden Tangenten; wir bilden darnach die Gleichung der Verbindungslinien der Punkte, in welchen dieses Linienpaar den Kegelschnitt S_1 durchschneidet, und endlich die Bedingung, unter welcher eine dieser Linien, die Basis des fraglichen Dreiecks, den Kegelschnitt S berührt.

Ist aber P die Polare von x', y', z' in Bezug auf den Kegelschnitt S, so ist das entsprechende Tangentenpaar bekanntlich

$$SS' - P^2;$$

und um die Durchschnittssehnen des Kegelschnitts S_1 mit diesen Geraden zu finden, bilden wir die Bedingung, unter welcher

$$SS' - P^2 + \lambda S_1$$

ein Paar von geraden Linien repräsentiert. Die fraglichen Durchschnittssehnen sind also

$$SS' - P^2 + \lambda S_1,$$

wo λ eine der Wurzeln der quadratischen Gleichung

$$\lambda^2 \Delta_1 + \lambda F + \Delta S' S_1' = 0$$

bezeichnet, die aus der Discriminante

$$\lambda^3 \Delta_1 + \lambda^2 F + \lambda \Delta S' S_1'$$

durch Unterdrückung des gemeinschaftlichen Factors hervorgeht.

Wir haben endlich die Bedingung zu bilden, unter welcher eine dieser Geraden den Kegelschnitt S berührt; sie ist die nach μ genommene Discriminante der Discriminante von

$$\mu S + (SS' - P^2 + \lambda S_1)$$

(vgl. „Analyt. Geom. d. Kegelschnitte" Artikel 364)

d. h. die Discriminante nach μ von

$$\mu^2 \Delta + \mu (2S' \Delta + \lambda \Theta) + \{S'^2 \Delta + \lambda (\Theta S + \Delta S_1) + \lambda^2 \Theta_1\};$$

sie giebt durch Gleichsetzung mit Null

$$\lambda (4 \Delta \Theta_1 - \Theta^2) + 4 \Delta_2 S_1 = 0,$$

und durch Einführung dieses Werthes in die eben entwickelte Bestimmungsgleichung für λ die Gleichung des gesuchten Ortes

$$16 \Delta^3 \Delta_1 S_1 - 4 \Delta (4 \Delta \Theta_1 - \Theta^2) F + S (4 \Delta \Theta_1 - \Theta^2)^2 = 0.$$

Auch sie reduciert sich für

$$4 \Delta \Theta_1 = \Theta^2$$

auf die Gleichung

$$S_1 = 0.\text{*)}$$

148. Wir betrachten endlich das **System von drei Kegelschnitten**

$$S, \; S_1, \; S_2.$$

Wenn wir die Discriminante von

$$\lambda S + \mu S_1 + \nu S_2$$

bilden, so erhalten wir eine Gleichung, die in λ, μ, ν vom dritten Grade ist und in welcher die Coefficienten der verschiedenen Potenzen Invarianten des Systems sind. Der Coefficient von $\lambda \mu \nu$ ist die im Artikel 120 in entwickelter Form gegebene Invariante

---

*) Nach derselben Methode ist vom Verfasser der Ort der freien Ecke eines Polygons untersucht worden, dessen Seiten einen gegebenen Kegelschnitt berühren, während alle übrigen Eckpunkte auf einem zweiten festen Kegelschnitt gelegen sind; ebenso das nach dem Gesetz der Reciprocität entsprechende Problem. (Vergl. „Philosoph. Magazine", April, May 1857.)

$$\overline{123}^2$$

welche sich für die Identität der drei Formen auf ihre Discriminante reduciert.

Die wichtigste Covariante des Systems ist ausser den durch die drei Paare bestimmten harmonischen Kegelschnitten (F) die Jacobi'sche Determinante des Systems

$$\overline{123}.$$ *)

Im Artikel 51 ward bewiesen, dass ein Punkt, welcher allen drei Curven gemeinschaftlich ist, in der Jacobi'schen Covariante als ein Doppelpunkt erscheint; die Letztere zerfällt daher in eine gerade Linie und einen Kegelschnitt, wenn die drei Kegelschnitte S, S_1, S_2 zwei Punkte gemein haben. So in dem Falle dreier Kreise: Die Jacobi'sche Covariante ist aus der unendlich entfernten geraden Linie — der Verbindungslinie der imaginären Kreispunkte — und dem Orthogonalkreis der drei Kreise zusammengesetzt.**)

Die drei Kegelschnitte besitzen auch eine Contravariante vom dritten Grade, welche symbolisch ausgedrückt

$$\xi\overline{12}\,.\,\xi\overline{23}\,.\,\xi\overline{31}$$

ist und die geometrisch definiert wird als die Bedingung, unter welcher die gerade Linie

$$x\xi + y\eta + z\zeta$$

mit den drei Kegelschnitten ein System involutorischer Punkte bestimmt. Wir bemerken nur, dass sie eine Curve dritter Klasse repräsentiert.

149. Wir können hiernach leicht die Gleichung des dritten Grades bilden, welche die drei geraden Linien repräsentiert, die in Bezug auf zwei Kegelschnitte die nämlichen Pole haben. Denn in Bezug auf dieselben als die Seiten des Fundamentaldreiecks sind die Gleichungen der beiden Kegelschnitte von der Form

$$x^2 + y^2 + z^2 = 0,$$
$$ax^2 + a'y^2 + a''z^2 = 0,$$

und der harmonische Kegelschnitt F ist

*) Vergl. „Analyt. Geom. d. Kegelschnitte“ Artikel 353, 359.

**) a. a. O. Artikel 355—358.

$$a_1x^2 + a_1'y^2 + a_1''z^2 = 0.$$

Die Jacobi'sche Determinante dieser drei Formen ist aber zu dem Producte

$$xyz$$

proportional (a. a. O. Artikel 400, Aufg. 4), d. h. die drei Seiten des einzigen in Bezug auf zwei Kegelschnitte S, S_1 sich selbst conjugierten Dreiecks sind durch die Jacobi'sche Determinante von S, S_1, F repräsentiert.

Da wir im Artikel 147 die Polare von S in Bezug auf S_1 als eine lineare Function von S, S_1, F erkannt haben, so darf auch diese statt F in der vorigen Entwickelung gesetzt werden.

Man kann für

$$x^2 + y^2 + z^2 = 0, \quad ax^2 + a'y^2 + a''z^2 = 0$$

als die reducierten Gleichungen der betrachteten Kegelschnitte die Coefficienten a, a', a'' nach der Theorie der Invarianten bestimmen; denn man hat

$$\Delta = 1, \qquad \Theta = a + a' + a'',$$
$$\Delta_1 = aa'a'', \quad \Theta_1 = aa' + a'a'' + a''a,$$

und erkennt, dass a, a', a'' die drei durch

$$\Delta\lambda^3 - \Theta\lambda^2 + \Theta_1\lambda - \Delta_1 = 0$$

bestimmten Werthe von λ sind.

Es ist diess dasselbe Problem wie das von der Transformation einer Fläche zweiten Grades zu ihren Hauptebenen; denn da

$$x^2 + y^2 + z^2$$

beim Uebergang von einem System rectangulärer Achsen zu einem andern unverändert bleibt, so besteht für

$$(a, a', a'', b, b', b'' \between x, y, z)^2 \quad \text{oder} \quad U$$

als die Gruppe der Glieder zweiten Grades in der Gleichung der Fläche das Problem darin, die beiden ternären Formen

$$x^2 + y^2 + z^2, \ (a, a', a'', b, b', b'' \between x, y, z)^2$$

in die neuen

$$x^2 + y^2 + z^2, \quad Ax^2 + A'y^2 + A''z^2$$

zu transformieren. Die drei Hauptebenen werden also durch die Jacobi'sche Determinante dieser beiden Formen und ihrer harmonischen Covariante F bestimmt, und die drei neuen Coefficienten A, A', A'' gehen wie vorher aus den Invarianten hervor. Wir dürfen für F die reciproke Polare von U in Bezug auf

$$x^2 + y^2 + z^2 = 0,$$

d. h.

$$(a'a''-b^2,\ a''a-b'^2,\ aa'-b''^2,\ b'b''-ab,\ b''b-a'b',\ bb'-a''b'' \between x,y,z)^2$$

oder

$$V$$

substituieren und finden dann die drei Hauptebenen bestimmt durch die Determinante

$$\begin{vmatrix} x\ , & y\ , & z \\ \frac{dU}{dx}\,, & \frac{dU}{dy}\,, & \frac{dU}{dz} \\ \frac{dV}{dx}\,, & \frac{dV}{dy}\,, & \frac{dV}{dz} \end{vmatrix}.$$

150. Wir betrachten demnächst die cubische ternäre Form*) in dem canonischen Ausdruck

$$x^3 + y^3 + z^3 + 6mxyz.$$

Die Hesse'sche Covariante derselben

$$\overline{123}^2,$$

die Determinante ihrer zweiten Differentiale, wird nach den früher gegebenen Regeln berechnet

$$H = m^2(x^3 + y^3 + z^3) - (1 + 2m^3)\,xyz$$

gefunden.**)

---

*) Wenn die ternäre cubische Form das Product von drei linearen Factoren ist, so repräsentiert sie ein Dreieck. Schon die Elemente der analytischen Geometrie geben Beispiele der abgeleiteten Functionen einer solchen Form. Die Eigenschaften des Tetraeders entsprechen dem analogen Falle der Zerlegbarkeit einer biquadratischen Form mit vier Veränderlichen in vier lineare Factoren; etc.

**) Wegen ihrer hervorragenden Wichtigkeit mag ihr allgemeiner Ausdruck in der Bezeichnungsweise des Artikel 105 hier stehen. Sie ist mit Unterdrückung der ausführlichen Darstellung der Glieder, welche durch blosse Indexverschiebung aus den jedesmal vorhergehenden entspringen:

$$\begin{aligned} H = {} & (a_{111}a_{123}^2 - a_{111}a_{331}a_{122} + a_{331}a_{112}^2 + a_{311}^2a_{122} - 2a_{112}a_{311}a_{123})\,x_1^3 \\ & + (a_{222}a_{123}^2 - \text{etc.})\,x_2^3 + (a_{333}a_{123}^2 - \text{etc.})\,x_3^3 \\ & + 3(2a_{222}a_{331}a_{123} - a_{222}a_{333}a_{112} - a_{222}a_{233}a_{311} + a_{333}a_{122}^2 + a_{223}^2a_{311} + a_{223}a_{112}a_{233} \\ & + a_{223}a_{123}^2 - 2a_{223}a_{331}a_{122})\,x_2^2x_3 + 3(2a_{333}a_{112}a_{123} - \text{etc.})\,x_3^2x_1 \\ & + 3(2a_{111}a_{223}a_{123} - \text{etc.})\,x_1^2x_2 + 3(a_{222}a_{331}^2 - a_{222}a_{333}a_{311} - a_{333}a_{223}a_{112} \\ & + 2a_{333}a_{122}a_{123} + a_{223}a_{233}a_{311} - 2a_{331}a_{233}a_{122} + a_{112}a_{233}^2 - a_{233}a_{123}^2)\,x_2x_3^2 \\ & + 3(a_{333}a_{112}^2 - \text{etc.})\,x_3x_1^2 + 3(a_{111}a_{223}^2 - \text{etc.})\,x_1x_2^2 \\ & + 6(a_{111}a_{223}a_{233} - a_{111}a_{222}a_{333} + a_{222}a_{331}a_{311} + a_{333}a_{112}a_{122} - 3a_{223}a_{331}a_{112} \\ & + 2a_{223}a_{311}a_{123} + 2a_{331}a_{112}a_{123} + 2a_{112}a_{233}a_{123} - 3a_{233}a_{311}a_{122} - 2a_{123}^3)\,x_1x_2x_3. \end{aligned}$$

Sie ist die einzige unabhangige Covariante von der dritten Ordnung; alle andern Covarianten dieser Ordnung sind von der Form

$$(x^3 + y^3 + z^3) + 6 m_1 xyz,$$

d. h. ausdrückbar in der Form

$$U + \lambda H.$$

So kann z. B. die Hesse'sche Covariante der Hesse'schen Covariante in dieser Form ausgedrückt werden, wie sich auch nach den im Artikel 120 f. beweisen lässt.

Die Hesse'sche Covariante einer Curve ist der Ort derjenigen Punkte, deren in Bezug auf die Curve genommener Polarkegelschnitt ein Paar von geraden Linien ist; für den Fall der Curve dritter Ordnung gehört auch der Durchschnittspunkt dieser geraden Linien derselben Covariantencurve an.*)

Die ternäre cubische Form hat ferner eine Zwischenform

$$\xi \overline{12}^2 \quad \text{(Artikel 121)};$$

ihr entwickelter Ausdruck für die canonische Form ist

$$(yz - m^2x^2)\,\xi^2 + (zx - m^2y^2)\,\eta^2 + (xy - m^2z^2)\,\zeta^2$$
$$+ 2(m^2yz - mx^2)\,\eta\zeta + 2(m^2zx - my^2)\,\zeta\xi + 2(m^2xy - mz^2)\,\xi\eta.$$

Die fundamentalen Invarianten der ternären cubischen Form sind von Aronhold durch ein im Wesentlichen mit den in der XI. Vorlesung entwickelten Methoden verwandtes Verfahren entdeckt worden. Dieselbe besitzt zuerst eine Invariante von der vierten Ordnung, die wir kurz durch **S** bezeichnen wollen und der das Symbol

$$\overline{123} \,.\, \overline{124} \,.\, \overline{234} \,.\, \overline{314}$$

entspricht; denn dasselbe ist symmetrisch in Bezug auf die Ziffern 1, 2, 3, 4 und wechselt bei der Vertauschung irgend zweier unter ihnen das Zeichen nicht; es enthält jede dieser Ziffern dreifach und liefert daher, auf cubische Formen angewendet, nothwendig eine Invariante. Man erhält ihren entwickelten Ausdruck, indem man die den Symbolen $\overline{123}$, etc. entsprechenden Differentialausdrücke multipliciert und an Stelle der dritten Differentiale die entsprechenden Coefficienten der cubischen Form setzt. Wir

---

*) Salmon, „Higher plane Curves" Artikel 163.

haben ihn im Artikel 105 bereits gegeben und theilen nur die der canonischen Form und der Form

$$ax^3 + by^3 + cz^3 + 6mxyz$$

entsprechenden Gestalten hier noch mit; sie sind respective

$$-m(1-m^3) \quad \text{und} \quad -m(abc-m^3).$$

151. Aus der Existenz dieser Invariante ergiebt sich die einer *Contravariante oder zugehörigen Form*, nämlich der Evectante der ersteren,

$$\xi^3 \frac{dS}{da_{111}} + \text{etc.}$$

Sie reduciert sich für die canonische Form auf

$$m(\xi^3 + \eta^3 + \zeta^3) + (1-4m^3)\xi\eta\zeta.\text{*)}$$

Von dieser Contravarianten haben wir durch *Cayley* in seinem „Memoir on Curves of the Third Order" („Philos. Transactions", Vol. 147, p. 415) drei geometrische Interpretationen erhalten.

Sie giebt zuerst gleich Null gesetzt die Bedingung, unter welcher die Linie

$$x\xi + y\eta + z\zeta = 0$$

diejenige gerade Linie ist, welche irgend einen Punkt der Hesse'schen Covariante mit dem correspondierenden Punkte derselben verbindet, d. h. mit dem Durchschnittspunkt der beiden Geraden, welche die conische Polare jenes Punktes bilden; mit andern Worten also, sie repräsentiert die Tangentialgleichung der von jener Verbindungslinie correspondierender Punkte der Hesse'schen Covariante umhüllten Curve.

Sie drückt zweitens auch die Bedingung aus, unter welcher die Linie

---

*) Ihre allgemeine Form ist

$$\begin{aligned}
&(a_{222}a_{331}a_{233} - a_{222}a_{333}a_{123} + a_{333}a_{223}a_{122} - a_{223}^2a_{331} + a_{223}a_{233}a_{123} - a_{233}^2a_{122})\,\xi_1^2 \\
&+ (a_{333}a_{112}a_{311} - \text{etc.})\,\xi_2^2 + (a_{111}a_{223}a_{122} - \text{etc.})\,\xi_3^2 \\
&+ 3\,(a_{111}a_{333}a_{122} - 2a_{111}a_{223}a_{331} + a_{111}a_{233}a_{123} - a_{333}a_{112}^2 + 2a_{223}a_{311}^2 \\
&+ 3a_{223}a_{112}a_{123} - a_{331}a_{311}a_{123} - a_{112}a_{233}a_{311} - 2a_{311}a_{123}^2)\,\xi_2^2\xi_3 \\
&+ 3\,(a_{222}a_{111}a_{233} - \text{etc.})\,\xi_3^2\xi_1 + 3\,(a_{333}a_{222}a_{311} - \text{etc.})\,\xi_1^2\xi_2 \\
&+ 3\,(a_{111}a_{222}a_{331} + a_{111}a_{223}a_{123} - 2a_{111}a_{233}a_{123} - a_{222}a_{311}^2 - a_{223}a_{112}a_{311} - a_{331}a_{112}a_{122} \\
&+ 2a_{112}^2a_{233} - 2a_{112}a_{123}^2 + 3a_{311}a_{122}a_{123})\,\xi_2\xi_3^2 \\
&+ 3\,(a_{222}a_{333}a_{112} - \text{etc.})\,\xi_3\xi_1^2 + 3(a_{333}a_{111}a_{223} - \text{etc.})\,\xi_1\xi_2^2 \\
&+ 6\,(a_{111}a_{223}a_{233} - a_{111}a_{222}a_{333} + a_{222}a_{331}a_{311} + a_{333}a_{112}a_{122} + 3a_{223}a_{331}a_{112} \\
&- 4a_{223}a_{311}a_{123} - 4a_{331}a_{122}a_{123} - 4a_{112}a_{233}a_{123} + 3a_{233}a_{311}a_{122} + 4a_{123}^3)\,\xi_1\xi_2\xi_3.
\end{aligned}$$

$$x\xi + y\eta + z\zeta = 0$$

selbst eine der Geraden ist, in welche der Polarkegelschnitt eines Punktes der Hesse'schen Covariante zerfällt, d. h. diese Linien umhüllen die nämliche Curve wie jene Verbindungslinien entsprechender Punkte der Hesse'schen Covariante.

Dieselbe zugehörige Form ergiebt aber endlich drittens auch die Bedingung, unter welcher

$$x\xi + y\eta + z\zeta = 0$$

mit den drei einem beliebigen Punkte in Bezug auf die Curve dritter Ordnung entsprechenden Polarkegelschnitten ein System involutorischer Punkte bestimmt.

Indem wir für die Ausführung dieser Entwickelungen auf die Abhandlung selbst verweisen, bemerken wir hier noch, dass die zweite Evectante von **S**

$$(\xi^3 \frac{d}{da} + \text{etc.})^2 \mathbf{S}$$

identisch gleich Null gefunden wird.

152. Wenn man in der im letzten Artikel betrachteten Contravariante die Substitutionen

$$\frac{d}{dx} \text{ für } \xi, \text{ etc.}$$

vollzieht, so entsteht ein Invarianten erzeugendes Symbol; auf die betrachtete cubische Form selbst angewendet, entspringt demselben die Invariante **S**; seine Anwendung auf die Hesse'sche Covariante erzeugt eine neue Invariante, die von der sechsten Ordnung in den Coefficienten ist, weil das Operationssymbol ebenso wie die Hesse'sche Covariante die Coefficienten im dritten Grade enthält. Aronhold hat diese Invariante durch den Buchstaben **T** bezeichnet. Für die canonische Form ist sie

$$\mathbf{T} = 1 - 20m^3 - 8m^6;$$

für ihren entwickelten Ausdruck in den Coefficienten der allgemeinen Form verweisen wir auf die Abhandlung Cayley's „Philos. Transactions", Vol. 146, p. 641 und auf das „Treatise on the higher plane Curves" Artikel 200.*)

*) Die classische Arbeit von Aronhold „Theorie der homogenen Functionen dritten Grades von drei Veränderlichen", Crelle's Journal", Bd. 55, p. 97—101, bleibt noch immer die Hauptquelle in diesem Gebiete,

Man hat bewiesen, dass jede Invariante der ternären cubischen Form eine rationale Function von **S** und **T** ist. Unter Voraussetzung dieses Gesetzes kann die Form mancher Invarianten und Covarianten ohne weitere Untersuchung erschlossen werden. So kann z. B. die Discriminante als eine Invariante der zwölften Ordnung in Function der fundamentalen Invarianten **S** und **T** nur

$$\mathbf{S}^3 + \lambda \mathbf{T}^2$$

sein und in der That hat Aronhold zuerst gezeigt, dass sie

$$= \mathbf{T}^2 - 64\mathbf{S}^3$$

ist.*)

So ist ferner die Hesse'sche Covariante der Hesse'schen Covariante, als von welcher wir wissen, dass sie in der Form

$$\lambda U + \mu H$$

ausdrückbar sein muss, dass sie aber zugleich von der neunten Ordnung in den Coefficienten ist, so dass λ nothwendig von der achten und μ von der sechsten Ordnung in diesen Letztern sind,

$$= 4\mathbf{S}^2 U - \mathbf{T} H,$$

was bis auf die numerischen Factoren aus demselben allgemeinen Gesetz hervorgeht.

Ferner erhalten wir aus der im Artikel 150 erwähnten Zwischenform

$$\overline{\xi 12}^3$$

durch die Substitution

$$\frac{d}{dx} \quad \text{für} \quad \xi, \text{ etc.}$$

und Ausführung der angedeuteten Operationen an der Hesse'schen Covariante eine neue Covariante

$$\Phi = \left\{\frac{d^2U}{dy^2}\frac{d^2U}{dz^2} - \left(\frac{d^2U}{dy\,dz}\right)^2\right\}\frac{d^2H}{dx^2} + \text{etc.},$$

die vom dritten Grade in den Veränderlichen ist und also von der Form

$$\lambda U + \mu H$$

besonders durch die ausführliche auf den Formenzusammenhang gerichtete Untersuchung.

*) Also für die canonische Form

$$= -(1 + 8m^3)^3.$$

sein muss. Da sie zugleich vom fünften Grade in den Coefficienten ist, so muss λ vom vierten und μ vom zweiten Grade sein; und da die ternäre cubische Form keine Invariante vom Grade zwei besitzt, so darf man schliessen, dass $\mu = 0$ und dass die fragliche Covariante mit

$$\mathbf{S}U$$

identisch sei.

153. Die Invariante **T** giebt einer Contravariante dritter Ordnung

$$\xi^3 \frac{d\mathbf{T}}{da} + \text{etc.}$$

den Ursprung, die für die canonische Form

$$= (1 - 10m^3)(\xi^3 + \eta^3 + \zeta^3) - 6m^2(5 + 4m^3)\xi\eta\zeta$$

ist und für welche eine einfache geometrische Definition nicht gefunden zu sein scheint.*)

Die Invariante **T** erzeugt auch eine zweite Contravariante, die zweite Evectante

$$\left(\xi^3 \frac{d}{da} + \text{etc.}\right)^2 \mathbf{T},$$

die offenbar in den Veränderlichen ξ, η, ζ vom sechsten und in den Coefficienten vom vierten Grade sein wird; sie stimmt in dieser Beziehung mit der reciproken Polaren der Curve überein und ihre völlige Identität mit derselben ist von Cayley nachgewiesen worden.

Alle andern Zwischenformen oder Contravarianten können in Function der zwei ersten Evectanten von **S** und **T** und dieser zweiten Evectante von **T** ausgedrückt werden.

154. Wir haben früher gesagt, dass die Form U selbst und ihre Hesse'sche Covariante H die einzigen beiden unabhängigen Covarianten der ternären cubischen Form seien. Wenn dieselbe auf ihren canonischen Ausdruck gebracht ist, so können

$$x^3 + y^3 + z^3 \quad \text{und} \quad xyz$$

in Function von U und H ausgedrückt werden und daher über-

*) Vergl. Cayley's „Memoir on Curves of the third Order", „Philos. Transactions" Vol. 147, p. 428.

trägt sich dieselbe Ausdrucksweise auf jede Covariante, die eine Function von $(x^3 + y^3 + z^3)$ und xyz ist.

So wie aber eine symmetrische Function von drei Grössen im Allgemeinen nur ausgedrückt werden kann, wenn drei Dinge, wie z. B. ihre Summe, die Summe ihrer Producte in Paaren und ihr stetiges Product, gegeben sind, so bedarf man einer dritten fundamentalen Covariante, welche einen Ausdruck für

$$x^3 y^3 + y^3 z^3 + z^3 x^3$$

darbietet, um eine beliebige Covariante auszudrücken.

Als eine solche hat Cayley eine der Hesse'schen an Einfachheit zunächst stehende Covariante gewählt, welche erhalten wird, indem man in

$$\overline{\S\, 12}^2.$$

die Substitution

$$\frac{dH}{dx},\ \frac{dH}{dy},\ \frac{dH}{dz}$$

für

$$\xi,\ \eta,\ \zeta$$

vollzieht, d. h.

$$\Theta = \left\{\frac{d^2U}{dy^2}\frac{d^2U}{dz^2} - \left(\frac{d^2U}{dxdy}\right)^2\right\}\left(\frac{dH}{dx}\right)^2 + \text{etc.}$$

Man erkennt sie leicht als vom sechsten Grade in den Veränderlichen und vom achten in den Coefficienten und sie ist für die canonische Form

$$\Theta = (1 + 8m^3)^2\,(y^3z^3 + z^3x^3 + x^3y^3) - (2m^3 + m^6)\,U^2$$
$$+ (2m - 5m^4)\,UH - 3m^2H^2.$$

In Function von

$$U,\ H,\ \Theta$$

kann im Allgemeinen jede Covariante ausgedrückt werden. So findet man das Product der Gleichungen der neun Inflexionstangenten mit Hilfe der canonischen Form in Gliedern dieser Functionen, wie folgt:

$$\{U - (1 + 8m^3)\,x^3\}\ \{U - (1 + 8m^3)\,y^3\}\ \{U - (1 + 8m^3)\,z^3\}$$
$$= H^3 - 8\mathbf{S}U^2H + \Theta U.\text{*)}$$

*) Wenn man dann den Durchschnitt der Inflexionstangenten mit der Curve der Hesse'schen Determinante

$$H = 0$$

betrachtet, so zeigt sich ein paarweises Zusammenfallen derselben, d. h. die Inflexionstangenten einer Curve dritter Ordnung berühren ihre Hesse'sche Covariante.

Aber eine Covariante ist nicht nothwendig eine rationale Function von U, H, Θ. Man kann zwar — in Weiterführung der vorher gebrauchten Analogie — jede vollkommen symmetrische Function der Wurzeln einer Gleichung als eine rationale Function ihrer Coefficienten ausdrücken, aber nicht so eine nur mit Ausnahme der Vorzeichen symmetrische Function, z. B. das einfache Product der Differenzen ihrer Wurzeln.

Es existieren also Covarianten, analog zu Hermite's im Artikel 143 betrachteter Invariante, welche nicht als rationale Functionen von U, H, Θ ausdrückbar sind. So haben z. B. die neun harmonischen Polaren der Inflexionspunkte unter Voraussetzung der canonischen Form die Gleichung

$$(x^3 - y^3)(y^3 - z^3)(z^3 - x^3),$$

welche nicht rational in Function von U, H, Θ ausgedrückt werden, obgleich offenbar das Quadrat derselben eine rationale Function dieser Grössen ist.

Wenn wir mit

$$U_1,\ U_2,\ U_3;\ H_1,\ H_2,\ H_3;\ \Theta_1,\ \Theta_2,\ \Theta_3$$

die durch drei dividierten nach den Veränderlichen

Für

$$\mathsf{S} = 0$$

verwandelt sich diese Letztere in ein Dreieck und die Inflexionstangenten schneiden sich alsdann zu dreien in den Ecken eines Dreiecks, dessen Seiten durch die Inflexionspunkte gehen.

Nach Artikel 152 wird für

$$\mathsf{T} = 0$$

die Hesse'sche Covariante der Hesse'schen Covariante mit der Originalcurve identisch. Die Gleichung

$$\mathsf{T} = 0$$

ist der Ausdruck dafür, dass eine Curve dritter Ordnung mit ihrer Hesse'schen Determinante, welche dieselben Inflexionspunkte hat, in der Weise zusammenhängt, dass die Inflexionstangenten der einen Curve immer die andere berühren. Solcher Paare giebt es in jedem System mit denselben Inflexionspunkten drei. Solche Systeme sind durch die neun Schnittpunkte der Curve mit der Hesse'schen Covariante bestimmt; jedes derselben enthält vier Dreiecke unter seinen Curven, weil S vom vierten Grade ist. Es giebt somit vier Curven mit denselben Inflexionspunkten, deren Inflexionstangenten sich zugleich in den Ecken der vier Dreiecke der Inflexionspunkte zu dreien durchschneiden. (Vergl. eine Abhandlung von A. Clebsch, Journal f. d. r. u. a. Math. Bd. 58, p. 229 f.)

x, y, z — oder x_1, x_2, x_3 —

respective gebildeten Differentiale der cubischen Form U und ihrer Covarianten H und Θ bezeichnen, so ist der allgemeine Ausdruck dieser Covariante der harmonischen Polaren der Inflexionspunkte

$$P = \begin{vmatrix} U_1, & U_2, & U_3 \\ H_1, & H_2, & H_3 \\ \Theta_1, & \Theta_2, & \Theta_3 \end{vmatrix}$$

und der Ausdruck ihres Quadrats durch jene Covarianten und die Invarianten **S** und **T**

$$P^2 = \frac{H^2}{54} \left\{ \left(\frac{6\Theta}{H^2}\right)^3 - 3\mathbf{S} \left(\frac{6\Theta}{H^2}\right) + 2\mathbf{T} \right\}.$$

Analoge Bemerkungen sind auf Contravarianten anwendbar.

Wir erwähnen in diesem Zusammenhange noch einer Zwischenform, vom Symbol

$$\overline{\xi 12}^2 \cdot \overline{\xi 13},$$

die sowohl in den Veränderlichen als in den Coefficienten vom dritten Grade ist, von welcher aber bis jetzt keine wichtige Anwendung gemacht worden zu sein scheint. Sie ist für die canonische Form

$$\begin{aligned} &\xi^3 (y^3 - z^3) + \eta^3 (z^3 - x^3) + \zeta^3 (x^3 - y^3) \\ &- \xi^2\eta \left\{(1 + 8m^3)\, x^2y + 6\,my^2z + 12\,m^2z^2x\right\} \\ &- \eta^2\zeta \left\{(1 + 8m^3)\, y^2z + 6mz^2x + 12\,m^2x^2y\right\} \\ &- \zeta^2\xi \left\{(1 + 8m^3)\, z^2x + 6mx^2y + 12\,m^2y^2z\right\} \\ &+ \xi\eta^2 \left\{(1 + 8m^3)\, xy^2 + 6myz^2 + 12\,m^2zx^2\right\} \\ &+ \eta\zeta^2 \left\{(1 + 8m^3)\, yz^2 + 6mzx^2 + 12m^2xy^2\right\} \\ &+ \zeta\xi^2 \left\{(1 + 8m^3)\, zx^2 + 6mxy^2 + 12m^2yz^2\right\}. \end{aligned}$$

155. Wir schliessen die Betrachtung der cubischen ternären Formen mit der Darlegung einer Methode, durch welche Sylvester die Invarianten **S** und **T** gleichzeitig erhalten hat. Dazu ist es nöthig, zuerst von einer bisher nicht erwähnten Klasse von Invarianten Einiges zu entwickeln.

Wenn eine Function nicht nur in x, y, z, sondern auch in einer andern Gruppe von Veränderlichen ξ, η, ζ homogen ist, und wenn wir das Symbol

$$\overline{123}$$

in der bisherigen Bedeutung auf x, y, z, das andere

$$\overline{123}'$$

aber in derselben Bedeutung auf ξ, η, ζ beziehen, so erhalten wir offenbar durch den Vollzug der Operationen des Symbols

$$\overline{123}\,.\,\overline{123}'$$

an jener Function eine Covariante oder Invariante derselben. So z. B. entspringt aus der Form

$$ax\xi + a'y\eta + a''z\zeta + by\zeta + b_1 z\eta + b'z\xi + b_1'x\zeta + b''x\eta + b_1''y\xi$$

durch die Operation

$$\overline{123}\,.\,\overline{123}'$$

eine Invariante

$$aa'a'' + bb'b'' + b_1 b_1' b_1'' - abb_1 - a'b'b_1' - a''b''b_1'',$$

welche augenscheinlich für die Identität der Veränderlichen und die gleichzeitige Unterdrückung des Index 1 in den Coefficienten, als wodurch jene Function auf den allgemeinen Ausdruck der ternären quadratischen Form gebracht wird, in die Discriminante dieser Letzteren sich verwandelt.

Es wird nützlich sein, in gleicher Art das Resultat der Operation

$$\overline{123}^2\,.\,\overline{123}'^2$$

an einer Function zweiten Grades in x, y, z so wie in ξ, η, ζ zu entwickeln.

Indem wir abkürzend

$$x \text{ für } \frac{d}{dx}, \text{ etc.}$$

schreiben, finden wir durch Entwickelung des Products der Determinanten

$$(xy'z'')\ (\xi\eta'\zeta'')$$

und nachmalige Unterdrückung der Indices das folgende Aggregat

$$\begin{aligned}
&x^2\xi^2.y^2\eta^2.z^2\zeta^2 + (x^2\xi^2.y^2\zeta^2.z^2\eta^2 + y^2\eta^2.z^2\xi^2.x^2\zeta^2 + z^2\zeta^2.y^2\xi^2.x^2\eta^2)\\
&+ 2(x^2\xi^2.yz\eta\zeta.yz\eta\zeta + y^2\eta^2.zx\zeta\xi.zx\zeta\xi + z^2\zeta^2.xy\xi\eta.xy\xi\eta)\\
&- 2(x^2\xi^2.y^2\eta\zeta.z^2\eta\zeta + x^2\xi^2.yz\eta^2.yz\zeta^2. + y^2\eta^2.z^2\zeta\xi.x^2\zeta\xi\\
&+ y^2\eta^2.zx\zeta^2.zx\xi^2 + z^2\zeta^2.x^2\xi\eta + z^2\zeta^2.xy\xi^2.xy\eta^2)\\
&+ 2(x^2\xi\eta.y^2\eta\zeta.z^2\zeta\xi + x^2\xi\zeta.y^2\xi\eta.z^2\eta\zeta + \xi^2xy.\eta^2yz.\zeta^2zx + \xi^2xz.\eta^2yx.\zeta^2zy)\\
&+ 2(x^2\eta\zeta.y^2\xi\eta.z^2\xi\zeta + y^2\xi\zeta.z^2\eta\zeta.x^2\eta\xi + z^2\xi\eta.x^2\xi\zeta.y^2\eta\zeta\\
&+ \xi^2yz.\eta^2xy.\zeta^2xz + \eta^2xz.\zeta^2yz.\xi^2yx + \zeta^2xy.\xi^2xz.\eta^2yz)\\
&+ 4(x^2\xi\eta.yz\xi\eta.yz\zeta^2 + x^2\xi\zeta.yz\xi\zeta.yz\eta^2 + y^2\xi\eta.zx\xi\eta.zx\zeta^2
\end{aligned}$$

$$
\begin{aligned}
&+ y^2\eta\zeta . zx\eta\zeta . zx\xi^2 + z^2\zeta\xi . xy\zeta\xi . xy\eta^2 + z^2\zeta\eta . xy\zeta\eta . xy\xi^2)\\
&- 2(x^2\eta^2 . y^2\zeta\xi . z^2\zeta\xi + x^2\eta^2 . yz\zeta^2 . yz\xi^2 + x^2\zeta^2 . y^2\xi\eta . z^2\xi\eta\\
&+ x^2\zeta^2 . yz\xi^2 . yz\eta^2 + y^2\xi^2 . z^2\eta\zeta . x^2\eta\zeta + y^2\xi^2 . zx\eta^2 . zx\zeta^2\\
&+ y^2\zeta^2 . zx\xi^2 . zx\eta^2 + y^2\zeta^2 . x^2\xi\eta . z^2\xi\eta + z^2\xi^2 . xy\eta^2 . xy\zeta^2\\
&+ z^2\xi^2 . x^2\eta\zeta . y^2\zeta\eta + z^2\eta^2 . xy\xi^2 . xy\zeta^2 + z^2\eta^2 . x^2\xi\zeta . y^2\xi\zeta)\\
&- 4(x^2\xi\eta . yz\xi\zeta . yz\eta\zeta + x^2\xi\zeta . yz\eta\xi . yz\eta\zeta + y^2\eta\xi . zx\zeta\xi . zx\zeta\eta\\
&+ y^2\eta\zeta . zx\xi\eta . zx\xi\zeta + z^2\xi\zeta . xy\eta\xi . xy\eta\zeta + z^2\eta\zeta . xy\xi\eta . xy\xi\zeta\\
&+ \xi^2 xy . \eta\zeta zx . \eta\zeta zy + \xi^2 xz . \eta\zeta yx . \eta\zeta yz + \eta^2 yx . \zeta\xi zx . \zeta\xi zy\\
&+ \eta^2 yz . \zeta\xi xy . \zeta\xi xz + \zeta^2 xz . \xi\eta yx . \xi\eta yz + \zeta^2 yz . \xi\eta xy . \xi\eta xz)\\
&+ (x^2\eta^2 . y^2\zeta^2 . z^2\xi^2 + x^2\zeta^2 . y^2\xi^2 . z^2\eta^2) + 4xy\xi\eta . yz\eta\zeta . zx\zeta\xi\\
&+ 2(x^2\eta^2 . yz\zeta\xi . yz\zeta\xi + x^2\zeta^2 . yz\xi\eta . yz\xi\eta + y^2\xi^2 . zx\eta\zeta . zx\eta\zeta\\
&+ y^2\zeta^2 . zx\xi\eta . zx\xi\eta + z^2\xi^2 . xy\eta\zeta . xy\eta\zeta + z^2\eta^2 . xy\xi\zeta . xy\xi\zeta)\\
&+ 4(xy\xi\eta . yz\xi\zeta . xz\eta\zeta + yz\eta\zeta . zx\xi\eta . xy\xi\zeta + zx\zeta\xi . xy\eta\zeta . yz\eta\xi)\\
&+ 4(xy\xi\eta . xy\zeta^2 . z^2\xi\eta + yz\eta\zeta . yz\xi^2 . x^2\eta\zeta + zx\xi\zeta . zx\eta^2 . y^2\zeta\xi)\\
&+ 2(x^2\eta\zeta . y^2\xi\zeta . z^2\xi\eta + \xi^2 yz . \eta^2 zx . \zeta^2 xy)\\
&+ 4(xz\xi\eta . xy\eta\zeta . yz\zeta\xi + xy\xi\zeta . xz\eta\zeta . yz\xi\eta)\\
&- 4(xy\zeta^2 . xz\xi\eta . yz\xi\eta + xz\eta^2 . xy\xi\zeta . yz\xi\zeta + yz\xi^2 . zx\eta\zeta . xy\eta\zeta\\
&+ x^2\eta\zeta . yz\zeta\xi . yz\xi\eta + y^2\zeta\xi . zx\zeta\eta . zx\eta\zeta + z^2\xi\eta . xy\eta\zeta . xy\zeta\xi).
\end{aligned}
$$

156. Um dieselben Principien auf die ternäre cubische Form anzuwenden, erinnern wir an die Zwischenform

$$\overline{\xi\, 12}^2$$

derselben, die eine homogene Function vom zweiten Grade in beiden Reihen von Veränderlichen ist und verbinden damit die gleichartige Function

$$\lambda\,(x\xi + y\eta + z\zeta)^2.$$

Die nach der Methode des letzten Artikels gebildete Invariante der Summe beider Functionen ist eine Invariante der cubischen Form und die Coefficienten der verschiedenen Potenzen von λ sind selbst Invarianten dieser Form.

Die Zwischenform

$$\overline{\xi\, 12}^2$$

ist für die canonische Form

$$
\begin{aligned}
&(\lambda - m^2)\ (x^2\xi^2 + y^2\eta^2 + z^2\zeta^2) + 2\,(\lambda + m^2)\ (yz\eta\zeta + zx\zeta\xi + xy\xi\eta)\\
&\qquad + (yz\xi^2 + zx\eta^2 + xy\zeta^2) - 2m\,(x^2\eta\zeta + y^2\zeta\xi + z^2\xi\eta);
\end{aligned}
$$

und die Ergebnisse der den siebenzehn Gruppen der obigen Entwickelung entsprechenden Operationen an ihr sind respective

$$\begin{matrix} 8(\lambda-m^2)^3, & 0 & , & 12(\lambda-m^2)(\lambda+m^2)^2, & 0, \\ 0 \quad , & 0 & , & 0 & , \; 0, \\ 0 \quad , & 0 & , & 4(\lambda+m^2)^3 & , \; 0, \\ 0 \quad , & -24m(\lambda+m^2), & & -16m^3 & , \; 0, \\ 2. \end{matrix}$$

Die Entwickelung und Ordnung derselben aber giebt

$$12\lambda^3 - 12(m-m^4)\lambda + 1 - 20m - 8m^6$$

d. i.

$$12\lambda^3 - 12\mathbf{S}\lambda + \mathbf{T}.$$

157. Wir kehren hier noch einmal zu der Theorie von drei ternären quadratischen Formen zurück, um eine Discussion ihrer Resultante zu geben, die von Sylvester herrührt und zugleich zu untersuchen, ob dieselbe sich mittelst einfacherer Invarianten ausdrücken lasse.

Die Resultanten gehören zu einer besondern Klasse der Invarianten, welche nicht nur bei einer linearen Transformation der Veränderlichen, sondern auch bei einer linearen Transformation der betrachteten Formen selbst unverändert bleiben.*) Man hat den Namen Combinanten für diese Klasse von abgeleiteten Formen vorgeschlagen.

Die Resultante der quadratischen ternären Formen

$$S \quad , \quad S_1 \quad , \quad S_2$$

weicht nur durch eine Constante von der Resultante der Formen

$$\lambda S + \mu S_1 + \nu S_2, \quad \lambda' S + \mu' S_1 + \nu' S_2, \quad \lambda'' S + \mu'' S_1 + \nu'' S_2$$

ab.

---

*) Solche Invarianten genügen auch ausser den früher gegebenen allgemeinen Differentialgleichungen der Invarianten noch andern Differentialgleichungen. Denn wenn a, b, c, etc. die Coefficienten von S, a', b', c', etc. die correspondierenden Coefficienten von S_1 sind, so muss

$$a'\frac{dJ}{da} + b'\frac{dJ}{db} + c'\frac{dJ}{dc} + \text{etc.} = 0$$

sein. Jede Invariante dieser Art verschwindet identisch, wenn zwei der betrachteten Formen zur Identität gebracht werden; und sie ist eine Function der Determinanten

$$(ab'c''), \text{ etc.},$$

welche aus je drei Reihen entsprechender Coefficienten der drei Formen gebildet werden.

Nun ist schon früher bemerkt worden, dass die Coefficienten der verschiedenen Potenzen von λ, μ, ν in der Discriminante von

$$\lambda S + \mu S_1 + \nu S_2$$

Invarianten sind; wenn wir aber sodann die Invarianten dieser Discriminante als einer cubischen Form in den Veränderlichen λ, μ, ν, bilden, so müssen diese von der hier bezeichneten besondern Art der Invarianten sein, weil sie bei linearen Transformationen von λ, μ, ν ungeändert bleiben.

Die Invariante S*) dieser als Discriminante erhaltenen cubischen Form ist in den Coefficienten von jeder der gegebenen Formen vom vierten Grade, sie stimmt also nach ihrer Natur und ihrem Grade mit der Resultante überein und die Frage nach ihrer Identität mit derselben bietet sich naturgemäss dar. Ohne Benutzung der Vortheile, welche die specielle Natur der Resultante als Combinante darbietet, wäre die Vergleichung bei der enormen Länge des entwickelten Ausdrucks fast unmöglich.

158. Wir dürfen zwei der betrachteten ternären Formen in ihrer reducierten Gestalt

$$x^2 + y^2 + z^2, \quad ax^2 + a'y^2 + a''z^2$$

voraussetzen, ohne die Allgemeinheit einer auf Invarianten bezüglichen Untersuchung zu beeinträchtigen; wir können aber überdiess im Falle der Resultante an ihrer Statt beliebige lineare Functionen derselben substituieren. Als solche wählen wir die Resultate der Elimination von y und z zwischen denselben, welche die Form

$$x^2 - z^2, \quad y^2 - z^2$$

haben und mittelst deren die dritte der gegebenen Formen auf

$$z^2 + 2byz + 2b'zx + 2b''xy$$

reduciert werden kann. Die für diess einfache System zu begründenden Resultate müssen allgemein gültig sein.

Nun erhält man die Resultante dieses Systems durch Substitution der aus den beiden ersten Gleichungen desselben für x, y, z erhaltenen Auflösungen in die dritte in der Form

*) Wir erhalten die nämliche abgeleitete Form auch als die Invariante S der Jacobi'schen Determinante des Systems der drei ternären quadratischen Formen.

$$(1+2b+2b'+2b'')(1-2b+2b'-2b'')(1+2b-2b'-2b'')$$
$$(1-2b-2b'+2b'')=1-8(b^2+b'^2+b''^2)$$
$$+16(b^4+b'^4+b''^4-2b^2b'^2-2b^2b''^2-2b'^2b''^2)+64bb'b''.$$

Man findet ferner die Discriminante von

$$\lambda S+\mu S_1+\nu S_2$$

in der Gestalt

$$\nu^3(2bb'b''-b''^2)+(b''^2-b^2)\nu^2\lambda+(b''^2-b'^2)\nu^2\mu-\lambda^2\mu-\lambda\mu^2+\lambda\mu\nu,$$

und die Invariante **S** dieser ternären cubischen Form ist

$$1-8(b^2+b'^2+b''^2)+16(b^4+b'^4+b''^4-b^2b'^2-b'^2b''^2-b''^2b^2)$$
$$+48bb'b''.$$

Die Invariante **S** ist also nicht identisch mit der Resultante **R**. Wir erhalten aber durch Elimination des Gliedes $bb'b''$ die Relation

$$4\mathbf{S}-3\mathbf{R}=1-8(b^2+b'^2+b''^2)$$
$$+16(b^4+b'^4+b''^4+2b^2b'^2+2b'^2b''^2+2b''^2b^2)$$
$$=\{1-4(b^2+b'^2+b''^2)\}^2,$$

d. h. die Resultante weicht von einem gewissen Vielfachen der Invariante **S** nur um ein Glied ab, welches mit dem Quadrat einer Invariante von der Hälfte ihres Grades in den Coefficienten identisch ist.

159. Sylvester hat diese Invariante in folgender Weise gebildet.

Die reciproke Polare von

$$\lambda S+\mu S_1+\nu S_2$$

ist vom zweiten Grade ebensowohl in den Veränderlichen ξ, η, ζ, als auch in λ, μ, ν. Die Invariante dieser Function, die man wie in Artikel 155 bildet, giebt die fragliche Combinante, welche die Coefficienten jeder der drei Formen im zweiten Grade enthält.

Aber eine einfachere Methode führt zu demselben Ziel. Die Jacobi'sche Determinante der drei ternären quadratischen Formen ist eine cubische Covariante derselben und die durch das Symbol

$$\overline{\xi 12}\,.\,\overline{\xi 23}\,.\,\overline{\xi 31}$$

bezeichnete abgeleitete Form eine cubische Contravariante; wenn wir in den Ausdruck dieser Letzteren für ξ, η, ζ Differentialsymbole substituieren, und die so bezeichneten Operationen an der Jacobi'schen

Determinante ausführen, so erhalten wir die fragliche Combinante; *) da die Jacobi'sche Determinante ebenso wie die Contravariante die Coefficienten einer jeden Gleichung im ersten Grade enthält, so gehen dieselben im zweiten Grade in die Combinante ein. Wenn wir durch $(a a'_1 a''_2)$, etc., wie in den Artikeln der ersten Vorlesungen, Determinanten

$$\begin{vmatrix} a, & a', & a'' \\ a_1, & a'_1, & a''_1 \\ a_2, & a'_2, & a''_2 \end{vmatrix}$$

bezeichnen, so ist der allgemeine Ausdruck der Jacobi'schen Determinante

$$(ab'_1 b''_2) x^3 + (a' b''_1 b_2) y^3 + (a'' b_1 b'_2) z^3 - \{(aa'_1 b'_2) + (ab''_1 b_2)\} x^2 y$$
$$+ \{(aa''_1 b''_2) + (ab'_1 b_2)\} x^2 z + \{(a'a_1 b_2) + (a'b''_1 b'_2)\} y^2 x$$
$$- \{(a'a''_1 b'_2) + (a'b_1 b'_2)\} y^2 z - \{(a''a_1 b_2) + (a''b'_1 b''_2)\} z^2 x$$
$$+ \{(a''a'_1 b'_2) + (a''b_1 b''_2)\} z^2 y - \{(aa'_1 a''_2) + 2(bb'_1 b''_2)\} xyz,$$

während die Contravariante ist

$$(a'a''_1 b_2)\xi^3 + (a''a_1 b'_2)\eta^3 + (aa'_1 b''_2)\zeta^3 - \{(a'a''_1 b'_2) + 2(a''b_1 b''_2)\} \xi^2\eta$$
$$+ \{(a''a'_1 b''_2) + 2(a'b_1 b'_2)\} \xi^2\zeta + \{(aa''_1 b_2) + 2(a''b'_1 b''_2)\} \eta^2\xi$$
$$- \{(a''a_1 b''_2) + 2(ab'_1 b_2)\} \eta^2\zeta - \{(aa'_1 b_2) + 2(a'b''_1 b'_2)\} \zeta^2\xi$$
$$+ \{(a'a_1 b'_2) + 2(ab''_1 b_2)\} \zeta^2\eta + \{(aa'_1 a''_2) + 4(bb'_1 b''_2)\} \xi\eta\zeta.$$

Aus beiden aber erhält*) man die fragliche Combinante in folgender Form

$$(aa'_1 a''_2)^2 + 4(aa'_1 b_2)(aa''_1 b_2) + 4(a'a''_1 b'_2)(a'a_1 b'_2)$$
$$+ 4(a''a_1 b''_2)(a''a'_1 b''_2) + 8(ab_1 b'_2)(a'b_1 b'_2) + 8(ab_1 b''_2)(a''b_1 b''_2)$$
$$+ 8(a''b'_1 b''_2)(a'b'_1 b''_2) - 8(ab'_1 b''_2)(a'a''_1 b_2) - 8(a'b''_1 b_2)(a''a_1 b'_2)$$
$$- 8(aa'_1 b''_2)(a''b_1 b'_2) + 4(aa'_1 a''_2)(bb'_1 b''_2) - 8(bb'_1 b''_2)^2.$$

In dem im Artikel 158 betrachteten speciellen Falle verschwin-

---

*) Wir bemerken, dass die Jacobi'sche Determinante den Ort der Durchschnittspunkte der Paare von geraden Linien bezeichnet, welche durch die Gleichung

$$\lambda S + \mu S_1 + \nu S_2 = 0$$

repräsentiert sind, während die fragliche Contravariante die Bedingung ausdrückt, unter welcher

$$x\xi + y\eta + z\zeta = 0$$

eine dieser geraden Linien ist.

**) Wir erinnern an die Identität

$$(ab_1 b''_2)(a'a''_1 b'_2) + (ab_1 b'_2)(a''a'_1 b''_2) + (aa'_1 a''_2)(bb'_1 b''_2) = (ab'_1 b''_2)(a'a_1\ b_2).$$

den alle Glieder dieser Entwickelung mit Ausnahme der vier ersten und die Invariante reduciert sich, wie erwartet werden muss, auf

$$1 - 4\,(b^2 + b'^2 + b''^2).$$

160. Wir schliessen diese Darlegung mit einem kurzen Abriss über die ternären biquadratischen Formen, welche nur sehr unvollständig untersucht sind.

Der Grad jeder Invariante ist von der Form $3m$; wir haben die Invariante vom dritten Grade im Artikel 120 gegeben und können die vom sechsten Grade leicht in Form einer Determinante darstellen, indem wir aus den sechs zweiten Differentialen der Form die Grössen x^2, y^2, etc. dialytisch eliminieren.

Wenn wir die Gleichung der reciproken Polare als eine Evectante von der Form

$$\left(\xi^4 \frac{d}{da} + \text{etc.}\right) J$$

voraussetzen, so ist J eine Invariante vom Grade neun, die mit Hilfe der bekannten Gleichung der reciproken Polare ermittelt werden kann.

Von den andern Invarianten der ternären biquadratischen Form wissen wir nur, dass die Discriminante vom sieben und zwanzigsten Grade ist und in Function der einfacheren Invarianten ausgedrückt werden kann.

Wir haben im Artikel 121 zwei Contravarianten der biquadratischen Form S und T von den Graden vier und sechs in den Veränderlichen und zwei und drei in den Coefficienten der Form bezeichnet und ihre einfache Beziehung zur reciproken Polare der Curve vierter Ordnung ausgedrückt.

Wir können übrigens so viele biquadratische Contravarianten bilden, als wir unabhängige Invarianten erhalten, indem wir die Evectante einer jeden unter ihnen nehmen.

Unter den Covarianten heben wir hervor die Hesse'sche Covariante, die vom Grade sechs in den Veränderlichen und vom Grade drei in den Coefficienten ist; die **S** und **T** der ersten Emanante oder Polare, die eine cubische Form ist, eine biquadratische Covariante vom Grade vier in den Coefficienten und eine Covariante vom sechsten Grade in den Veränderlichen sowohl als in den Coefficienten.

Wir erhalten eine Anzahl anderer biquadratischer Covarianten entweder, indem wir die Contravariante einer der vorher erwähnten contravarianten biquadratischen Formen bilden, oder indem wir eine Covariante **S** von $U + \lambda S$ darstellen. Und ebenso können wir aus einer Covariante vom sechsten Grade eine Anzahl anderer Covarianten dieser Art ableiten, indem wir nach derselben Regel die Covariante von $U + \lambda S$ bilden, wo **S** eine der biquadratischen Covarianten repräsentiert.*)

---

*) Diese Covarianten-Curven

$$S = 0, \quad T = 0,$$
$$R = T^2 - S^3 = 0$$

der ersten Polare haben in der Theorie der Curven vierter Ordnung diese Bedeutung: Die Curve **S** ist der Ort derjenigen Pole, für welche die Hesse'sche Determinante der Polare in ein Dreieck degeneriert, oder bei denen die Inflexionstangenten der Polaren sich zu dreien in drei Punkten begegnen. (Vergl. die Note des Artikel 154.) Die Curve **T** ist der Ort derjenigen Pole, deren Polaren mit ihren Hesse'schen Determinanten in dem Reciprocitätsverhältniss stehen, dass die Inflexionstangenten der einen immer die andern berühren. Die Curve **R** ist endlich der Ort der Pole, deren Polare einen Doppelpunkt besitzt, und der Ort dieses Doppelpunktes ist die Hesse'sche Determinante der Curve vierter Ordnung, welche zugleich durch die 24 Inflexionspunkte der Curve hindurchgeht. Die Hesse'sche Determinante der Curve vierter Ordnung ist überdiess der Ort derjenigen Punkte, welche zugleich auf der Hesse'schen Determinante ihrer ersten Polare liegen. Die 24 Pole, deren Polaren Rückkehrpunkte besitzen, sind die Durchschnittspunkte der Curven vierter und sechster Ordnung

$$S = 0, \quad T = 0;$$

die Curve $R = 0$ hat in diesen 24 Punkten selbst Rückkehrpunkte und die Rückkehrtangenten derselben berühren die Curve

$$T = 0.$$

Die 24 Rückkehrtangenten der Polaren sind die gemeinschaftlichen Tangenten der Curven vierter und sechster Klasse, welche durch Vergleichung der oben erwähnten Contravarianten mit Null repräsentiert werden, die von den Graden vier und sechs in den Veränderlichen und zwei und drei in den Coefficienten sind. Die erste von beiden enthält in den 24 Berührungspunkten jener Tangenten die 24 Rückkehrpunkte selbst, und geht durch die Schnittpunkte der Curve vierter Ordnung **S** und der Hesse'schen Covariante der Curve selbst. Die zweite Contravariante wird zugleich von den Seiten aller der Dreiecke berührt, in welche die Hesse'schen Determinanten der ersten Polaren der Curve vierter Ordnung zerfallen können. Wir haben schon gesehen, dass die Ecken dieser Dreiecke in der Curve **S** liegen und bemerken, dass ihre Seiten zugleich die Curve vierter Ordnung in vier harmonischen Punkten schneiden. Die

Ohne die Zahl der unabhängigen Invarianten zu kennen, erscheint es unmöglich, zu sagen, welche unter diesen Covarianten vierten und sechsten Grades unabhängig sind. Man kann leicht zeigen, dass die durch Bildung der Contravariante der einfachsten biquadratischen Contravariante zu erhaltende biquadratische Covariante gleich der Summe der oben durch **S** bezeichneten Covariante mit dem Product der Form U selbst in ein gewisses Vielfaches der einfachsten Invariante ist.

Wenn man in der biquadratischen Contravariante vom Grade zwei in den Coefficienten an Stelle der Veränderlichen Differentialsymbole substituiert und die geforderten Operationen an der Hesse'schen Covariante vollzieht, so erhält man einen covarianten Kegelschnitt vom fünften Grade in den Coefficienten.

Wenn man aber die biquadratische Form selbst in solcher Art behandelt und die geforderten Operationen an der einfachsten Contravariante sechster Ordnung vollzieht, so wird ein contravarianter Kegelschnitt vom vierten Grade in den Coefficienten erzeugt.

Man erhält auf analoge Weise einen andern covarianten Kegelschnitt vom achten und einen contravarianten Kegelschnitt vom siebenten Grade in den Coefficienten, etc.

Endlich sind noch einige andere Covarianten für die Theorie der Curven vierter Ordnung von Wichtigkeit. So die Covariante vom vierzehnten Grade, welche man erhält, wenn man die im Artikel 154 angegebene Covariante Θ auf die biquadratische Form bezieht; und die Covariante Φ des Artikel 152 vom achten Grade.

Die Curve, welche die Berührungspunkte der sechs und fünfzig Doppeltangenten einer Curve vierter Ordnung bestimmt, wird durch die Gleichung

$$\Theta = 3H\Phi$$

repräsentiert. (Vergl. „Treatise on the higher plane Curves", Artikel 89; und eine Abhandlung von O. Hesse im 52. Bde. von Crelle's Journal, p. 97 f.) Die weitere Darlegung der geometrischen Resultate, welche der Theorie der abgeleiteten algebraischen Formen entspringen, bleibt der Theorie der höhern algebraischen Curven vorbehalten.

Curve **R** und die Hesse'sche Covariante sind dieselben Curven, die J. Steiner als conjugierte Kerncurven bezeichnet hat. („Crelle's Journ." Bd. 47, p. 4.) Vergl. die schöne Abhandlung von A. Clebsch, im „Journal f. d. r. u. a. Math." Bd. 59, p. 125 f.

Die Theorie der Covarianten homogener Formen mit vier Veränderlichen findet in Folgendem für quadratische Formen ihre Begründung; für die der cubischen Formen bemerken wir nur, dass die schönen Eigenschaften der Flächen dritter Ordnung, welche in neuerer Zeit entdeckt wurden, mit diesen algebraischen Theorien im engsten Zusammenhang stehen.*)

---

*) Die Existenz von 27 Geraden auf einer jeden Fläche dritter Ordnung ward von Salmon und Cayley im Jahre 1849 entdeckt („Cambridge and Dublin Math. Journ." Vol. IV, p. 118, 252) und von Steiner 1856 („Crelle's Journal," Bd. 53, p. 133 f.) unabhängig gegeben.

Die Hesse'sche Determinante der quaternären cubischen Form ist jene wichtige biquadratische Covariante derselben, welche von Steiner als ihre Kernfläche bezeichnet worden ist (ibid. p. 138). Sie entspringt aus der Frage nach dem Ort derjenigen Pole, deren erste Polaren Kegel zweiter Ordnung sind (allgemein Flächen $(n-1)^{ter}$ Ordnung, welche einen Knotenpunkt haben) und ist der Ort der Scheitel (Doppelpunkte) derselben. Eine Contravariante entspricht ihr als Ausdruck des Ortes der fraglichen Pole, die conjugierte Kernfläche nach Steiner's Bezeichnung. Für den Fall der Flächen dritter Ordnung fallen beide Kernflächen in eine einzige zusammen, und man darf den Pol und den Scheitel des entsprechenden Polarkegels als reciproke Pole bezeichnen, weil jeder von ihnen der Scheitel vom Polarkegel des andern ist. Es giebt aber unter den Polaren mit einem Knotenpunkte gewisse Schaaren, deren Knotenpunkte in einem Punkt vereinigt sind, während die entsprechenden Pole eine gerade Linie bilden. Diese Punkte sind Knotenpunkte der Hesse'schen Determinantenfläche und diese Geraden liegen auf der entsprechenden Contravariante. Ihre Anzahl ist für Flächen dritter Ordnung gleich 10 und die entsprechende Polare degeneriert in ein Ebenenpaar, dessen Scheitelkante der Ort der reciproken Pole des Knotenpunktes ist und ebenfalls der Hesse'schen Kernfläche angehört. Jede der 10 Geraden geht durch drei der 10 Knotenpunkte hindurch und der zu ihr gehörige Knotenpunkt liegt im Durchschnitt der drei Geraden, welche jenen drei Knotenpunkten entsprechen; sie sind die Ecken und Knoten eines vollständigen Pentaeders, so zwar, dass einem durch drei Ebenen bestimmten Punkte die Durchschnittslinie der beiden andern Ebenen als Scheitelkante der Polarebenenpaare entspricht; diese Polarebenenpaare bilden mit den anliegenden Flächen des Pentaeders harmonische Büschel; etc. Die Theorie der 27 Geraden auf der Fläche dritter Ordnung knüpft sich an die Existenz einer Covariantenfläche 9ter Ordnung, welche die Kernfläche in einer Curve berührt; sie schneidet die Fläche selbst in den 27 Geraden; die Ecken des Steiner'schen Pentaeders sind gemeinschaftliche Durchschnittspunkte der vier hauptsächlichsten Covariantenflächen der Fläche. Vergl. besonders die Abhandlungen von A. Clebsch, „Journ. f. d. r. u. a. Math." Bd. 58, p. 93, 109; Bd. 59, p. 193.

Anmerkung. Unter den Ergebnissen, welche in diesen beiden Vorlesungen gewonnen worden sind, stehen mehrere in einer merkwürdigen Verbindung mit der Theorie der elliptischen Transcendenten, die wir hier noch kurz andeuten wollen.*)

Die im Artikel 137 gewonnene Relation zwischen den Covarianten und Invarianten der binären cubischen Form U — nämlich ihrer Discriminante D, ihrer Hesse'schen Covariante H und ihrer cubischen Covariante J —

$$J^2 - DU^2 = -4H^3$$

giebt

$$\frac{J}{U} = \sqrt{\left(D - \frac{4H^3}{U^2}\right)}.$$

Da aber J für die binäre Form n^{ten} Grades u den Ausdruck

$$\frac{1}{n(n-2)} \begin{vmatrix} \frac{du}{dx}, & \frac{du}{dy} \\ \frac{dh}{dx}, & \frac{dh}{dy} \end{vmatrix}$$

erhält für h als die Hesse'sche Covariante derselben Form oder

$$\frac{1}{n^2(n-1)^2} \begin{vmatrix} \frac{d^2u}{dx^2}, & \frac{d^2u}{dx\,dy} \\ \frac{d^2u}{dx\,dy}, & \frac{d^2u}{dy^2} \end{vmatrix},$$

so folgt

$$J = \frac{1}{n(n-2)y} \begin{vmatrix} \frac{du}{dx}, & y\frac{du}{dy} \\ \frac{dh}{dx}, & y\frac{dh}{dy} \end{vmatrix} = \frac{1}{n(n-2)y} \begin{vmatrix} \frac{du}{dx}, & nu \\ \frac{dh}{dx}, & 2(n-2)h \end{vmatrix}$$

und daraus für $y = 1$, $n = 3$, also cubische Formen unter Rückkehr zu den engeren Bezeichnungen

$$\frac{J}{U} = -\frac{1}{3}\frac{U^2}{H^2}\frac{d}{dx}\left(\frac{H^3}{U^2}\right),$$

oder

$$\frac{d}{dx}\left(\frac{H^3}{U^2}\right) = -3\frac{H^2}{U^2}\sqrt{\left(D - 4\frac{H^3}{U^2}\right)}$$

*) Hermite „Crelle's Journal“ Bd. LII, p. 8; Bd. LX, p. 304. Brioschi „Annali di Matem.“ t. IV, p. 191.

und somit für

$$z = \frac{H^3}{U^2}$$

$$\int \frac{dx}{\sqrt[3]{U^2}} = -\frac{1}{3} \int \frac{dz}{\sqrt[3]{z^2} \cdot \sqrt{D - 4z}}.$$

Daran schliesst sich eine analoge Reduction auf Grund der Relation des Artikel 141 zwischen den Invarianten und Covarianten der biquadratischen Form, die wir schreiben

$$4H^3 - SHU^2 + TU^3 = -J^2;$$

sie giebt für $y = 1$

$$\frac{J}{U^2} \sqrt{U} = \sqrt{(S \frac{H}{U} - T - 4 \frac{H^3}{U^3})}$$

und wegen der aus dem Obigen für $n = 4$ entspringenden Relation

$$\frac{J}{U^2} = -\tfrac{1}{2} \frac{d}{dx} \left(\frac{H}{U}\right)$$

für $z = -\frac{H}{U}$

$$\tfrac{1}{2} \sqrt{U} \frac{dz}{dx} = \sqrt{(4z^3 - Sz - T)}$$

und

$$\int \frac{dx}{\sqrt{U}} = \tfrac{1}{2} \int \frac{dz}{\sqrt{(4z^3 - Sz - T)}}.$$

Für die Einführung von

$$\frac{zT}{S} \quad \text{statt} \quad z$$

reduciert sich das letztere Integral endlich auf

$$\int \frac{dz}{\sqrt{(\varrho z^3 - z - 1)}},$$

wenn $\varrho = \frac{4T^2}{S^3}$ ist; alle Integrale, die mit dem vorgelegten $\int \frac{dx}{\sqrt{U}}$ durch eine lineare Transformation der Veränderlichen verbunden sind, kommen auf die nämliche reducierte Form mit demselben einzigen Parameter zurück.

Endlich schliesst sich an die Invarianten der biquadratischen Form S und T durch die Betrachtung der Covarianten vom vierten Grade

$$SH - TU, \quad SH + 3TU$$

die Transformation dritter Ordnung an, wie folgt. Man ersetze in U und H die Veränderlichen x und y durch $-\frac{1}{3}\frac{dU}{dy}$, $\frac{1}{3}\frac{dU}{dx}$ respective und nennen die Resultate U' und H', so ist

$$SH' - TU' = H^2(SH + 3TU),$$

und nach dem Jacobi'schen Princip der Transformation für $y = 1$ und

$$\begin{aligned} \Delta(x) &= SH - TU, \\ \Delta'(x) &= SH + 3TU \end{aligned}$$

und M als eine Constante

$$\frac{dz}{\sqrt{\Delta(z)}} = M\frac{dx}{\sqrt{\Delta'(x)}}$$

für die verknüpfende Relation

$$z = -\frac{bx^3 + 3cx^2 + 3dx + e}{ax^3 + 3bx^2 + 3cx + d}.$$

Analoge Ergebnisse haben endlich in neuester Zeit Aronhold und Brioschi aus der Theorie der Invarianten der ternären cubischen Formen abgeleitet.*)

Die des Letzteren knüpft sich an die Covariante der harmonischen Polaren der Inflexionspunkte im Artikel 154

$$P = \begin{vmatrix} U_1, & U_2, & U_3 \\ H_1, & H_2, & H_3 \\ \Theta_1, & \Theta_2, & \Theta_3 \end{vmatrix}$$

und den rationalen Ausdruck ihres Quadrats mittelst der Covarianten U, H, Θ und der Invarianten S, T. Wenn man für $\alpha_1, \alpha_2, \alpha_3$ als drei unbestimmte Grössen die Determinante P mit der andern

$$\Delta = \begin{vmatrix} \alpha_1, & \alpha_2, & \alpha_3 \\ x_1, & x_2, & x_3 \\ dx_1, & dx_2, & dx_3 \end{vmatrix}$$

multipliciert, in welcher x_1, x_2, x_3 die mehr symmetrische Bezeichnung der Veränderlichen der homogenen Gleichung oder durch ihre Verhältnisse

---

*) Aronhold, „Monatsberichte der K. Pr. Akad. d. Wissensch. zu Berlin," 1861, p. 462 f.

Brioschi, „Comptes rendus" t. LVI, p. 304.

$$\frac{x_1}{x_3}, \ \frac{x_2}{x_3}$$

die Cartesischen Coordinaten x, y geben, so erhält man für die Abkürzung

$$\Sigma \alpha U = \alpha_1 U_1 + \alpha_2 U_2 + \alpha_3 U_3, \text{ etc.}$$

das Product in der Form

$$P\Delta = \tfrac{1}{3} \begin{vmatrix} \Sigma\alpha U, & \Sigma\alpha H, & \Sigma\alpha\Theta \\ U, & H, & \Theta \\ dU, & dH, & d\Theta \end{vmatrix}$$

und somit für $U = 0$

$$P\Delta = \tfrac{1}{3}(Hd\Theta - 2\,\Theta dH)\,\Sigma\alpha U$$

$$= \frac{H^3}{18}\, d\left(\frac{6\,\Theta}{H^2}\right) \Sigma\alpha U.$$

Combiniert man nun diess mit der Relation

$$P^2 = \frac{H^2}{54}\left\{\left(\frac{6\,\Theta}{H^2}\right)^3 - 3\,\mathrm{S}\left(\frac{6\,\Theta}{H^2}\right) + 2\mathrm{T}\right\}$$

und setzt

$$z = \frac{6\,\Theta}{H^2},$$

so erhält man

$$\frac{\Delta}{\Sigma\alpha U} = \frac{1}{\sqrt{6}} \frac{dz}{\sqrt{(z^3 - 3\mathrm{S}z + 2\mathrm{T})}}$$

und damit den Satz: Wenn

$$U = 0$$

eine Gleichung dritten Grades zwischen x und y ist, so ist für das als Function von x betrachtete y und für die Substitution

$$z = \frac{6\,\Theta}{H^2}$$

$$\frac{dx}{U'(y)} = \frac{1}{\sqrt{6}} \frac{dz}{\sqrt{(z^3 - 3\mathrm{S}z + 2\mathrm{T})}}.$$

Man kann von dieser Reduction zu der von Aronhold früher entdeckten übergehen, wie Brioschi gleichfalls angegeben hat; wir bezeichnen diesen Uebergang und verweisen für das Studium der schönen Arbeit des deutschen Entdeckers auf die angegebene Quelle.

Brioschi betrachtet die Determinante

$$R = \begin{vmatrix} H_1 & , & H_2 & , & H_3 & , 0 \\ H_{11} - zU_{11}, & H_{12} - zU_{12}, & H_{13} - zU_{13}, & U_1 \\ H_{21} - zU_{21}, & H_{22} - zU_{22}, & H_{23} - zU_{23}, & U_2 \\ H_{31} - zU_{31}, & H_{32} - zU_{32}, & H_{33} - zU_{33}, & U_3 \end{vmatrix}$$

und ihre Entwicklung

$$R = \tfrac{1}{2} z^2 \Sigma (UU)^{ij} U_i H_j - z \Sigma (UH)^{ij} U_i H_j + \tfrac{1}{2} \Sigma (HH)^{ij} U_i H_j,$$

in welcher die Symbolik

$$(ab)^{11} = a_{22} b_{33} + a_{33} b_{22} - 2 a_{23} b_{23},$$
$$(ab)^{23} = a_{12} b_{13} + a_{13} b_{12} - a_{11} b_{23} - a_{23} b_{11}$$

vorausgesetzt ist. Nun ist

$$\tfrac{1}{2} \Sigma (UU)^{ij} U_i H_j = - \tfrac{1}{6} H^2,$$
$$\Sigma (UH)^{ij} U_i H_j = \Theta,$$
$$\Sigma (HH)^{ij} U_i H_j = 0,$$

so dass man findet

$$R = - \tfrac{1}{6} H^2 z \left(z + \frac{6\Theta}{H^2} \right)$$

oder nach dem Werthe von z

$$R = - 12 \frac{\Theta^2}{H^2}.$$

Setzt man nun

$$Q = U_1 \frac{dR}{dH_1} + U_2 \frac{dR}{dH_2} + U_3 \frac{dR}{dH_3},$$

so ist

$$R = zQ,$$
$$Q = - 2\Theta$$

und

$$z = \frac{6\Theta}{H^2} = \frac{R}{z} = \frac{H_1 \frac{dR}{dH_1} + H_2 \frac{dR}{dH_2} + H_3 \frac{dR}{dH_3}}{U_1 \frac{dR}{dH_1} + U_2 \frac{dR}{dH_2} + U_3 \frac{dR}{dH_3}},$$

welches die Aronhold'sche Substitution ist.

Fünfzehnte Vorlesung.

Allgemeine Theorie der quadratischen Formen.

161. Wir haben in den beiden letzten Vorlesungen die hauptsächlichsten Anwendungen der allgemeinen Theorie auf binäre und ternäre Formen zusammengestellt.

In Bezug auf Formen von mehr als drei Veränderlichen wollen wir uns auf die Darlegung der allgemeinen Theorie für den Fall quadratischer Formen beschränken, um damit diesen Abriss der Theorien der neueren Algebra zu beschliessen.

Wenn dabei Manches von dem, was in Artikel 145 f. für ternäre quadratische Formen entwickelt ward, zu wiederholen ist, so soll doch überall in eine vollständigere Untersuchung eingegangen werden.

Wir gebrauchen dabei die für quadratische Formen vorzüglich geeignete Bezeichnung der Coefficienten durch doppelte Indices, die den Indices der auf gleiche Weise unterschiedenen Veränderlichen entsprechen, deren Producten und Quadraten sie angehören; d. i. wir bezeichnen die Coefficienten von

$$x_1^2,\ x_2^2,\ \text{etc.},\ x_1 x_2,\ x_1 x_3,\ \text{etc.}$$

durch

$$a_{11},\ a_{22},\ \text{etc.},\ 2a_{12},\ 2a_{13},\ \text{etc.},$$

wo

$$a_{12} \text{ und } a_{21},\quad a_{23} \text{ und } a_{32}$$

als identisch gelten.

Dann ist die Discriminante der quadratischen Form die symmetrische Determinante

$$\begin{vmatrix} a_{11}, & a_{12}, & a_{13}, & \text{etc.} \\ a_{21}, & a_{22}, & a_{23}, & \cdots \\ a_{31}, & a_{32}, & a_{33}, & \cdots \\ \vdots & \vdots & \vdots & \end{vmatrix}$$

oder

$$\Sigma \pm a_{11} a_{22} a_{33} \cdots$$

zugleich die einzige Invariante der Form.

Die Contravariante der quadratischen Form, die als Evectante dieser Discriminante gebildet wird, lässt sich wie im Artikel 145 in Form einer Determinante schreiben, in welcher die Veränderlichen der reciproken Substitution zu den Coefficienten hinzutreten. So hat man in dem Falle einer quaternären quadratischen Form

$$-\left(\xi_1^2 \frac{d}{da_{11}} + \xi_1\xi_2 \frac{d}{da_{12}} + \text{etc.}\right) J =$$

$$\begin{vmatrix} 0, & \xi_1, & \xi_2, & \xi_3, & \xi_4 \\ \xi_1, & a_{11}, & a_{12}, & a_{13}, & a_{14} \\ \xi_2, & a_{21}, & a_{22}, & a_{23}, & a_{24} \\ \xi_3, & a_{31}, & a_{32}, & a_{33}, & a_{34} \\ \xi_4, & a_{41}, & a_{42}, & a_{43}, & a_{44} \end{vmatrix}.$$

Die Nothwendigkeit des Zeichenwechsels begründet die allgemeine Regel der Zeichen bei Determinanten; der Coefficient von ξ_1^2 in der Entwicklung der Determinante ist

$$= - \Sigma a_{22} a_{33} a_{44} \ldots,$$

und diese Determinante ist selbst das Differential der Discriminante genommen nach dem Elemente a_{11}.

Wenn die Discriminante verschwindet, so wird die betrachtete Contravariante ein vollkommenes Quadrat. Der im Artikel 97 für den Fall einer ternären quadratischen Form gegebene Beweis gilt unverändert allgemein und zeigt, dass die Evectante der Discriminante einer Form n^{ten} Grades in beliebiger Zahl der Veränderlichen eine vollkommene n^{te} Potenz ist, wenn die Discriminante den Werth Null hat.

Damit ist bewiesen, dass unter eben dieser Voraussetzung die oben geschriebene Determinante, welche die Contravariante der quaternären quadratischen Form ist, ein vollständiges Quadrat bildet, und dass das Zeichen dasjenige des Factors von ξ_1^2, d. h. das entgegengesetzte von dem der Determinante

$$\Sigma a_{22} a_{33} a_{44}$$

sein wird.

162. Die gefundene Eigenschaft ist eine allgemeine Eigenschaft symmetrischer Determinanten. Die Contravariante

$$\begin{vmatrix} 0, & \xi_1, & \xi_2, & \ldots \\ \xi_1, & a_{11}, & a_{12}, & \ldots \\ \xi_2, & a_{21}, & a_{22}, & \ldots \\ \cdot & \cdot & \cdot & \ldots \\ \cdot & \cdot & \cdot & \ldots \end{vmatrix}$$

kann als allgemeine Form einer symmetrischen Determinante von verschwindendem ersten Gliede betrachtet werden; die Discriminante ist die erste Minordeterminante derselben, die Determinante

$$\Sigma a_{22} a_{33} a_{44}$$

die zweite Minordeterminante der ersteren oder die erste der Discriminante.

Was hier bewiesen worden ist, ist diess: Wenn die erste Minordeterminante einer symmetrischen Determinante mit verschwindem ersten Gliede gleich Null ist, so haben die Determinante selbst und die zweite unter ihren Minordeterminanten entgegengesetzte Vorzeichen. Man sieht aber leicht, dass die Wahrheit dieses Satzes von dem Verschwinden des ersten Gliedes der Originaldeterminante völlig unabhängig ist, weil die Entwicklung der Determinante das Product des ersten Elementes mit der nach der Voraussetzung verschwindenden ersten Minordeterminante an erster Stelle enthält, so dass das Resultat durch das Verschwinden dieses Gliedes nicht verändert werden kann.

163. Wir haben im Artikel 149 von dem Problem der Transformation der Flächen zweiten Grades auf die Hauptebenen gesprochen und gesehen, dass wegen der Unveränderlichkeit der Grösse

$$x^2 + y^2 + z^2$$

beim Uebergang von einem rechtwinkligen Coordinatensystem zum andern, die algebraische Aufgabe darin besteht, durch gleichzeitige Transformation die beiden Formen

$$(a, a', a'', b, b', b'' \between x, y, z)^2, \quad x^2 + y^2 + z^2$$

in die neuen Formen

$$Ax^2 + A'y^2 + A''z^2, \quad x^2 + y^2 + z^2$$

überzuführen.

Ebenso kann eine quadratische Form von beliebig vielen Veränderlichen in unendlich vielen Arten auf eine Summe von Quadraten der Veränderlichen reduciert werden (Artikel 125), aber in dem speciellen Falle der orthogonalen Transformation handelt es sich um die gleichzeitige Transformation der allgemeinen quadratischen Form von n Veränderlichen in die Form der Quadratsumme

$$A_1x_1^2 + A_2x_2^2 + \ldots + A_nx_n^2$$

und der Form

$$x_1^2 + x_2^2 + x_3^2 + \ldots + x_n^2$$

in eine neue Form derselben Art.

Diese Transformation wird in derselben Weise vollzogen, wie die für ternäre quadratische Formen, die wir im Artikel 149 gegeben haben.

Wir bilden, für

$$U = a_{11}x_1^2 + a_{22}x_2^2 + \ldots + a_{nn}x_n^2 + 2a_{12}x_1x_2 + 2a_{13}x_1x_3 + \ldots + 2a_{n-1,n}x_{n-1}x_n,$$

$$V = x_1^2 + x_2^2 + x_3^2 + \ldots x_n^2$$

die Discriminante von

$$U + \lambda V;$$

sie ist eine Function, in welcher alle Coefficienten von λ Invarianten sind, und ihre Vergleichung mit Null und die Auflösung der entstehenden Gleichung n^{ten} Grades für λ liefert uns Werthe, die von jeder Transformation unabhängig sind. Diese Discriminante von

$$U + \lambda V$$

geht aus der Determinante des Artikel 161 einfach durch Hinzufügung von λ in den Coefficienten von x_1^2, x_2^2, x_3^2, ... hervor, d. h. sie ist

$$\begin{vmatrix} a_{11}+\lambda, & a_{12}, & a_{13}, & a_{14}, & \ldots \\ a_{21}, & a_{22}+\lambda, & a_{23}, & a_{24}, & \ldots \\ a_{31}, & a_{32}, & a_{33}+\lambda, & a_{34}, & \ldots \\ a_{41}, & a_{42}, & a_{43}, & a_{44}+\lambda, & \ldots \\ \cdot & \cdot & \cdot & \cdot & \cdot\cdot \\ \cdot & \cdot & \cdot & \cdot & \cdot\cdot \end{vmatrix} \text{*)}.$$

Da in der transformierten Form jeder Coefficient $a_{i,j}$ verschwindet, so ist die eben geschriebene Determinante

*) Die durch Gleichsetzung dieser Determinante mit Null erhaltene Gleichung ist von grosser Wichtigkeit in der Analysis. Sie erscheint z. B. in der Bestimmung der säculären Ungleichheiten der Planeten. (Vergl. Laplace, „Mécanique céleste", I, 2. Artikel 56.)

$$= (A_1 + \lambda)(A_2 + \lambda)(A_3 + \lambda) \ldots,$$

d. h. die neuen Coefficienten $A_1, A_2, A_3, \ldots$ unterscheiden sich nur durch das Vorzeichen von den Wurzeln der Gleichung, welche das Verschwinden unserer Determinante ausdrückt.

Die Wurzeln dieser Gleichung sind aber stets reell und die Regel der Zeichen von Descartes erlaubt die Bestimmung der Anzahl positiver und negativer Wurzeln unter ihnen, d h. der Anzahl der positiven und negativen Quadrate der Veränderlichen, welche die transformierte Form enthalten muss. (Vgl. Artikel 14. Beispiel 5.)

164. Die Realität sämmtlicher Wurzeln der besprochenen Gleichung kann unter andern auf dem folgenden einfachen Wege nachgewiesen werden.

Man bilde von der Determinante des letzten Artikels die erste Hauptminordeterminante (Artikel 22), nehme von dieser selbst wieder die erste Hauptminordeterminante, etc., d. h. eine Reihe von Functionen von λ, deren Grade von n bis 1 regelmässig abnehmen und welche man daher durch eine beliebige wesentlich positive Constante schliessen kann.

Wenn man nun nach einander in dieser Reihe von Functionen die Substitution zweier beliebigen Werthe von λ vollzieht, und in jedem Falle die Wechsel der Vorzeichen wie in dem Theorem von Sturm bestimmt, so kann offenbar die Differenz in der Zahl der Wechsel die Anzahl der zwischen den angenommenen Werthen von λ enthaltenen Wurzeln der Gleichung n^{ten} Grades nicht überschreiten; diess erhellt aus dem in Artikel 162 Bewiesenen, wonach für einen Werth von λ, für welchen einer dieser Minoren gleich Null wird, die beiden benachbarten Functionen der Reihe entgegengesetzte Vorzeichen besitzen.

Genau wie in dem Beweis des Theorems von Sturm folgt daraus, dass in der allmähligen Veränderung von λ von $+\infty$ bis $-\infty$ die Zahl der Wechsel in der Reihe nicht geändert wird, wenn λ einen Werth annimmt, für den irgend eine dieser Minordeterminanten sich auf Null reduciert; und dass eine Veränderung in der Anzahl der Zeichenwechsel nur dann eintritt, wenn λ den Werth einer Wurzel der ersten Gleichung hat, welche in Bezug auf λ vom n^{ten} Grade ist. Die Gesammtzahl der Zeichenwechsel kann somit die Zahl der reellen Wurzeln dieser Gleichung nicht überschreiten.

Nun ist aber offenbar in allen diesen Functionen die jedesmal höchste Potenz von λ positiv und wir erhalten somit für $\lambda = +\infty$ keinen Zeichenwechsel, während für $\lambda = -\infty$ die Glieder abwechselnd positiv und negativ sind, so dass n Zeichenwechsel entstehen; die discutierte Gleichung muss somit n reelle Wurzeln besitzen.

In derselben Art erkennt man leicht, dass die Wurzeln einer jeden unter den Functionen der betrachteten Reihe sämmtlich reell sind und dass die Wurzeln einer jeden unter ihnen als Grenzen zwischen den Wurzeln der nächsthöhern Function der Reihe gelegen sind.

165. Wir haben offenbar in dem vorigen Artikel für die Functionen des Sturm'schen Theorems eine andere Reihe von Functionen substituiert, welche dieselbe Fundamentaleigenschaft besitzen, nach welcher für das Verschwinden einer unter ihnen die beiden benachbarten Functionen der Reihe entgegengesetzte Vorzeichen besitzen.

Borchardt hat jedoch*) durch directe Anwendung des Theorems von Sturm die Realität der Wurzeln der Gleichung des Artikels 161 bewiesen; und da die in diesem Beweis benutzten Principien um ihrer selbst willen bekannt zu sein verdienen, so geben wir hier diesen Beweis.

Das zuerst zu benutzende Princip ist in einem von Sylvester**) bewiesenen Satze gegeben, nach welchem die verschiedenen Functionen der Sturm'schen Reihe als Functionen der Wurzeln der gegebenen Gleichung ausgedrückt nur durch positive quadratische Factoren von den nachfolgenden symmetrischen Functionen der Wurzeldifferenzen sich unterscheiden:

$$(x-\alpha_1)(x-\alpha_2)(x-\alpha_3)\ldots(x-\alpha_n) \quad \text{, (die Function selbst)}$$
$$\Sigma(x-\alpha_2)(x-\alpha_3)\ldots(x-\alpha_n) \quad \text{, (ihre erste Derivierte)}$$
$$\Sigma(\alpha_1-\alpha_2)^2(x-\alpha_3)(x-\alpha_4)\ldots,$$
$$\Sigma(\alpha_1-\alpha_2)^2(\alpha_2-\alpha_3)^2(\alpha_3-\alpha_1)^2(x-\alpha_4)\ldots,$$
etc.,

Ausdrücke, in welchen die jedesmalige Summierung sich auf alle

*) „Liouville's Journal," t. XII, p. 50.
**) „Philosophical Magazine," December 1849.

gleichartigen Producte bezieht, deren jedes aus k von den binomischen Factoren der Function und dem Product der Quadrate sämmtlicher Differenzen aller der Wurzeln besteht, die in diesen Factoren nicht enthalten sind.

Wir beginnen mit dem Beweis dieses Satzes.

166. Wir bezeichnen durch U die Function, durch V ihre erste Derivierte, durch

$$R_2,\ R_3,\ \text{etc.}$$

die Reihe der Sturm'schen Reste und zeigen, dass jede dieser Functionen in der Form

$$AV - BU$$

dargestellt werden kann. Denn die fundamentalen Gleichungen

$$\begin{aligned} U &= Q_1 V - R_2, \\ V &= Q_2 R_2 - R_3, \\ R_2 &= Q_3 R_3 - R_4, \\ &\vdots \\ R_{k-1} &= Q_k R_k - R_{k+1} \end{aligned}$$

liefern

$$\begin{aligned} R_2 &= Q_1 V - U, \\ R_3 &= Q_2 R_2 - V = (Q_2 Q_1 - 1)\ V - Q_2 U, \\ R_4 &= Q_3 R_3 - R_2 = (Q_3 Q_2 - 1)\ R_2 - Q_3 V \\ &= (Q_1 Q_2 Q_3 - Q_1 - Q_3)\ V - (Q_2 Q_3 - 1)\ U, \\ &\text{etc.}, \end{aligned}$$

Wir haben daher allgemein*)

$$R_k = AV - BU,$$

---

*) Die Theorie der Kettenbrüche zeigt, dass für

$$\begin{aligned} R_k &= A_k V - B_k U, \\ R_{k+1} &= A_{k+1} V - B_{k+1} U \end{aligned}$$

die Relation

$$A_k B_{k+1} - A_{k+1} B_k = 1$$

gilt; denn aus

$$R_{k+1} = Q_k R_k - R_{k-1}$$

folgt

$$A_{k+1} = Q_k A_k - A_{k-1},$$

und

$$B_{k+1} = Q_k B_k - B_{k-1},$$

also

$$A_k B_{k+1} - A_{k+1} B_k = A_{k-1} B_k - A_k B_{k-1},$$

und die ersten beiden den Werthen $k = 2$, $k = 3$ entsprechenden obigen Gleichungen bestimmen den Werth dieser constanten Differenz $= 1$.

und erkennen, weil alle Q vom ersten Grade in Bezug auf die Veränderliche x sind, dass in diesem Ausdrucke A vom Grade $(k-1)$ und B vom Grade $(k-2)$ ist, während der Grad von R_k durch $(n-k)$ bestimmt wird.

Eben diese Eigenschaft reicht aber hin zur directen Bestimmung der Werthe von R_2, R_3, etc.

Wenn wir in der Gleichung

$$R_2 = Q_1 V - U$$
$$Q_1 = a_1 x + b_1$$

setzen, wo a_1 und b_1 unbekannte Constanten sind, so ist die Bedingung zur Bestimmung dieser Grössen hinreichend, dass die Coefficienten der zwei höchsten Potenzen der Veränderlichen verschwinden müssen, weil R_2 nur vom Grade $(n-2)$ ist. Und wenn wir im allgemeinen Falle für A in die Function $(AV-BU)$ die allgemeinste Function $(k-1)^{\text{ten}}$ Grades, welche k Constanten enthält, und für B die allgemeinste Function $(k-2)^{\text{ten}}$ Grades, welche $(k-1)$ Constanten enthält, einsetzen, so haben wir $(2k-1)$ Constanten oder vielmehr, weil eine derselben durch Division auf den Werth Eins gebracht werden kann $(2k-2)$ Constanten eingeführt; die entsprechende Bestimmung derselben erlaubt uns, die ersten $(2k-2)$ Glieder der Entwicklung $(AV-BU)$ verschwinden zu lassen, d. h. diese Form vom Grade $(n+k-1)$ auf den Grad $(n-k)$ zu reducieren. Somit ist das Problem, eine Function vom Grade $(n-k)$ zu bilden, welche in der Form $(AV-BU)$ ausgedrückt werden kann, in der A und B von den respectiven Graden $(k-1)$ und $(k-2)$ sind, vollkommen bestimmt und gestattet eine einzige Auflösung. Wenn wir daher irgend eine Function R_k als in der Form $(AV-BU)$ ausdrückbar erkennen, in welcher A und B von den vorgeschriebenen Graden sind, so muss R_k mit dem correspondierenden Sturm'schen Reste identisch oder doch nur durch einen constanten Factor davon verschieden sein.

Auf diesem Wege werden wir die wesentliche Identität der Sturm'schen Reste mit den im Artikel 165 gegebenen symmetrischen Functionen der Wurzeln bestätigen.

167. Um die Ideen zu fixieren, betrachten wir irgend eine jener Functionen

$$\Sigma\, (\alpha_1-\alpha_2)^2\, (\alpha_2-\alpha_3)^2\, (\alpha_3-\alpha_1)^2\, (x-\alpha_4)\, (x-\alpha_5) \text{ etc.}$$

und beweisen, dass sie von der Form

$$AV - BU$$

ist, und dass A speciell in diesem Falle vom zweiten und B vom ersten Grade in x ist. Die Voraussetzung

$$x = \alpha_1$$

auf beiden Seiten der Gleichung

$$\Sigma (\alpha_1 - \alpha_2)^2 (\alpha_2 - \alpha_3)^2 (\alpha_3 - \alpha_1)^2 (x - \alpha_4) (x - \alpha_5) \text{ etc.} = AV - BU$$

bestimmt die Form von A; denn durch das Verschwinden von U wird die rechte Seite

$$= A (\alpha_1 - \alpha_2) (\alpha_1 - \alpha_3) (\alpha_1 - \alpha_4) (\alpha_1 - \alpha_5) \text{ etc.}$$

und die linke Seite wird

$$\Sigma (\alpha_1 - \alpha_2)^2 (\alpha_2 - \alpha_3)^2 (\alpha_3 - \alpha_1)^2 (\alpha_1 - \alpha_4) (\alpha_1 - \alpha_5) \text{ etc.},$$

d. h. A muss für $x = \alpha_1$ sich auf die Form

$$\Sigma (\alpha_2 - \alpha_3)^2 (\alpha_1 - \alpha_2) (\alpha_1 - \alpha_3)$$

reducieren; wir müssen somit für A die symmetrische Function

$$\Sigma (\alpha_2 - \alpha_3)^2 (x - \alpha_2) (x - \alpha_3)$$

wählen.

Auf dieselbe Art haben wir im allgemeinen Fall für A die symmetrische Function zu nehmen, in welcher jedes Glied ein Product von $(k-1)$ Factoren der Originalgleichung mit den Quadraten aller Differenzen der in denselben enthaltenen Wurzeln dieser Gleichung ist. Da es für unseren Zweck nicht nöthig ist, die Coefficienten in B wirklich zu bestimmen, so schreiben wir diess in seiner allgemeinen Form.

Wir haben dann die Gleichung

$$\begin{aligned} &\Sigma (\alpha_1 - \alpha_2)^2 (\alpha_2 - \alpha_3)^2 (\alpha_3 - \alpha_1)^2 (x - \alpha_4) \text{ etc.} \\ &\qquad = \Sigma (\alpha_1 - \alpha_2)^2 (x - \alpha_1) (x - \alpha_2) \,.\, \Sigma (x - \alpha_2) (x - \alpha_3) \text{ etc.} \\ &\qquad + (a_1 x + b_1) (x - \alpha_1) (x - \alpha_2) \text{ etc.} \end{aligned}$$

als eine Identität zu erweisen. Da eine Gleichung p^{ten} Grades nur p Wurzeln haben kann, so wird sie als eine Identität erwiesen, wenn ihr durch mehr als p Werthe von x genügt wird; die Coefficienten der verschiedenen Potenzen von x verschwinden dann einzeln. Die geschriebene Gleichung wird nun zuerst unabhängig von den Werthen von a_1 und b_1 durch die n Werthe von

$$x = \alpha_1, \alpha_2, \alpha_3, \ldots, \alpha_n$$

befriedigt. Und wenn man irgend zwei andere Werthe für x substituiert, und die entstehenden Gleichungen für a_1 und b_1 auflöst, so bestimmt man a_1 und b_1 so, dass auch diese Werthe von x Wurzeln der Gleichung sind; dieselbe wird somit für $(n + 2)$ Werthe von x erfüllt und ist somit, weil sie nur vom Grade $(n + 1)$ ist, eine Identität.

Und die dem allgemeinen Fall entsprechende analoge Gleichung, welche vom Grade $(n + k - 1)$ ist, wird ausser von den n Werthen $x = \alpha_1, \alpha_2, \ldots, \alpha_n$ von k andern Werthen von x erfüllt, weil B vom $(k-1)^{\text{ten}}$ Grade ist und die k Coefficienten desselben so bestimmt werden, dass k willkürlich gewählte andere Werthe der Gleichung genügen; sie ist daher ebenfalls eine Identität.

168. Somit ist gezeigt, dass die im Artikel 165 gegebenen Functionen als von der Form $(AV - BU)$ mit den Sturm'schen Resten identisch oder nur durch constante Factoren von ihnen verschieden sind.

Es bleibt übrig, diese Factoren zu bestimmen; und diess ist ein wesentlicher Theil der Aufgabe, weil die Vorzeichen der Functionen in der Anwendung von entscheidender Bedeutung sind.

Wir bezeichnen wie vorher die Sturm'schen Reste durch R_2, R_3, etc. die Functionen von Sylvester (Artikel 165) durch T_2, T_3, etc., so dass

$$T_2 = \lambda_2 R_2,$$
$$T_3 = \lambda_3 R_3,$$
$$\text{etc.}$$

ist. Wir können zunächst λ_2 durch die einfache Vergleichung der Coefficienten der höchsten Potenzen von x zu beiden Seiten der Identität

$$T_2 = A_2 V - B_2 U$$

bestimmen; denn T_2 enthält das Glied x^n nicht, während der Coefficient von x^{n-1} in B_2 gleich n und ebenso der von x in A_2 oder $\Sigma(x - \alpha_1)$ gleich n ist; man erhält somit

$$B_2 = n^2,$$

und da die Gleichung

$$T_2 = A_2 V - B_2 U$$

mit dem Producte der Gleichung

$$R_2 = Q_1 V - U$$

durch λ_2 identisch sein muss, so ergiebt sich

$$\lambda_2 = n^2.$$

Um allgemein λ_k zu bestimmen, bemerken wir, dass der Werth

$$T_k = A_k V - B_k U$$

das $\lambda_k$fache von R_k ist und dass also die für den Fall der Sturm'-schen Reste gültige Relation

$$A_k B_{k+1} - A_{k+1} B_k = 1$$

den Werth des entsprechenden Ausdrucks für die Functionen von Sylvester

$$= \lambda_k \lambda_{k+1}$$

bestimmt; wir leiten aus den Gleichungen

$$T_k = A_k V - B_k U, \quad T_{k+1} = A_{k+1} V - B_{k+1} U$$

ab

$$A_{k+1} T_k - A_k T_{k+1} = (A_k B_{k+1} - A_{k+1} B_k)\, U = \lambda_k \lambda_{k+1} U$$

und erhalten durch Vergleichung der Coefficienten der höchsten Potenzen von x zu beiden Seiten der Gleichung und da die höchste Potenz in $A_k T_{k+1}$ nicht enthalten ist, das Product der leitenden Coefficienten von A_{k+1} und T_k

$$= \lambda_k \lambda_{k+1}.$$

Wenn wir aber schreiben

$$\Sigma (\alpha_1 - \alpha_2)^2 = p_2,$$
$$\Sigma (\alpha_1 - \alpha_2)^2 (\alpha_1 - \alpha_3)^2 (\alpha_2 - \alpha_3)^2 = p_3,$$
etc.,

so erhalten wir aus der Ansicht der in den Artikeln 165, 167 gegebenen Werthe der Sylvester'schen Functionen und der Coefficienten A die Reihe der leitenden Coefficienten in

$$T_2, \; T_3, \; T_4, \text{ etc.}$$
$$p_2, \; p_3, \; p_4, \text{ etc.}$$

und in A_2, A_3, A_4, etc.

$$n, \; p_2, \; p_3, \text{ etc.}$$

Man erhält somit die Relationen

$$p_2^2 = \lambda_2 \lambda_3,$$
$$p_3^2 = \lambda_3 \lambda_4,$$
$$p_4^2 = \lambda_4 \lambda_5,$$
etc.,

also die Werthe

$$\lambda_3 = \frac{p_2^2}{n^2},$$

$$\lambda_4 = \frac{n^2 p_3^2}{p_2^2},$$

etc.

und damit das wichtige Ergebniss, dass alle diese Coefficienten positive Quadrate sind, und dass man sie daher bei den Anwendungen des Sturm'schen Theorems, als bei denen es auf die Vorzeichen der Functionen ankommt, sämmtlich unterdrücken kann.

169. Es ist bekannt, dass wir zur Bestimmung der Gesammtzahl der imaginären Wurzeln einer Gleichung uns auf die Betrachtung der Coefficienten der höchsten Potenzen von x in den Functionen von Sturm beschränken dürfen, indem die Zahl der Zeichenwechsel in diesen leitenden Gliedern mit der Anzahl der Paare von imaginären Wurzeln übereinstimmt. Und da die Vorzeichen der leitenden Glieder der Functionen T mit denen der entsprechenden Functionen R übereinstimmen, so ergiebt sich, dass eine Gleichung so viel Paare imaginärer Wurzeln besitzt, als die Reihe

$$1,\ n,\ \Sigma(\alpha_1-\alpha_2)^2,\ \Sigma(\alpha_1-\alpha_2)^2\,(\alpha_2-\alpha_3)^2\,(\alpha_3-\alpha_1)^2,\ \text{etc.}$$

Vorzeichenwechsel darbietet. Mittelst der Ergebnisse des 3ten Beispiels im Artikel 14 lässt sich dieser Satz in anderer Form aussprechen; durch dieselben treten an Stelle der Glieder der vorigen Reihe die der neuen

$$1,\ s_0,\ \begin{vmatrix} s_0, & s_1 \\ s_1, & s_2 \end{vmatrix},\ \begin{vmatrix} s_0, & s_1, & s_2 \\ s_1, & s_2, & s_3 \\ s_2, & s_3, & s_4 \end{vmatrix},\ \begin{vmatrix} s_0, & s_1, & s_2, & s_3 \\ s_1, & s_2, & s_3, & s_4 \\ s_2, & s_3, & s_4, & s_5 \\ s_3, & s_4, & s_5, & s_6 \end{vmatrix},\ \text{etc.},$$

in welcher, wie wir wissen, das letzte Glied die Discriminante der Gleichung ist. Wenn jede dieser Determinanten positiv ist, so sind die Wurzeln der betrachteten Gleichung sämmtlich reell.*)

170. Wir kehren nun zu der Darlegung des Borchardt'schen Beweises zurück, die wir im Artikel 165 begonnen haben.

Es ist, um das gefundene Kennzeichen zum Beweis der Realität der Wurzeln der Gleichung zu verwenden, die durch Vergleichung der Determinante des Artikel 163 mit Null entsteht, zuerst erforderlich, die Summen der Potenzen der Wurzeln dieser Gleichung zu bilden.

*) Für eine weitere Darlegung von auf das Theorem von Sturm bezüglichen Untersuchungen verweisen wir auf die Artikel 11 und 12 der „Elemente".

Wir beschränken uns zur Abkürzung der Entwicklung auf die Form der quadratischen ternären Determinante

$$\begin{vmatrix} a-\lambda, & b'', & b' \\ b'', & a'-\lambda, & b \\ b', & b, & a''-\lambda \end{vmatrix} \text{*)},$$

weil das nämliche Verfahren auch im allgemeinen Falle zum Ziele führt.

Da die Entwicklung der Determinante sie von der Form

$$\lambda^3 - \lambda^2(a + a' + a'') + \text{etc.}$$

zeigt, so ergiebt sich

$$s_1 = a + a' + a''.$$

Und im allgemeinen Fall ist s_1 der Summe der Coefficienten der Quadrate der Veränderlichen in der quadratischen Form gleich, aus welcher die Determinante abgeleitet wurde.

Wir können sodann s_2 in folgender Weise berechnen.

Die zu betrachtende Determinante ist die Resultante der Gleichungen

$$\begin{aligned} \lambda x &= ax + b''y + b'z, \\ \lambda y &= b''x + a'y + bz, \\ \lambda z &= b'x + by + a''z; \end{aligned}$$

wenn man jede derselben mit λ multipliciert und rechts für

$$\lambda x,\ \lambda y,\ \lambda z$$

ihre eben geschriebenen Werthe substituiert, so erhält man

$$\begin{aligned} \lambda^2 x &= (a^2 + b''^2 + b'^2)x + (ab'' + b''a' + b'b)y + (ab' + b''b + b'a'')z, \\ \lambda^2 y &= (b''a + a'b'' + bb')x + (b''^2 + a'^2 + b^2)y + (b''b' + a'b + ba'')z, \\ \lambda^2 z &= (b'a + bb'' + a''b')x + (b'b'' + ba' + a''b)y + (b'^2 + b^2 + a''^2)z, \end{aligned}$$

und durch die Elimination von x, y, z eine Determinante von derselben Form wie die betrachtete, welche wir schreiben

$$\begin{vmatrix} a_2-\lambda^2, & b_2'', & b_2' \\ b_2'', & a'_2-\lambda^2, & b_2 \\ b_2', & b_2, & a''_2-\lambda^2 \end{vmatrix},$$

und aus der in derselben Art wie vorher gefunden wird

$$s_2 = a_2 + a_2' + a_2'' = a^2 + a'^2 + a''^2 + 2b^2 + 2b'^2 + 2b''^2.$$

---

*) Der Zeichenwechsel bei λ hat offenbar auf die Frage nach der Realität dieser Werthe keinen Einfluss.

Die Anwendung des nämlichen Verfahrens auf den allgemeinen Fall führt uns zur Ableitung des Werthes der Summe s_{p+1} aus dem Werthe s_p.

Das System der Gleichungen

$$\begin{aligned} \lambda^p x &= a_p x + b''_p y + b'_p z, \\ \lambda^p y &= b''_p x + a'_p y + b_p z, \\ \lambda^p z &= b'_p x + b_p y + a''_p z \end{aligned}$$

liefert wie oben die Summe

$$s_p = a_p + a'_p + a''_p;$$

und indem man auf beiden Seiten mit λ multipliciert und für λx, etc. ihre Werthe substituiert, erhalten wir

$$\begin{aligned} \lambda^{p+1} x = {} & (a_p a + b''_p b'' + b'_p b')\, x + (a_p b'' + b''_p a' + b'_p b)\, y \\ & + (a_p b' + b''_p b + b'_p a'')\, z, \\ \lambda^{p+1} y = {} & (b''_p a + a'_p b'' + b_p b')\, x + (b''_p b'' + a'_p a' + b_p b)\, y \\ & + (b''_p b' + a'_p b + b_p a'')\, z, \\ \lambda^{p+1} z = {} & (b'_p a + b_p b'' + a''_p b')\, x + (b'_p b'' + b_p a' + a''_p b)\, y \\ & + (b'_p b' + b_p b + a''_p a'')\, z, \end{aligned}$$

somit auch

$$s_{p+1} = a_p a + a'_p a' + a''_p a'' + 2 b_p b + 2 b'_p b' + 2 b''_p b''.$$

171. Mit Hilfe dieser Werthe für s_p etc. und des in den Artikeln 13, 14 entwickelten Princips beweisen wir nun, dass in dem betrachteten Falle jede der Determinanten

$$\begin{vmatrix} s_0, & s_1 \\ s_1, & s_2 \end{vmatrix}, \quad \begin{vmatrix} s_0, & s_1, & s_2 \\ s_1, & s_2, & s_3 \\ s_2, & s_3, & s_4 \end{vmatrix}, \text{ etc.}$$

als Summe einer Anzahl von Quadraten dargestellt werden kann, und daher nothwendig positiv ist.

So finden wir, dass

$$\begin{vmatrix} s_0, & s_1 \\ s_1, & s_2 \end{vmatrix}$$

die nach der Methode jener Artikel aus den Elementen

$$\begin{Vmatrix} 1, & 1, & 1, & 0, & 0, & 0, & 0, & 0, & 0 \\ a, & a', & a'', & b, & b', & b'', & b, & b', & b'' \end{Vmatrix}$$

gebildete Determinante ist; dass sie also die Summe der Quadrate aller möglichen Determinanten repräsentiert, die aus der Vereinigung von irgend zweien unter jenen neun Verticalreihen gebildet werden können; wir erkennen so

$$\begin{vmatrix} s_0, & s_1 \\ s_1, & s_2 \end{vmatrix}$$

als in die Quadratsumme

$$(a-a')^2 + (a'-a'')^2 + (a''-a)^2 + 6\,(d^2 + e^2 + f^2)$$

auflösbar und somit als wesentlich positiv.

Ebenso finden wir, dass

$$\begin{vmatrix} s_0, & s_1, & s_2 \\ s_1, & s_2, & s_3 \\ s_2, & s_3, & s_4 \end{vmatrix}$$

der Summe der Quadrate der Determinanten identisch ist, welche aus je drei Verticalreihen des Systems

$$\begin{vmatrix} 1, & 1, & 1, & 0, & 0, & 0, & 0, & 0, & 0 \\ a, & a', & a'', & b, & b', & b'', & b, & b', & b'' \\ a_2, & a_2', & a_2'', & b_2, & b_2', & b_2'', & b_2, & b_2', & b_2'' \end{vmatrix}$$

gebildet werden können.

Und in gleicher Weise gilt das Nämliche allgemein.*)

172. Wir fügen endlich diesen Entwickelungen noch die Bemerkung hinzu, dass offenbar zu jeder gegebenen symmetrischen Determinante die quadratische Form leicht gebildet werden kann, für welche dieselbe als Discriminante erhalten wird.

Wenn wir so im Artikel 46 die Resultante von zwei binären Formen als in der Form einer symmetrischen Determinante darstellbar gezeigt haben, so können wir, wie Sylvester es gethan, aus dieser Determinante eine quadratische Form bilden, für welche dieselbe die Discriminante ist; er nannte dieselbe die Bezoutiante des Formenpaars.

Die Discriminante einer beliebigen Form kann, da sie die Resultante ihrer Derivierten ist, ebenfalls in Gestalt einer symmetrischen Determinante ausgedrückt werden und man bildet die zugehörige quadratische Form als eine Function von $(n-1)$ Ver-

---

*) Dass die Discriminante der die Hauptachsen einer Fläche zweiten Grades bestimmenden cubischen Gleichung in eine Summe von Quadraten aufgelöst werden kann, hat im XXVI. Bande von „Crelle's Journal" p. 268 zuerst Kummer gezeigt. Die hier gegebene allgemeine Theorie verdankt man Borchardt, wie schon bemerkt.

änderlichen.*). Die Elemente dieser Determinante können leicht in Function der Wurzeln der Form ausgedrückt werden; man sieht unschwer, dass die Determinanten

$$(ab'),\ (ac'),\ \text{etc.}\quad (\text{Artikel } 50)$$

in diesem Falle durch die symmetrischen Functionen

$$\Sigma(\alpha_1-\alpha_2)^2,\ \Sigma(\alpha_1-\alpha_2)^2\alpha_3,\ \Sigma(\alpha_1-\alpha_2)^2\ \alpha_3\alpha_4,\ \text{etc.}$$

dargestellt werden, während die Determinanten

$$(bc'),\ (bd'),\ \text{etc.}$$

respective gleich

$$\Sigma(\alpha_1-\alpha_2)^2\ \alpha_3^2,\ \Sigma(\alpha_1-\alpha_2)^2\ \alpha_3^2\alpha_4,\ \Sigma(\alpha_1-\alpha_2)^2\ \alpha_3^2\alpha_4\alpha_5,\ \text{etc.}$$

sind; u. s. w.

Wenn man dann, wie im Artikel 163, aus dieser symmetrischen Determinante eine Gleichung in λ ableitet, so wird nach Sylvester's Untersuchungen die Zahl der reellen Wurzeln der gegebenen Gleichung durch die Zahl der positiven Wurzeln dieser Gleichung in λ bestimmt. In theoretischer Beziehung besitzt diese Methode zur Bestimmung der Gesammtzahl der reellen Wurzeln einer Gleichung vor der Methode von Sturm einen Vorzug, weil die Functionen von Sturm wesentlich unsymmetrisch sind und man daher eine andere Reihe derselben erhält, wenn die Coefficienten der Gleichung, der Substitution $\frac{1}{x}$ für x entsprechend, in umgekehrter Ordnung genommen werden; während die nach dieser Methode gebildete Gleichung in λ bei einer solchen Transformation ungeändert bleibt.

---

*) Sylvester hat dieselbe als die Bezoutiante der gegebenen Form bezeichnet.

Zusatz.

Sylvester hat eine Bezeichnung für Determinanten — als „umbral notation" — vorgeschlagen und angewendet („Cambridge and Dublin Mathem. Journal" 1852), welche wir hier kurz erwähnen und verdeutlichen wollen. Die Determinante

$$\begin{vmatrix} a_\alpha, & b_\alpha, & c_\alpha, & d_\alpha \\ a_\beta, & b_\beta, & c_\beta, & d_\beta \\ a_\gamma, & b_\gamma, & c_\gamma, & d_\gamma \\ a_\delta, & b_\delta, & c_\delta, & d_\delta \end{vmatrix}$$

kann in der Form

$$\begin{matrix} a, & b, & c, & d \\ \alpha, & \beta, & \gamma, & \delta \end{matrix}$$

abgekürzt werden, welche die Summe aller möglichen Producte von der Form

$$a_\alpha b_\beta c_\gamma d_\delta$$

bezeichnet, die durch alle Permutationen der Zeichen a, b, c, d mit den Indices $\alpha, \beta, \gamma, \delta$ gebildet werden, und bei denen die allgemeine Regel der Vorzeichen in Gültigkeit bleibt.

Schreiben wir für $\frac{d}{dx}, \frac{d}{dy}$ abkürzend ξ, η, und setzen wir an Stelle der Verbindung der Grössen der zweiten Linie mit denen der ersten als Indices die Verbindung durch Multiplication, so bezeichnen

$$\begin{matrix} \xi, & \eta \\ \xi, & \eta \end{matrix}, \quad \begin{matrix} \xi^2, & \xi\eta, & \eta^2 \\ \xi^2, & \xi\eta, & \eta^2 \end{matrix}$$

die symbolischen Formen

$$\xi^2 \,.\, \eta^2 - \xi\eta \,.\, \xi\eta,$$

$$\xi^4 \,.\, \xi^2\eta^2 \,.\, \eta^4 - \xi^4 \,.\, \xi\eta^3 \,.\, \xi^3\eta \text{ etc.},$$

d. i. (vgl. Artikel 81, 86, 138) die Hesse'sche Determinante und die cubische Invariante der biquadratischen Form.

Da aber Multiplication durch Addition der Indices vollzogen wird, so erkennt man leicht, dass man ebenso Commutanten bilden kann, bei denen die Partial-Constituenten durch Addition statt durch Multiplication combiniert werden. So können die als Beispiele gewählten Invarianten für die Formen

durch
$$(a_2, a_1, a_0 \between x, y)^2, \quad (a_4, a_3, a_2, a_1, a_0 \between x, y)^4$$

$$\begin{matrix} 1, 0 \\ 1, 0 \end{matrix}, \qquad \begin{matrix} 2, 1, 0 \\ 2, 1, 0 \end{matrix}$$

respective dargestellt werden, welche entwickelt ergeben

$$a_2 a_0 - a_1 a_1, \quad a_4 a_2 a_0 - a_4 a_1 a_1 + \text{etc.}$$

Alle diese Commutanten mit nur zwei Horizontalreihen können als Determinanten geschrieben werden; es ist aber die Bildung von Commutanten mit mehr als zwei Reihen eine natürliche Erweiterung des Grundgedankens; z. B.

$$\begin{matrix} \xi, \eta \\ \xi, \eta \\ \xi, \eta \\ \xi, \eta \end{matrix}, \quad \begin{matrix} 1, 0 \\ 1, 0 \\ 1, 0 \\ 1, 0 \end{matrix}, \quad \begin{matrix} \xi^2, \xi\eta, \eta^2 \\ \xi^2, \xi\eta, \eta^2 \\ \xi^2, \xi\eta, \eta^2 \\ \xi^2, \xi\eta, \eta^2 \end{matrix}.$$

Sie bezeichnen die Summe einer Anzahl von Producten, deren jedes so viel Factoren als die Commutante Columnen enthält, und wo jeder Factor durch Vereinigung der Constituenten derselben Columne gebildet wird; während die Constituenten jeder Reihe auf alle möglichen Arten permutiert werden.

Durch die beiden ersten Beispiele wird daher die nämliche abgeleitete Form repräsentiert, nämlich die quadratische Invariante einer biquadratischen Form

$$\xi^4 . \eta^4 - 4\xi^3\eta . \xi\eta^3 + 3\xi^2\eta^2 . \xi^2\eta^2 \quad \text{oder} \quad a_4 a_0 - 4a_3a_1 + 3a_2a_2.$$

Das dritte Beispiel bezeichnet die im Artikel 110 vollständig gegebene cubische Invariante der binären Form vom achten Grade

$$\xi^8 . \xi^4\eta^4 . \eta^8 - \text{etc.}$$

So kann die im Artikel 155 gegebene Invariante als Commutante in der Form

$$\begin{matrix} x, y, z \\ x, y, z \\ \xi, \eta, \zeta \\ \xi, \eta, \zeta \end{matrix}$$

dargestellt werden, wobei ξ, η, ζ nicht mehr die Differentialquotienten, sondern eine zweite Reihe von Veränderlichen bezeichnen.

Die zwei Invarianten einer binären biquadratischen Form können somit als Commutanten ausgedrückt werden, aber es ist nicht möglich, die Discriminante einer cubischen Form so auszudrücken;

das Anfangsglied $a_3^2 a_0^2$ oder $\xi_3 \xi_3 \eta_3 \eta_3$ leitet zu der Erwartung, dass sie mit der Commutante

$$\begin{matrix} \xi, & \eta, & \xi, & \eta \\ \xi, & \eta, & \xi, & \eta \\ \xi, & \eta, & \xi, & \eta \end{matrix}$$

übereinstimme, allein diese verschwindet identisch; man kann sie nur erhalten, wenn man gewisse Einschränkungen für die Gültigkeit der zu bildenden Permutationen macht. Weitere Details vergleiche man in den Abhandlungen von Cayley und Sylvester a. a. O.

Bemerkte Druckfehler.

S. 20 Zeile 22 von oben $\times$ statt $+$.
- 63 - 1 von unten $F\mu^2$ statt $E\mu^2$.
- 118 - 6 von oben x, y statt $x_1 y$.

Printed in Dunstable, United Kingdom

91219511R00161